时滞递归神经网络的状态估计理论与应用

黄 鹤 著

科学出版社

北京

内 容 简 介

本书系统地介绍了时滞递归神经网络的状态估计理论以及在反馈控制中的应用。全书分为四部分。其中，第一部分为第 2~6 章，主要介绍时滞局部场神经网络的状态估计。第二部分为第 7~10 章，主要阐述时滞静态神经网络的状态估计。第三部分为第 11~12 章，分析带马尔可夫跳跃参数的时滞递归神经网络的状态估计。第四部分为第 13 章，讨论时滞递归神经网络的状态估计理论在反馈控制方面的应用。

本书适合于高等院校自动化、计算机、电子信息、应用数学、非线性科学和物理等专业的高年级本科生、研究生和教师使用，也可供相关领域的科研人员参考。

图书在版编目(CIP)数据

时滞递归神经网络的状态估计理论与应用/黄鹤著. —北京：科学出版社，2014.9

ISBN 978-7-03-041891-3

I. ①时… II. ①黄… III. ①人工神经网络-研究 IV. ①TP183

中国版本图书馆 CIP 数据核字(2014) 第 211421 号

责任编辑：卜 新 王 哲／责任校对：胡小洁
责任印制：徐晓晨／封面设计：迷底书装

科 学 出 版 社 出版
北京东黄城根北街 16 号
邮政编码：100717
http://www.sciencep.com

北京凌奇印刷有限责任公司 印刷
科学出版社发行 各地新华书店经销

*

2014 年 9 月第 一 版 开本：720 × 1 000 1/16
2019 年 1 月第三次印刷 印张：16 1/2
字数：332 000
定价：98.00 元
(如有印装质量问题，我社负责调换)

前　　言

20 世纪 80 年代以来，递归神经网络的理论研究已经取得飞速的发展。由于在函数逼近、并行处理、非线性映射、鲁棒性、自适应性和易于硬件实现等方面的优点，递归神经网络已经被成功地用于解决工程领域的各类实际问题，如系统建模、自适应控制、图像处理、组合优化、模式识别、信号处理、知识表示、通信工程以及预测等。

根据建模时所采用的基本变量的不同，递归神经网络模型可以分为两大类。一类是局部场神经网络模型。在这类模型中，人们采用神经元的局部场状态作为建模的基本变量。我们熟知的 Hopfield（霍普菲尔德）神经网络、细胞神经网络、Cohen-Grossberg 神经网络和双向联想记忆神经网络都属于局部场神经网络。另一类是采用神经元的状态信息作为基本变量而建立的静态神经网络模型。比如，盒中脑神经网络和投影神经网络等都是典型的静态神经网络。一般来说，这两类递归神经网络并不等价，它们只有在满足某些特定的条件时才能相互转化。

在递归神经网络模型中，人们需要考虑时滞带来的影响。时滞的出现主要有两方面的原因：一是在大规模集成电路的硬件实现过程中由电子元器件的物理特性（如放大器的有限切换速度）以及信息的传输和处理带来的时滞。二是为了更加有效地解决某些特定的实际问题有意引入的时滞。比如，对于移动图像的处理问题，在引入时滞的情况下取得的效果会优于没有时滞的情况。

一个用于解决复杂非线性问题的递归神经网络通常是由大量的神经元组成的，而且这些神经元之间具有非常丰富的连接。因此，对于这样的递归神经网络，要完全获知各神经元的状态信息往往会比较困难。另外，在一些实际的应用中，人们需要知道这些信息并加以利用以实现预期的目标。因此，对时滞递归神经网络的状态估计的研究具有非常重要的理论意义和实用价值，可以进一步推动和完善神经网络理论的发展，为其在工程领域的广泛应用提供坚实的理论支持。

在作者近几年研究成果的基础上，本书系统介绍时滞递归神经网络的状态估计理论与应用。具体而言，本书可以分为四部分：第一部分主要介绍运用多种不同的方法处理时滞局部场神经网络的状态估计问题；第二部分主要阐述在时滞静态神经网络的状态估计方面取得的研究成果；第三部分致力于讨论带马尔可夫跳跃参数的时滞递归神经网络的状态估计；第四部分介绍时滞递归神经网络的状态估计理论在反馈控制方面的应用。

本书的出版和开展的研究工作得到了国家自然科学基金（项目编号：61005047、

61273122）和江苏省自然科学基金（项目编号：BK2010214）的资助，也得到了科学出版社的大力支持。在此，一并表示感谢。

　　借此机会，衷心感谢曹进德教授和冯刚教授多年来对我的悉心培养、指导、鼓励和支持。深深感谢黄廷文教授的多次邀请，我得以到 Texas A&M University at Qatar 进行合作研究。同时，感谢苏州大学电子信息学院各位老师对我的关心与帮助，感谢我指导的研究生和一直给予我帮助、支持的朋友。最后，感谢家人对我的支持和理解。

　　由于作者水平有限，疏漏之处在所难免，恳请读者朋友批评、指正。

黄　鹤

2014 年 9 月于苏州大学

目 录

第二部分　时滞静态神经网络的状态估计

第1章 引 言

所谓的人工神经网络（artificial neural network，以下简称为神经网络）是模拟生物神经系统的工作方式而设计实现的，由大量神经元（neuron，有时也称为计算单元）相互连接所构成的，具有通过学习获取知识并解决问题的功能的一种计算模型。因此，神经网络在用于解决实际问题之前必须得到充分的学习。学习的方式主要有三类：无监督学习（unsupervised learning）、有监督学习（supervised learning）和强化学习（reinforcement learning）。

神经网络模型的三个基本要素为：连接权值（connection weight）、求和单元以及激励函数（activation function）。其中，连接权值可用于存储学习到的知识，神经元的偏置（bias）也可以当作权值来理解，只是此时对应的输入恒为 1；求和单元用于计算神经元输入信号的加权和；激励函数可以将神经元的输出限定在某个给定的范围内。比如，常用的 S 型函数 $\dfrac{1}{1+\mathrm{e}^{-\alpha x}}$ 和 $\dfrac{1-\mathrm{e}^{-\alpha x}}{1+\mathrm{e}^{-\alpha x}}$ 就可以分别将神经元的输出限制在 $(0,1)$ 和 $(-1,1)$ 这两个区间内。

1.1 神经网络的研究进展

20 世纪 40 年代 W. McCullon 和 W. Pitts 提出 M-P 神经元模型以及 D. Hebb 提出第一个神经元学习规则（即 Hebb 规则）以来，神经网络理论得到了极大的发展。但是，其发展过程并不是一帆风顺的。事实上，神经网络理论的发展既经历过高潮时期，也有低谷阶段，可谓一波三折。在研究的初始阶段，由于受当时科学技术和认知水平的影响，人们没有完全掌握神经网络所具有的强大的计算与信息处理能力，甚至认为神经网络连一些简单的非线性可分问题都无法解决，从而使得神经网络的理论研究停滞不前。我们不妨来看一个简单的例子。在逻辑学中，异或问题（XOR）是一种简单的二值逻辑运算，通常记为 $A \oplus B$。其运算规则为：当两个变量的取值相同时，逻辑函数值为 0；当两个变量的取值不同时，逻辑函数值为 1。异或问题的真值表如表 1.1 所示。对于这样简单的一个非线性可分问题，我们都没法用单层前向神经网络（single-layer feedforward neural network）进行求解。虽然多层前向神经网络（multi-layer feedforward neural network）可以非常容易地解决这一问题，但是当时缺乏有效的权值调整的学习算法。这就使得人们悲观地相信神经网络理论不会有好的发展前景，从而直接导致了神经网络的研究在短暂的兴起后很快就跌入了低谷。

表 1.1 异或问题的真值表

A	B	$A \oplus B$
1	1	0
1	0	1
0	1	1
0	0	0

值得庆幸的是，在这一时期，仍然有不少科学家还坚持着对神经网络的理论研究。直到 20世纪七八十年代，随着 Hopfield 神经网络模型和一些著名的多层前向神经网络的学习算法的提出，人们对神经网络的研究兴趣才再次兴起。也正是在这个时候，递归神经网络模型（recurrent neural network）才被建立起来[1,2]。在此之前，人们更多的是注重于前向神经网络（feedforward neural network）的研究与应用。在前向神经网络中，信号从输入层神经元经过隐层神经元传输到输出层神经元，没有信息可以反馈回来作为输入层神经元的输入。著名的前向神经网络模型有单层感知器（single-layer perceptron）、多层感知器（multi-layer perceptron）、径向基函数网络（radial basis function network）、自组织特征映射（self-organizing feature mapping）以及 Boltzmann（玻尔兹曼）机等[3,4]。与此同时，提出了很多非常著名的适用于前向神经网络训练的学习算法。比较有代表性的算法有误差后向传播算法（error back-propagation algorithm，简称BP 算法）、Widrow-Hoff 学习规则、正交最小二乘算法（orthogonal least squares algorithm）和内插值算法（interpolation algorithm）等。随着研究的不断深入，目前也有许多智能算法被成功地应用于训练各种前向神经网络，如遗传算法（genetic algorithm）、免疫算法（immune algorithm）、蚁群算法（ant colony algorithm）、模拟退火算法（simulated annealing algorithm）以及粒子群算法（particle swarm algorithm）等。当然，前向神经网络模型的结构也越来越复杂。比如，一个前向神经网络可以由多个子神经网络组成，即其中的一些计算单元本身就是一个神经网络。已经知道，前向神经网络模型具有很多的优点。在此，我们简单列举几点。

（1）并行处理与分布式存储。和传统计算机的按地址存储方式不同，神经网络是将学习获得的知识存储在一些重要的参数中，如神经元的连接权值。因此，学习的目的就是按照某种方式不断地调整神经元之间的权值，直到算法停止条件满足为止。算法停止的条件可以是目标函数小于某一事先给定的阈值，或者迭代达到最大的训练次数等。

（2）函数逼近能力。已经在理论上严格证明，只要隐层神经元的个数足够多，多层前向神经网络可以以任意精度逼近一个定义在紧集上的连续函数[1]。这样，前向神经网络模型就可以作为一个通用的函数逼近器。因此可广泛用于对未知系统进行建模。但是，不足之处是，这个结论没有告诉人们在设计多层神经网络时如何选择合适的隐层神经元个数。

（3）非线性映射。由于神经元之间复杂的连接以及神经元的激励函数常常都具有非线性性，所以神经网络本身具有很强的非线性处理能力。事实上，神经网络可以理解为一个从输入空间到输出空间的非线性映射。

（4）鲁棒性和容错性。通常，神经网络模型都是由大量的神经元经过高度互连所组成的，所以局部神经元的损坏并不会严重影响神经网络本身的正常运行。

（5）自适应性。神经网络可以通过自身的调整适应外界环境的变化。

（6）学习和联想能力。一个神经网络只有经过充分的学习后才能用于解决实际的问题。

和前向神经网络不同的是，递归神经网络模型中存在反馈。也就是说，一个神经元的输出信号可以反馈回来作为其他神经元（甚至是自身）的输入。所以，在递归神经网络中，神经元的输入信号可以有两部分：一部分是外部输入（或者外界的刺激）；另一部分是反馈回来的其他神经元的输出信号。我们所熟悉的 Hopfield 神经网络的神经元的输入就是这样的。从而，递归神经网络可以用动态方程来描述。一般，离散时间的递归神经网络用差分方程（difference equation）表示，连续时间的递归神经网络用微分方程（differential equation）表示。这类神经网络除了具有前向神经网络的优点之外，还具有一些特殊的优点，比如：

（1）具有丰富的动力学行为。我们讲过，递归神经网络可以用一个动态方程来刻画。因此，在计算的过程中，模型本身会不断地演化以致于产生复杂的动力学行为，甚至混沌现象。

（2）易于硬件实现和模拟仿真。递归神经网络可以很容易地用大规模集成电路（very large scale integration，VLSI）来实现。过去，人们对神经网络的硬件实现做了大量的研究工作，详见文献 [5]。当然，在硬件实现时需要一定的成本。因此，为了节约成本或者在条件不成熟时，人们可以利用软件对递归神经网络的演化过程进行模拟。

（3）便于理论分析。人们可以借助于已有的数学、物理和信息等领域的知识对递归神经网络进行理论分析。比如，J. J. Hopfield 最早通过定义能量函数和运用著名的 Lyapunov（李雅普诺夫）稳定性理论分析了 Hopfield 神经网络的稳定性[6]。这样，在解决实际问题时，就可以将问题的解与递归神经网络的稳定的平衡点（equilibrium point）对应起来。

由于以上的诸多优点，递归神经网络理论在近 30 年来得到了飞速的发展，在各种领域取得了非常成功的应用。这些领域包括自适应控制、航天航空、电子科学与技术、机械工程、金融、地质勘探、组合优化、生物医学工程、海洋工程以及制造工程等[1,7-21]。

1.2　递归神经网络的分类

迄今为止，人们已经成功地建立了许多不同的递归神经网络模型。这些模型在网络结构、性能与应用等方面都有各自的特点。我们熟知的递归神经网络模型有可加神经网络（additive neural network）[2,22-24]、Cohen-Grossberg 神经网络[25]、Hopfield 神经网络[6,26,27]、细胞神经网络（cellular neural network）[28,29]、双向联想记忆神经网络（bidirectional associative memory neural network）[30,31]、盒中脑模型（brain-in-a-box model）[32] 以及投影神经网络（projection neural network）[33,34] 等。

根据建模时所采用的基本变量的不同，递归神经网络可以分为两大类[35,36]。

一类是以神经元的局部场状态为基本变量而建立的局部场神经网络模型（local field neural network）。由 n 个神经元组成的局部场神经网络模型可以用如下的微分方程来表示：

$$\frac{du_i(t)}{dt} = -a_i u_i(t) + \sum_{j=1}^{n} w_{ij} f_j(u_j(t)) + J_i \tag{1.1}$$

其中，$i = 1, 2, \cdots, n$，w_{ij} 是神经元 j 和 i 之间的连接权值，f_j 是神经元 j 的激励函数，J_i 是作用于神经元 i 的外部输入。前面提到的 Cohen-Grossberg 神经网络、Hopfield 神经网络、细胞神经网络、双向联想记忆神经网络都是著名的局部场神经网络模型。

另一类是所谓的静态神经网络（static neural network）[2]。在这一类模型中，神经元的状态被作为基本变量用来实现对神经网络的动力学演化规则的刻画。从数学上来讲，静态神经网络可以表示为

$$\frac{dv_i(t)}{dt} = -a_i v_i(t) + f_i\left(\sum_{j=1}^{n} w_{ij} v_j(t) + J_i\right) \tag{1.2}$$

典型的静态神经网络模型有盒中脑模型以及被广泛应用于求解组合优化问题的投影神经网络等。

由式 (1.1) 和式 (1.2) 不难发现，局部场神经网络和静态神经网络并不相同。已经知道，只有当某些特定条件满足时，这两类递归神经网络模型才能相互转化。为了说明这一问题，记

$$u(t) = [u_1(t), u_2(t), \cdots, u_n(t)]^{\mathrm{T}}$$
$$v(t) = [v_1(t), v_2(t), \cdots, v_n(t)]^{\mathrm{T}}$$
$$A = \mathrm{diag}(a_1, a_2, \cdots, a_n)$$
$$W = [w_{ij}]_{n\times n}$$
$$J = [J_1, J_2, \cdots, J_n]^{\mathrm{T}}$$

可以证明，当神经元之间的连接权矩阵 W 可逆且 $WA = AW$ 时，通过变换 $u(t) = Wv(t) + J$，式 (1.2) 就可以转化为式 (1.1)。但是，这个条件并不总是成立的。文

献 [32] 就给出了一个实际的例子。这个例子说明了在一般情况下这些条件并不一定能满足。因此，我们有必要对这两类递归神经网络分别进行讨论。

1.3　递归神经网络的动力学行为

对递归神经网络来讲，一个非常重要的性质就是希望它的平衡点是稳定的。那么，什么是平衡点呢？假设一个 n 阶自治系统的状态方程为

$$\frac{\mathrm{d}x(t)}{\mathrm{d}t} = f(x(t))$$

其中，$f(x(t))$ 是一连续的向量值函数，则其平衡点为满足 $f(x^*) = 0$ 的平凡解 x^*。

仍以式 (1.1) 和式 (1.2) 所表示的递归神经网络为例。根据上述定义，式 (1.1) 的平衡点就是满足方程组

$$-a_i u_i^* + \sum_{j=1}^{n} w_{ij} f_j(u_j^*) + J_i = 0$$

的解 $u^* = \left[u_1^*, u_2^*, \cdots, u_n^*\right]^{\mathrm{T}}$。而式 (1.2) 的平衡点就是满足方程组

$$-a_i v_i^* + f_i\Big(\sum_{j=1}^{n} w_{ij} v_j^* + J_i\Big) = 0$$

的解 $v^* = \left[v_1^*, v_2^*, \cdots, v_n^*\right]^{\mathrm{T}}$。

众所周知，递归神经网络能够在许多工程领域中得到成功应用的前提条件是所设计的神经网络模型的平衡点是稳定的[37-42]。例如，用于求解优化问题的递归神经网络就被要求具有唯一的平衡点，且这个平衡点是全局稳定的，从而在实现的过程中，这个平衡点就可以与问题的最优解对应起来[33,38]。又如，用于联想存储的递归神经网络就希望具有有限个稳定的平衡点，这样每个平衡点就可以对应于相应的模式。

1.3.1　Lyapunov 稳定性理论简介

这里所讨论的稳定性指的是 Lyapunov 意义下的稳定性，包括全局渐近稳定性（globally asymptotically stability）、全局指数稳定性（globally exponential stability）和多稳定性（multistability），以及在随机情况下的随机稳定性（stochastic stability）和均方指数稳定性（mean square exponential stability）等。根据 Lyapunov 稳定性理论，判断系统的平衡点的稳定性问题可以通过构造恰当的 Lyapunov 函数（或泛函）来解决。换句话说，如果能够构造一个满足某些特定条件的 Lyapunov 函数（比

如，这个 Lyapunov 函数本身是正定的，且其沿系统的轨迹的导数是负定的），那么这个系统的平衡点就是全局渐近稳定的。

我们可以通过一个简单的例子来说明。考虑如下微分方程所表示的系统

$$\begin{cases} \dfrac{\mathrm{d}x_1}{\mathrm{d}t} = -3x_1 + 2x_2^2 \\ \dfrac{\mathrm{d}x_2}{\mathrm{d}t} = -2x_2(1+x_1) \end{cases} \tag{1.3}$$

显然，$x^* = [x_1^*, x_2^*]^{\mathrm{T}} = [0,0]^{\mathrm{T}}$ 是系统的一个平衡点。构造 Lyapunov 函数

$$V(x) = x_1^2 + x_2^2$$

则 $V(x^*) = 0$，且对任意的 $x \neq x^*$ 有 $V(x) > 0$。通过计算容易知道，$V(x)$ 沿系统 (1.3) 的轨迹对时间 t 的导数为

$$\frac{\mathrm{d}V(x)}{\mathrm{d}t} = -6x_1^2 - 4x_2^2$$

于是，对任意的 $x \neq x^*$ 有 $\mathrm{d}V(x)/\mathrm{d}t < 0$。所以，系统 (1.3) 的平衡点 $x^* = [0,0]^{\mathrm{T}}$ 是全局渐近稳定的。

Lyapunov 稳定性理论是一个非常伟大的成就，具有划时代的意义。它告诉我们在不需要知道系统的解析解的情况下也能通过构造合适的 Lyapunov 函数来有效地判断系统的平衡点是否稳定。但是，遗憾的是，Lyapunov 稳定性理论并没有告诉人们怎么构造这个合适的 Lyapunov 函数（或泛函）。有关动力系统稳定性理论的详细介绍，有兴趣的读者可以参阅文献 [43]～ 文献 [48]。

自 J. J. Hopfield 通过定义能量函数分析 Hopfield 神经网络的稳定性以来，对递归神经网络的平衡点的稳定性分析吸引了大量学者的关注，已经公开发表了相当多的非常精彩的研究成果[49]。

1.3.2 时滞线性系统的稳定性

由于信号的传输和处理，时滞（time delay）不可避免地会出现在各种实际系统中，如网络控制系统、化学过程、生物系统和通信系统等[43,44,46]。已经知道，时滞的存在会严重影响系统的动力学行为，破坏其稳定性，甚至降低系统的性能。

近年来，人们对时滞线性系统（time delay linear system）的研究越来越多，相关的综述性文献就有文献 [50]～ 文献 [52]。特别地，在文献 [52] 中，著名学者 S. Xu 和 J. Lam 详细地介绍了采用线性矩阵不等式（linear matrix inequality, LMI）技术取得的时滞线性系统稳定性方面的研究成果。对于时滞系统来说，研究的一个热点问题就是如何提出新方法得到保守性（conservatism）更弱的稳定性分析与综合的结果。这里的保守性指的是得到的稳定性结果是否可以用于判定当时滞（或者时变

时滞的上界）更大时系统的稳定性。如果适用于时滞更大的情况，则称这个结果的保守性相对更弱。反之，则称相应的稳定性结果更加保守。在时域中，对时滞线性系统的稳定性分析主要有两类方法：基于 Razumikhin 定理的方法和 Lyapunov 泛函方法。通常，由基于 Razumikhin 定理的方法得到的条件可用于时滞快速变化的情况。但是，在 Lyapunov 泛函方法中则可以更多地利用时滞的信息。根据是否利用了时滞的信息，时滞线性系统的稳定性条件可分为两大类。一类是与时滞无关的，即不依赖于时滞的条件（delay-independent condition）[53-57]；另一类就是所谓的依赖于时滞的条件（delay-dependent condition），它与时滞的信息是密切相关的[58-62]。因为在依赖于时滞的条件中充分利用了时滞的信息，因此，一般来说，依赖于时滞的条件要比不依赖于时滞的条件具有更弱的保守性，特别是对时滞很小的情况。于是，为了得到保守性更弱的依赖于时滞的稳定性结果，人们提出了许多非常有效的方法。其中一些比较有代表性的方法有描述系统（descriptor system）方法、基于自由权矩阵（free-weighting matrix）的方法、基于积分不等式（integral inequality）的方法、增广 Lyapunov 泛函（augmented Lyapunov functional）方法以及时滞划分（delay decomposition）方法等。这些方法都是通过构造不同的 Lyapunov 泛函以及采用不同的技术和手段估计沿系统的轨迹的导函数实现的，因此都属于 Lyapunov 泛函方法。

随着凸优化理论的发展和数值计算技术的提高，线性矩阵不等式技术在系统分析与综合中的强大作用不断地得到体现。和以前的基于 Lyapunov 方程或者 Riccati 方程的方法所不同的是，人们可以利用一些著名的凸优化算法如椭球算法（ellipsoid algorithm）和内点算法（interior point algorithm）等实现对线性矩阵不等式的求解[63,64]。正如在文献 [63] 中所述，求解线性矩阵不等式所需要的计算复杂度是和 mn^3 成正比的。其中，m 表示线性矩阵不等式中矩阵的行数，n 是线性矩阵不等式中所有决策变量的个数。因此，对于较大规模的线性矩阵不等式，如果它的可行解（feasible solution）存在的话，人们就可以非常高效地找到这个可行解。20 世纪 90 年代，美国 MathWorks 公司开发了基于内点算法的求解线性矩阵不等式的工具箱，即 Matlab 线性矩阵不等式工具箱（Matlab LMI Toolbox），从而使得线性矩阵不等式的求解变得更加简便[65]。这在很大程度上促进了线性矩阵不等式技术在控制系统的分析与综合方面的应用与研究[52]。

下面，我们简单地介绍一些时滞线性系统的稳定性分析与综合方面的研究成果。在文献 [62]、[66]、[67] 中，研究人员提出了一个模型转换（model transformation）方法，讨论时滞线性系统的稳定性并得到了一些依赖于时滞的结果。但是，文献 [68]、[69] 指出经过模型转换之后可能会对原来的系统带来额外的动力学行为。因此，这种方法具有一定的保守性。在文献 [70]、[71] 中，韩国学者提出了一些不等式并用来分析时滞线性系统的稳定性。这些不等式都可以看成是对基本不等式

$-2x^\mathrm{T}y \leqslant x^\mathrm{T}Sx + y^\mathrm{T}S^{-1}y$（这里 $x, y \in \mathbb{R}^n$ 且 $S > 0$）的推广。与此同时，Jensen 不等式[43] 也被广泛地用于建立一些依赖于时滞的稳定性判据，如文献 [72]、[73]。在文献 [74] 中，作者提出了一个基于描述系统的方法用于处理时滞中立系统（delayed neutral system）的 H_∞ 控制问题，并将输出反馈控制器的设计转化为求解两个线性矩阵不等式。更多基于描述系统方法的结果可参见文献 [61]、[75]～ [77]。为了进一步降低一些稳定性判据的保守性，文献 [78] 率先提出了一个离散化 Lyapunov 泛函，用于研究带参数不确定性的时滞系统的稳定性。近来，为了有效地克服已有方法中存在的局限性，吴敏和何勇提出了一种基于自由权矩阵的方法[79]。这种方法的基本思想是通过 Newton-Leibniz（牛顿–莱布尼茨）公式引入了一些自由权矩阵，从而可以有效地降低稳定性结果的保守性。这里，之所以把引入的这些矩阵称为自由权矩阵，是因为对这些矩阵没有附加的约束，如不需要它们是对称正定的。这种方法已经在自动控制领域得到非常广泛的应用，见文献 [80]～ 文献 [87] 等。在此期间，另一种被广泛应用的方法是时滞划分方法[88,89]。在这种方法中，可以对时滞进行 k 等分，这里的 k 是一个正整数。在此基础上，通过构造新的 Lyapunov 泛函，人们可以得到保守性更低的稳定性准则。通过数值计算可以验证，随着划分的不断细化，稳定性结果的保守性会进一步减弱。随着研究的深入，也出现了对时滞进行不等分的方法。当然，也可以将这些不同的方法结合起来从而得到保守性更弱的稳定性条件。

1.3.3　时滞递归神经网络的稳定性

毫不例外，时滞同样会在递归神经网络模型中存在。这主要有两方面的因素。一是在递归神经网络的大规模集成电路的实现过程中所采用的放大器等电子元件的有限切换速度，以及神经元之间的信号传输导致的；二是为了更加有效地解决一些特定的问题（如移动物体的速度探测、移动图像处理等），人们有意在神经网络模型中引入的时滞[90]。对于递归神经网络来说，除了定常时滞（constant delay）和时变时滞（time-varying delay）外，还有一类分布式时滞（distributed delay）[91–94]。由于时滞的出现，递归神经网络模型可以展现出非常复杂的动力学行为[95,96]。在文献 [97]、[98] 中，研究人员分别提出了一些具有混沌动力学行为的时滞递归神经网络模型。20 多年来，时滞递归神经网络动力学行为的研究吸引了信息、数学和物理等领域大量学者的关注，取得了非常好的研究成果。这方面的专著参见文献 [49]、[99]～ [101]。目前，人们已经提出了多种不同的方法分析时滞递归神经网络的各种稳定性[102]。这些方法包括非奇异 M 矩阵（nonsingular M-matrix）方法[103]、非线性测度方法（nonlinear measure approach）、非光滑分析方法（nonsmooth analysis approach）[104]等。1.3.2 节提及的时滞线性系统稳定性分析的方法都可以经过适当推广后应用于时滞递归神经网络的稳定性分析，因此容易得到由线性矩阵不等式表示的稳定性结果。在文献 [105] 中，我国学者 J. Cao 研究了时滞细胞神经网络的全局渐近稳定性。通过引入一组参数，得到了一些不依赖于时滞的稳定性条件，并且证明了这个条件包含了文献 [106]、[107] 中的一些结果作为其特例。文献 [108] 利用同胚理论（homeomorphism theory）和非负矩阵（nonnegative matrix）技术讨论了一类神经网络的平衡点的存在性、唯一性和全局渐近稳定性。这些结果被成功地应用于求解线性和二次优化问题。文献 [109]、[110] 的作者分析了具有多个时变时滞的递归神经网络的周期解（periodic solution）的全局指数稳定性。通过利用拓扑度理论（topological degree theory），指数稳定性的判断可以通过检验相应的矩阵是否是非奇异 M 矩阵来实现。由文献 [103] 可知，有相当多的等价条件可以用来确定一个矩阵是否是非奇异 M 矩阵。这样，在实际中，我们就可以很容易地验证一个矩阵是否是非奇异 M 矩阵了。因此，这种基于非奇异 M 矩阵的方法在早期的时滞递归神经网络的稳定性分析中得到了广泛的应用。其他一些相关结果可以参见文献 [107]、[111]~[113] 等。类似于矩阵测度（matrix measure），非线性测度理论也被用于时滞递归神经网络的稳定性分析。在文献 [114] 中，H. Qiao 等学者就提出了一种非线性测度方法用于分析 Hopfield 神经网络的指数稳定性。根据这个方法，人们可以有效地估计该神经网络的指数衰减率以及局部稳定的吸引域（attraction region）。这种方法在文献 [115] 中也被用于讨论时滞静态神经网络的指数稳定性。在大多数的结果中，人们都要求神经元的激励函数是连续的。然而，如果对激励函数的假设越少时，神经网络的性能可能会在一定程度上得到提高。那么，是否可以不要求激励函数的连续性呢？或者，在激励函数不连续时，该怎么处理呢？在文献 [116] 中，作者就提出了一种有效的方法，即非光滑分析方法。这种方法可以降低对神经元的激励函数的要求，从而可用于激励函数不连续的情况[117-119]。

前面提到的这些时滞递归神经网络的稳定性结果大多都是不依赖于时滞的。因此，这些结果都可以应用于时滞任意大的情况。但是，相对来讲，这些结果可能会比较保守。随着线性矩阵不等式技术的发展，从 2002 年开始，出现了越来越多的用线性矩阵不等式技术分析时滞神经网络稳定性的结果。前面提到的诸如自由权矩阵方法和时滞划分方法等都可以有效地用于时滞神经网络的稳定性分析[120-124]。在此，我们就不再一一列举。更多时滞神经网络的稳定性结果可参见文献 [91]、[113]、[125]~[148]。

1.4 研究现状和全书主要内容概述

随着现代科学技术的发展，人们遇到的系统越来越复杂，外界环境越来越变化多端，同时需要考虑的因素也越来越多。那么，从控制的角度来看，人们就非常有必要探索新的控制方法，如目前流行的智能控制方法。研究表明，人工神经网络具有强大的函数逼近能力，为解决复杂非线性系统的控制问题提供了一种行之有效的途径。有兴趣的读者可以参阅综述性文献 [8]。在这篇综述中，作者详细地介绍了神经网络理论在非线性系统的建模、辨识和控制等方面的研究进展。在文献 [7]、[149]～[167] 中也给出了许多非常好的相关研究结果。

另外，控制系统的状态估计（state estimation）和鲁棒滤波（robust filtering）等问题也得到了广泛的研究[168-176]。同样，各种不同的神经网络模型也被成功地用于处理非线性系统的状态估计器和滤波器的设计问题。到目前为止，这方面的研究成果非常多。我们在这里仅仅简单地列举一些，以供参考[177-187]。在这些研究成果中，神经网络都是作为一种工具被用于解决控制系统中面临的一些实际问题，而并没有涉及到神经网络模型本身的状态估计问题。但是，这是一个非常值得研究并需亟待解决的实际问题。

我们知道，神经网络是模拟生物神经系统的工作方式而设计的一种具有强大信息处理能力的模型。因此，神经网络通常都由大量的神经元经过高度互连所构成。特别地，用于解决复杂非线性问题的神经网络模型更是如此。可以想象，在这样一个拥有大量神经元并且神经元之间高度互连的神经网络模型中，要完全获知所有神经元的状态信息往往是非常困难的（有时甚至是不可能的）。然而，在很多基于神经网络的实际应用中，人们又需要事先知道各神经元的状态信息，然后才能合理地利用这些信息以实现一些预定的目标，如信号处理、系统建模和反馈控制等。在文献 [188] 中，一个递归神经网络被用于对一个未知的非线性系统进行建模。然后，在所设计的控制器中就需要利用神经元的状态信息。也就是说，在实际的应用中，我们需要知道所设计的神经网络的各神经元的状态信息并加以合理运用，从而达到预定的目标。但是，这些信息有时又是不完全可获知的。这就要求人们想办法近似地估计这些神经元的状态。基于这些考虑，对时滞递归神经网络的状态估计理论的研究就具有非常重要的理论价值和实际意义，能进一步促进神经网络基础理论的发展和完善，并为其在工程领域中的实际应用奠定基础。

近年来，时滞递归神经网络的状态估计问题的研究已经引起了信息、应用数学和非线性科学等领域众多学者的广泛关注。人们相继对此开展了大量的研究工作，并公开发表了许多有意义的成果[93,120,189-198]。在文献 [191] 中，Z. Wang 等学者研究了时滞递归神经网络的状态估计问题，通过结合非线性系统的状态估计方法和线性矩阵不等式技术提出了一个有效的状态估计器的设计准则。就我们所知，这是国际上第一个公开发表的时滞递归神经网络状态估计方面的研究成果。不难发现，文献 [191] 中的这个结果是不依赖于时滞的，因此可用于时滞任意大的情况。但是，正是因为没有利用时滞的信息，这种方法往往会比较保守，特别是当时滞很小的时候。这就激发了依赖于时滞的设计方法的研究。在文献 [120] 中，Y.He 等学者采用著名的自由权矩阵方法[79] 再次研究了这一问题, 得到了一个依赖于时滞的设计准则, 然后运用锥补线性化算法 (cone complementary linearization algorithm, CCL) 实现了状态估计器的设计。这种方法的基本思想是通过利用 Newton-Leibniz 公式引入一些自由权矩阵 (即结构不受任何约束的矩阵) 以降低设计结果的保守性。在文献 [194] 中, T. Li 和 S. Fei 探讨了带时变时滞和分布式时滞的神经网络的状态估计器的设计问题。在不要求激励函数单调或可导的情况下, 通过结合描述系统方法和 Jensen 不等式提出了一个依赖于时滞的设计结果。在此基础上, 状态估计器的设计可以通过求解一个线性矩阵不等式而实现。在文献 [196]~ 文献 [198] 中, J. H. Park 和 O. M. Kwon 系统地讨论了中立型神经网络 (neutral-type neural network) 的状态估计问题, 并得到了一系列依赖于时滞的结果。在文献 [189] 中, Z. Wang 等研究了带马尔可夫跳跃参数 (Markovian jumping parameter) 的时滞神经网络的状态估计问题。这篇文献中讨论的时滞有时变时滞和分布式时滞两种, 然后通过采用线性矩阵不等式技术, 得到了一个仅依赖于分布式时滞的设计结果。

与此同时, 对离散时间的递归神经网络的状态估计的研究也得到了人们的关注。比如, 在文献 [195] 中, 台湾学者 C. Y. Lu 研究了带区间时滞 (interval time-varying delay) 的离散时间神经网络的状态估计问题。这里, 时变时滞的下界被假定为大于零的某个实数。通过引入一些自由权矩阵, 得到了一个依赖于时滞变化范围的设计条件, 从而有效地解决了相关状态估计器的设计。其他相关结果请参考文献 [190]、[192] 等。

到目前为止, 时滞递归神经网络的状态估计的研究仍然是神经网络领域的一个热门研究课题, 每年仍有不少这方面的成果在国内外的学术期刊和会议上发表。近年来, 作者也在这方面开展了深入的研究工作, 发表了一系列成果。为了进一步促进时滞递归神经网络的状态估计理论的发展, 本书将系统地介绍作者近年来在这方面取得的研究成果。全书主要内容可以分为四部分。其中, 第一部分包括第 2~6 章, 主要介绍时滞局部场神经网络的状态估计。我们提出一些不同的方法来分析状态估计器的设计。这些方法包括基于自由权矩阵的方法、基于改进的时滞划分方法、基于松弛参数的方法、积分不等式方法等。第二部分包括第 7~10 章, 主要阐述时滞静态神经网络的状态估计。第三部分包括第 11、12 章, 主要介绍带马尔可夫跳跃参数的时滞递归神经网络的状态估计。我们给出一种新的依赖于系统模态的方法。这个方法的基本思想是在随机 Lyapunov 泛函中引入高阶积分项 (如三阶甚至四阶积分项), 使得尽可能多的 Lyapunov 矩阵随模态变化而变化。这样, 我们可以得到一些性能更好的设计结果。第四部分包括第 13 章, 简单介绍时滞递归神经网络的状态估计理论在反馈控制方面的应用。

1.5 几个常用的引理

作为这一章的结束，我们给出几个本书常用的引理。

引理 1.1 (Schur 补引理[63])   设矩阵 $Q(x) = Q^{\mathrm{T}}(x)$、$R(x) = R^{\mathrm{T}}(x)$ 以及 $S(x)$ 都是仿射依赖于变量 x 的，则线性矩阵不等式

$$\left[\begin{array}{cc} Q(x) & S(x) \\ S^{\mathrm{T}}(x) & R(x) \end{array}\right] > 0$$

等价于下述两个条件的任意一个。

(i) $Q(x) > 0,\ R(x) - S^{\mathrm{T}}(x)Q^{-1}(x)S(x) > 0$；

(ii) $R(x) > 0,\ Q(x) - S(x)R^{-1}(x)S^{\mathrm{T}}(x) > 0$。

引理 1.2 (Jensen 不等式[43])   对于任意的对称正定实矩阵 $M \in \mathbb{R}^{m \times m}$、常数 $\delta > 0$ 以及向量值函数 $\omega : [0, \gamma] \to \mathbb{R}^m$，如果式中涉及到的积分有定义，则

$$\delta \int_0^\delta \omega^{\mathrm{T}}(t)M\omega(s)\mathrm{d}t \geqslant \left(\int_0^\delta \omega(t)\mathrm{d}t\right)^{\mathrm{T}} M \left(\int_0^\delta \omega(t)\mathrm{d}t\right)$$

引理 1.3   设 X 和 Y 是任意的实对称正定矩阵，则

$$XY^{-1}X \geqslant 2X - Y$$

证明   该结论可以直接由

$$0 \leqslant (X - Y)Y^{-1}(X - Y) = XY^{-1}X - 2X + Y$$

得到。证毕。

引理 1.4 (文献 [199])   设 $\mathcal{U}$、$\mathcal{V}(t)$、$\mathcal{W}$ 与 $\mathcal{Q}$ 是维数适当的实矩阵且 $\mathcal{Q}$ 满足 $\mathcal{Q} = \mathcal{Q}^{\mathrm{T}}$，则对所有满足条件 $\mathcal{V}^{\mathrm{T}}(t)\mathcal{V}(t) \leqslant I$ 的 $\mathcal{V}(t)$，下式

$$\mathcal{Q} + \mathcal{U}\mathcal{V}(t)\mathcal{W} + \mathcal{W}^{\mathrm{T}}\mathcal{V}^{\mathrm{T}}(t)\mathcal{U}^{\mathrm{T}} < 0$$

成立，当且仅当存在一个常数 $\varepsilon > 0$ 使得

$$\mathcal{Q} + \varepsilon^{-1}\mathcal{U}\mathcal{U}^{\mathrm{T}} + \varepsilon\mathcal{W}^{\mathrm{T}}\mathcal{W} < 0$$

除此之外，我们还需要了解线性矩阵不等式和 Lyapunov 稳定性方面的相关知识，在此就不再一一列举了，有兴趣的读者请参阅文献 [45]、[63]、[65] 等。

第一部分

时滞局部场神经网络的
状态估计

第 2 章　时滞局部场神经网络的状态估计 (I)：基于自由权矩阵的方法

近三十年来，神经网络理论已经得到了快速的发展，其理论基础也在不断的完善。与此同时，神经网络的应用范围也越来越广泛。已经知道，神经网络在诸如信号处理、模式识别、组合优化、知识表示、自适应控制、航空航天、工业化学、生物医学和通信工程等领域都取得了成功的应用。但是，正如第 1 章所讲述的，用于解决复杂非线性问题的时滞递归神经网络往往由大量的神经元组成，并且这些神经元之间具有非常丰富的连接。因此，很难完全获得这些神经元的状态信息，在有些情况下甚至是不可能的。另外，在一些诸如反馈控制、信号处理等实际应用中，人们又确实需要事先知道这些信息，以便合理地利用它们来实现预定的目标。这就激发了人们对时滞递归神经网络的状态估计理论的研究。

在对神经网络进行建模时，可以选择不同的变量作为基本变量。于是，根据基本变量的不同，递归神经网络模型可以分为两大类[35,36]：局部场神经网络和静态神经网络。一般来说，这两类递归神经网络模型并不一样。为此，我们将在本书的前几章介绍时滞局部场神经网络的状态估计理论，然后阐述时滞静态神经网络的状态估计理论。

在本章中，我们将结合自由权矩阵技术[79,85] 给出一个时滞局部场神经网络的状态估计器的设计方法。和一些已有的结果相比较，我们不需要假设时变时滞是可导的。在不等式

$$-PQ^{-1}P \leqslant -2P + Q \quad (P \text{ 和 } Q \text{ 为任意的对称正定矩阵})$$

的基础上，得到了一个用线性矩阵不等式表示的充分条件。由文献 [63] 知道，线性矩阵不等式的求解可以采用一些成熟的凸优化算法实现。实际上，一种比较简便的方法是借助于 Matlab 软件中的线性矩阵不等式工具箱来寻找线性矩阵不等式的可行解[65]，从而可以有效地实现局部场神经网络的状态估计器的设计。然后，通过一个数值例子及其仿真说明本章得到的结果对时滞局部场神经网络的状态估计器设计的可行性。

2.1   问题的描述

考虑具有如下形式的时滞局部场神经网络模型:

$$\dot{x}_i(t) = -a_i x_i(t) + \sum_{j=1}^{n} w_{ij}^0 g_j(x_j(t)) + \sum_{j=1}^{n} w_{ij}^1 g_j(x_j(t - \tau(t))) + J_i \tag{2.1}$$

其中, n 是神经元的个数, $i = 1, 2, \cdots, n$, $x_i(t)$ 表示第 i 个神经元的局部场状态, $a_i > 0$ 表示第 i 个神经元的自反馈系数, w_{ij}^0 和 w_{ij}^1 分别是神经元 i 和 j 之间的连接权值和延时连接权值, $g_j(x_j)$ 是表示第 j 个神经元的激励函数, J_i 是神经元 i 的外部输入项, 以及 $\tau(t)$ 是一个随时间连续变化的时滞。

令

$$x(t) = \left[x_1(t), x_2(t), \cdots, x_n(t)\right]^{\mathrm{T}} \in \mathbb{R}^n$$
$$A = \mathrm{diag}(a_1, a_2, \cdots, a_n)$$
$$W_0 = [w_{ij}^0]_{n \times n}$$
$$W_1 = [w_{ij}^1]_{n \times n}$$
$$g(x(t)) = [g_1(x_1(t)), g_2(x_2(t)), \cdots, g_n(x_n(t))]^{\mathrm{T}}$$
$$J = [J_1, J_2, \cdots, J_n)]^{\mathrm{T}}$$

则时滞局部场神经网络 (2.1) 可以表示为如下更紧凑的形式:

$$\dot{x}(t) = -Ax(t) + W_0 g(x(t)) + W_1 g(x(t - \tau(t))) + J \tag{2.2}$$

下面, 我们就在式 (2.2) 的基础上进行分析。为了便于建立时滞局部场神经网络 (2.2) 的状态估计器的设计准则, 我们假设激励函数 $g(\cdot)$ 和时变时滞 $\tau(t)$ 分别满足以下条件。

假设 2.1   激励函数 $g(\cdot)$ 是广义 *Lipschitz* 连续的, 即存在一个实矩阵 G, 使得对于任意的 x、$y \in \mathbb{R}^n$ 有

$$|g(x) - g(y)| \leqslant |G(x - y)| \tag{2.3}$$

假设 2.2   时滞 $\tau(t)$ 关于时间 t 连续, 且存在常数 d 使得 $\tau(t)$ 满足

$$0 \leqslant \tau(t) \leqslant d \tag{2.4}$$

需要说明的是, 由假设 2.2 可知, 除了连续有界之外, 时变时滞 $\tau(t)$ 并不要求满足其他更严格的条件, 如可微性 (differentiablity)。这就意味着局部场神经网

络 (2.2) 中的时变时滞 $\tau(t)$ 可以随时间 t 发生快速变化，甚至是不可导的。在递归神经网络的硬件实现过程中，由于所采用的电子元器件的物理特性以及信息的传输与处理，这种类型的时变时滞也时常会出现。然而，在文献 [120]、[191] 中，时变时滞 $\tau(t)$ 都是关于 t 可导的，甚至还要求其导数的上界不大于某个给定的常数。这样，相对而言，本章对时变时滞 $\tau(t)$ 所做的假设比文献 [120]、[191] 中的都更弱。从而，本章得到的结果将可以应用于更加广泛的情况。

对于式 (2.2)，在实际中往往难以完全获知所有神经元的状态信息，但是通常可以借助于一些测量技术得到它的输出信号。很自然地会问，我们是否可以通过利用测量得到的输出信号实现对神经元状态的近似估计呢？这就是本章要讨论的问题。为此，假设该神经网络 (2.2) 的输出信号具有如下形式：

$$y(t) = Cx(t) + f(t, x(t)) \tag{2.5}$$

其中，$y(t) \in \mathbb{R}^m$ 表示神经网络 (2.2) 的输出向量，$C \in \mathbb{R}^{m \times n}$ 是一个已知的实矩阵，$f : \mathbb{R} \times \mathbb{R}^n \to \mathbb{R}^m$ 代表受到的外界干扰信号。

其中，假设扰动项 $f(t, x)$ 满足：

假设 2.3 $f(t, x)$ 关于 x 是广义 Lipschitz 连续的，即存在一个实矩阵 $F \in \mathbb{R}^{n \times n}$，使得对于任意的 x、$y \in \mathbb{R}^n$ 有

$$|f(t, x) - f(t, y)| \leqslant |F(x - y)| \tag{2.6}$$

在非线性系统的分析与综合中，人们经常会遇到符合上述假设的外界干扰信号。有兴趣的读者可参阅文献 [120]、[191]、[200]~[202]。

本章的目的是为了分析时滞局部场神经网络 (2.2) 的状态估计问题，希望在结合自由权矩阵技术的基础上将状态估计器的设计转化为寻找一个线性矩阵不等式的可行解。为此，构造的状态估计器为

$$\dot{\hat{x}}(t) = -A\hat{x}(t) + W_0 g(\hat{x}(t)) + W_1 g(\hat{x}(t - \tau(t))) + J$$
$$+ K(y(t) - C\hat{x}(t) - f(t, \hat{x}(t))) \tag{2.7}$$

其中，$\hat{x}(t) \in \mathbb{R}^n$ 表示神经元的状态 $x(t)$ 的估计，$K \in \mathbb{R}^{n \times m}$ 是待设计的状态估计器的增益矩阵。

定义误差信号为 $e(t) = x(t) - \hat{x}(t)$。则由式 (2.2) 和式 (2.7) 易知误差信号 $e(t)$ 满足如下的微分方程：

$$\dot{e}(t) = -(A + KC)e(t) + W_0 \varphi(t) + W_1 \varphi(t - \tau(t)) - K\psi(t) \tag{2.8}$$

这里引入函数 $\varphi(t)$ 和 $\psi(t)$。

$$\varphi(t) = g(x(t)) - g(\hat{x}(t))$$

$$\varphi(t - \tau(t)) = g(x(t - \tau(t))) - g(\hat{x}(t - \tau(t)))$$

$$\psi(t) = f(t, x(t)) - f(t, \hat{x}(t))$$

显然, 从上面的表达式知道 $\varphi(t)$ 和 $\psi(t)$ 其实是与 $x(t)$、$\hat{x}(t)$ 相关的。为了叙述方便, 我们将它们分别简写为 $\varphi(t)$ 和 $\psi(t)$。

由假设 2.1~ 假设 2.3 知, 对于任意给定的初始条件, 误差系统 (2.8) 具有唯一的解[44]。不妨假设, 初始条件为定义在连续函数空间 $\mathcal{C}([-d, 0]; \mathbb{R}^n)$ 上的函数 $e(\theta) = \xi(\theta)$ $(\theta \in [-d, 0])$, 且记对应于该初始条件的误差系统 (2.8) 的解为 $e(t; \xi)$。于是, $e(t; 0) = 0$ 是误差系统 (2.8) 对应于初始条件为零的解, 称为误差系统的平凡解。

下面给出误差系统 (2.8) 的平凡解的全局渐近稳定性的定义[44]。

定义 2.1　对于任意给定的初始条件 $\xi(\theta) \in \mathcal{C}([-d, 0]; \mathbb{R}^n)$, 误差系统 (2.8) 的平凡解 $e(t; 0) = 0$ 被称为全局渐近稳定的, 如果它是 Lyapunov 意义下局部稳定的, 同时又是全局吸引的。

2.2　时滞局部场神经网络的状态估计器设计

本节将对时滞局部场神经网络 (2.2) 设计一个合适的状态估计器 (2.7), 使得在一定的条件下误差系统 (2.8) 的平凡解是全局渐近稳定的。为此, 我们给出了一个基于线性矩阵不等式的方法。在此基础上, 得到了一个依赖于时滞的充分条件, 从而为这一类时滞局部场神经网络的状态估计器的设计提供了一个易于实现的方案。

定理 2.1 (文献 [203])　如果存在三个正常数 $\alpha > 0$、$\beta > 0$、$\gamma > 0$、对称正定的实矩阵 $P > 0$、$Q > 0$、R 以及自由权矩阵 S 和 T, 使得线性矩阵不等式

$$
\begin{bmatrix}
\Omega_1 & -S + T^{\mathrm{T}} & -S & PW_0 & PW_1 & -R & \Omega_2 \\
* & \Omega_3 & -T & 0 & 0 & 0 & 0 \\
* & * & -Q & 0 & 0 & 0 & 0 \\
* & * & * & -\alpha I & 0 & 0 & dW_0^{\mathrm{T}}P \\
* & * & * & * & -\beta I & 0 & dW_1^{\mathrm{T}}P \\
* & * & * & * & * & -\gamma I & -dR^{\mathrm{T}} \\
* & * & * & * & * & * & -2P + Q
\end{bmatrix} < 0 \tag{2.9}
$$

是成立的。其中

$$\Omega_1 = -PA - A^{\mathrm{T}}P - RC - C^{\mathrm{T}}R^{\mathrm{T}} + S + S^{\mathrm{T}} + \alpha G^{\mathrm{T}}G + \gamma F^{\mathrm{T}}F$$

$$\Omega_2 = -dA^{\mathrm{T}}P - dC^{\mathrm{T}}R^{\mathrm{T}}, \Omega_3 = T - T^{\mathrm{T}} + \beta G^{\mathrm{T}}G$$

那么，误差系统 (2.8) 的平凡解 $e(t;0) = 0$ 是全局渐近稳定的。进而，状态估计器 (2.7) 的增益矩阵可设计为

$$K = P^{-1}R$$

首先，对定理 2.1 做一点说明。

注释 2.1　　定理 2.1 给出了一个基于线性矩阵不等式的方法用于解决带时变时滞的局部场神经网络的状态估计器的设计问题。基于这个方法，我们得到了一个依赖于时滞的设计准则，从而将状态估计器的增益矩阵的设计转化为寻找线性矩阵不等式 (2.9) 的一组可行解，即求得常数 $\alpha > 0$、$\beta > 0$、$\gamma > 0$ 和实矩阵 $P > 0$、$Q > 0$、R、S 以及 T 使得式 (2.9) 成立。根据文献 [65]，这可以借助于 Matlab 中的线性矩阵不等式工具箱来完成。另外，可以看到在线性矩阵不等式 (2.9) 中引入了两个自由权矩阵 S 和 T（有时也被称为松弛矩阵）。引入这两个矩阵的目的就是为了得到保守性更弱的设计结果。此外，和文献 [120] 中的非线性矩阵不等式条件不同的是，定理 2.1 给出的是线性矩阵不等式条件。

下面给出定理 2.1 的证明。

构造 Lyapunov 泛函

$$V(e(t)) = V_1(e(t)) + V_2(e(t)) \tag{2.10}$$

其中

$$V_1(e(t)) = e^{\mathrm{T}}(t)Pe(t)$$

$$V_2(e(t)) = d \int_{t-d}^{t} (s - t + d)\dot{e}^{\mathrm{T}}(s)Q\dot{e}(s)\mathrm{d}s$$

通过直接计算 $V_1(e(t))$ 沿误差系统 (2.8) 的轨迹对时间 t 的导数，可以得到

$$\dot{V}_1(e(t)) = 2e^{\mathrm{T}}(t)P(-(A + KC)e(t) + W_0\varphi(t) + W_1\varphi(t - \tau(t)) - K\psi(t))$$

$$= e^{\mathrm{T}}(t)(-P(A + KC) - (A + KC)^{\mathrm{T}}P)e(t) + 2e^{\mathrm{T}}(t)PW_0\varphi(t)$$

$$+ 2e^{\mathrm{T}}(t)PW_1\varphi(t - \tau(t)) - 2e^{\mathrm{T}}(t)PK\psi(t) + 2e^{\mathrm{T}}(t)S \int_{t-\tau(t)}^{t} \dot{e}(s)\mathrm{d}s$$

$$+ 2e^{\mathrm{T}}(t - \tau(t))T \int_{t-\tau(t)}^{t} \dot{e}(s)\mathrm{d}s - 2e^{\mathrm{T}}(t)S \int_{t-\tau(t)}^{t} \dot{e}(s)\mathrm{d}s$$

$$-2e^{\mathrm{T}}(t-\tau(t))T\int_{t-\tau(t)}^{t}\dot{e}(s)\mathrm{d}s$$

$$=e^{\mathrm{T}}(t)(-P(A+KC)-(A+KC)^{\mathrm{T}}P)e(t)+2e^{\mathrm{T}}(t)PW_0\varphi(t)$$

$$+2e^{\mathrm{T}}(t)PW_1\varphi(t-\tau(t))-2e^{\mathrm{T}}(t)PK\psi(t)+2e^{\mathrm{T}}(t)Se(t)$$

$$-2e^{\mathrm{T}}(t)Se(t-\tau(t))+2e^{\mathrm{T}}(t-\tau(t))Te(t)$$

$$-2e^{\mathrm{T}}(t-\tau(t))Te(t-\tau(t))-2e^{\mathrm{T}}(t)S\int_{t-\tau(t)}^{t}\dot{e}(s)\mathrm{d}s$$

$$-2e^{\mathrm{T}}(t-\tau(t))T\int_{t-\tau(t)}^{t}\dot{e}(s)\mathrm{d}s$$

$$=e^{\mathrm{T}}(t)(-P(A+KC)-(A+KC)^{\mathrm{T}}P+S+S^{\mathrm{T}})e(t)$$

$$+2e^{\mathrm{T}}(t)(-S+T^{\mathrm{T}})e(t-\tau(t))-2e^{\mathrm{T}}(t-\tau(t))Te(t-\tau(t))$$

$$+2e^{\mathrm{T}}(t)PW_0\varphi(t)+2e^{\mathrm{T}}(t)PW_1\varphi(t-\tau(t))-2e^{\mathrm{T}}(t)PK\psi(t)$$

$$-2e^{\mathrm{T}}(t)S\int_{t-\tau(t)}^{t}\dot{e}(s)\mathrm{d}s-2e^{\mathrm{T}}(t-\tau(t))T\int_{t-\tau(t)}^{t}\dot{e}(s)\mathrm{d}s \tag{2.11}$$

类似地, 注意到 $0\leqslant\tau(t)\leqslant d$, 容易求得 $V_2(e(t))$ 沿误差系统 (2.8) 的轨迹对时间 t 的导数为

$$\dot{V}_2(e(t))=d^2\dot{e}^{\mathrm{T}}(t)Q\dot{e}(t)-d\int_{t-d}^{t}\dot{e}^{\mathrm{T}}(s)Q\dot{e}(s)\mathrm{d}s$$

$$\leqslant d^2\dot{e}^{\mathrm{T}}(t)Q\dot{e}(t)-\tau(t)\int_{t-\tau(t)}^{t}\dot{e}^{\mathrm{T}}(s)Q\dot{e}(s)\mathrm{d}s$$

根据引理 1.2, 易知

$$\dot{V}_2(e(t))\leqslant d^2\dot{e}^{\mathrm{T}}(t)Q\dot{e}(t)-\left(\int_{t-\tau(t)}^{t}\dot{e}(s)\mathrm{d}s\right)^{\mathrm{T}}Q\left(\int_{t-\tau(t)}^{t}\dot{e}(s)\mathrm{d}s\right)$$

$$=d^2\dot{e}^{\mathrm{T}}(t)Q\dot{e}(t)-(e(t)-e(t-\tau(t)))^{\mathrm{T}}Q(e(t)-e(t-\tau(t)))$$

$$=d^2\dot{e}^{\mathrm{T}}(t)Q\dot{e}(t)-e^{\mathrm{T}}(t)Qe(t)+2e^{\mathrm{T}}(t)Qe(t-\tau(t))$$

$$-e^{\mathrm{T}}(t-\tau(t))Qe(t-\tau(t)) \tag{2.12}$$

又函数 $g(\cdot)$ 和 $f(\cdot)$ 分别满足式 (2.3) 和式 (2.6), 因此有

$$\varphi^{\mathrm{T}}(t)\varphi(t)=|g(x(t))-g(\hat{x}(t))|^2\leqslant|Ge(t)|^2=e^{\mathrm{T}}(t)G^{\mathrm{T}}Ge(t)$$

$$\psi^{\mathrm{T}}(t)\psi(t)=|f(t,x(t))-f(t,\hat{x}(t))|^2\leqslant|Fe(t)|^2=e^{\mathrm{T}}(t)F^{\mathrm{T}}Fe(t)$$

于是, 对于任意的正数 α、β 和 γ 有

$$\alpha(e^{\mathrm{T}}(t)G^{\mathrm{T}}Ge(t) - \varphi^{\mathrm{T}}(t)\varphi(t)) \geqslant 0$$
$$\beta(e^{\mathrm{T}}(t-\tau(t))G^{\mathrm{T}}Ge(t-\tau(t)) - \varphi^{\mathrm{T}}(t-\tau(t))\varphi(t-\tau(t))) \geqslant 0$$
$$\gamma(e^{\mathrm{T}}(t)F^{\mathrm{T}}Fe(t) - \psi^{\mathrm{T}}(t)\psi(t)) \geqslant 0$$

结合上式, 由式 (2.11) 和式 (2.12) 可以推得

$$\begin{aligned}
\dot{V}(e(t)) \leqslant & \, e^{\mathrm{T}}(t)(-P(A+KC) - (A+KC)^{\mathrm{T}}P + S + S^{\mathrm{T}})e(t) \\
& + 2e^{\mathrm{T}}(t)(-S+T^{\mathrm{T}})e(t-\tau(t)) - 2e^{\mathrm{T}}(t-\tau(t))Te(t-\tau(t)) \\
& + 2e^{\mathrm{T}}(t)PW_0\varphi(t) + 2e^{\mathrm{T}}(t)PW_1\varphi(t-\tau(t)) - 2e^{\mathrm{T}}(t)PK\psi(t) \\
& - 2e^{\mathrm{T}}(t)S\int_{t-\tau(t)}^{t}\dot{e}(s)ds - 2e^{\mathrm{T}}(t-\tau(t))T\int_{t-\tau(t)}^{t}\dot{e}(s)ds \\
& + d^2\dot{e}^{\mathrm{T}}(t)Q\dot{e}(t) - \left(\int_{t-\tau(t)}^{t}\dot{e}(s)ds\right)^{\mathrm{T}}Q\left(\int_{t-\tau(t)}^{t}\dot{e}(s)ds\right) \\
& + \alpha(e^{\mathrm{T}}(t)G^{\mathrm{T}}Ge(t) - \varphi^{\mathrm{T}}(t)\varphi(t)) + \beta(e^{\mathrm{T}}(t-\tau(t))G^{\mathrm{T}}Ge(t-\tau(t)) \\
& - \varphi^{\mathrm{T}}(t-\tau(t))\varphi(t-\tau(t))) + \gamma(e^{\mathrm{T}}(t)F^{\mathrm{T}}Fe(t) - \psi^{\mathrm{T}}(t)\psi(t)) \\
= & \, \xi^{\mathrm{T}}(t)(\varPhi + d^2\varPsi^{\mathrm{T}}Q\varPsi)\xi(t)
\end{aligned} \tag{2.13}$$

其中

$$\xi(t) = \left[\begin{array}{cccccc} e^{\mathrm{T}}(t), & e^{\mathrm{T}}(t-\tau(t)), & \left(\int_{t-\tau(t)}^{t}\dot{e}(s)ds\right)^{\mathrm{T}}, & \varphi^{\mathrm{T}}(t), & \varphi^{\mathrm{T}}(t-\tau(t)), & \psi^{\mathrm{T}}(t) \end{array}\right]^{\mathrm{T}}$$

$$\varPhi = \begin{bmatrix} \varTheta & -S+T^{\mathrm{T}} & -S & PW_0 & PW_1 & -PK \\ * & \varOmega_3 & -T & 0 & 0 & 0 \\ * & * & -Q & 0 & 0 & 0 \\ * & * & * & -\alpha I & 0 & 0 \\ * & * & * & * & -\beta I & 0 \\ * & * & * & * & * & -\gamma I \end{bmatrix}$$

$$\varTheta = -P(A+KC) - (A+KC)^{\mathrm{T}}P + S + S^{\mathrm{T}} + \alpha G^{\mathrm{T}}G + \gamma F^{\mathrm{T}}F$$

$$\varPsi = \left[\begin{array}{cccccc} -(A+KC), & 0, & 0, & W_0, & W_1, & -K \end{array}\right]$$

另外, 如果 $\varPhi + d^2\varPsi^{\mathrm{T}}Q\varPsi < 0$ 成立的话, 则一定存在一个足够小的正数 ε 使得

$$\varPhi + d^2\varPsi^{\mathrm{T}}Q\varPsi + \mathrm{diag}(\varepsilon I, 0, 0, 0, 0, 0) \leqslant 0$$

从而，由式 (2.13) 知，对于任意非零的 $e(t)$ 有

$$\dot{V}(e(t)) \leqslant -\varepsilon e^{\mathrm{T}}(t)e(t) < 0 \tag{2.14}$$

这就意味着误差系统 (2.8) 的平凡解 $e(t;0) = 0$ 是全局渐近稳定的。所以，要证明误差系统 (2.8) 的平凡解 $e(t;0) = 0$ 的全局渐近稳定性，我们只需要证明 $\varPhi + d^2 \varPsi^{\mathrm{T}} Q \varPsi < 0$。

由引理 1.1 知，$\varPhi + d^2 \varPsi^{\mathrm{T}} Q \varPsi < 0$ 等价于

$$\begin{bmatrix}
\varTheta & -S+T^{\mathrm{T}} & -S & PW_0 & PW_1 & -PK & -d(A+KC)^{\mathrm{T}}Q \\
* & \varOmega_3 & -T & 0 & 0 & 0 & 0 \\
* & * & -Q & 0 & 0 & 0 & 0 \\
* & * & * & -\alpha I & 0 & 0 & dW_0^{\mathrm{T}}Q \\
* & * & * & * & -\beta I & 0 & dW_1^{\mathrm{T}}Q \\
* & * & * & * & * & -\gamma I & -dK^{\mathrm{T}}Q \\
* & * & * & * & * & * & -Q
\end{bmatrix} < 0 \tag{2.15}$$

对式 (2.15) 分别左乘矩阵 $\mathrm{diag}(I,I,I,I,I,I,PQ^{-1})$ 和右乘 $\mathrm{diag}(I,I,I,I,I,I,Q^{-1}P)$，并令 $K = P^{-1}R$，容易得到

$$\begin{bmatrix}
\varTheta & -S+T^{\mathrm{T}} & -S & PW_0 & PW_1 & -PK & -d(A+KC)^{\mathrm{T}}P \\
* & \varOmega_3 & -T & 0 & 0 & 0 & 0 \\
* & * & -Q & 0 & 0 & 0 & 0 \\
* & * & * & -\alpha I & 0 & 0 & dW_0^{\mathrm{T}}P \\
* & * & * & * & -\beta I & 0 & dW_1^{\mathrm{T}}P \\
* & * & * & * & * & -\gamma I & -dK^{\mathrm{T}}P \\
* & * & * & * & * & * & -PQ^{-1}P
\end{bmatrix} < 0 \tag{2.16}$$

显然，由 $(P-Q)^{\mathrm{T}}Q^{-1}(P-Q) = PQ^{-1}P - 2P + Q \geqslant 0$ 知

$$PQ^{-1}P \geqslant 2P - Q$$

由此可知，线性矩阵不等式 (2.9) 保证了式 (2.16) 是成立的。也就是说

$$\varPhi + d^2 \varPsi^{\mathrm{T}} Q \varPsi < 0$$

故误差系统 (2.8) 的平凡解 $e(t;0) = 0$ 是全局渐近稳定的。证毕。

由定理 2.1 的证明，我们容易得到下面的推论。

推论 2.1(文献 [202])　假设状态估计器的增益矩阵 K 已知，则误差系统 (2.8) 的平凡解 $e(t;0) = 0$ 是全局渐近稳定的，如果存在常数 $\alpha > 0$、$\beta > 0$、$\gamma > 0$ 和实矩阵 $P > 0$、$Q > 0$、S、T，使得线性矩阵不等式 (2.15) 成立。

由于递归神经网络的实际应用与它的平衡点的稳定性是密切相关的, 因此对时滞递归神经网络的稳定性分析受到了广泛的关注。在现有的文献中, 人们已经得到了许多不依赖于时滞或依赖于时滞的稳定性条件。值得一提的是, 本章提出的方法也可以有效地用来分析时滞局部场神经网络的平衡点的全局渐近稳定性。

考虑时滞局部场神经网络 (2.2)。假设 x^* 是它的一个平衡点, 即 x^* 满足

$$-Ax^* + W_0g(x^*) + W_1g(x^*) + J = 0$$

经过变换 $z(t) = x(t) - x^*$, 系统 (2.2) 可改写为

$$\dot{z}(t) = -Az(t) + W_0\hat{g}(z(t)) + W_1\hat{g}(z(t-\tau(t))) \tag{2.17}$$

其中, $\hat{g}(z(t)) = g(x(t) + x^*) - g(x^*)$。显然, $z(t; 0) = 0$ 是系统 (2.17) 的一个平凡解。此外, 由式 (2.3) 得

$$|\hat{g}(z)| \leqslant |Gz| \tag{2.18}$$

类似于定理 2.1, 有:

定理 2.2 (文献 [203]) 时滞局部场神经网络 (2.17) 的平凡解 $z(t; 0) = 0$ 是全局渐近稳定的, 如果存在常数 $\alpha > 0$、$\beta > 0$、对称正定的实矩阵 $P > 0$、$Q > 0$ 以及自由权矩阵 S、T 使得下列线性矩阵不等式

$$\begin{bmatrix} \Delta & -S+T^{\mathrm{T}} & -S & PW_0 & PW_1 & -dA^{\mathrm{T}}Q \\ -S^{\mathrm{T}}+T & -T-T^{\mathrm{T}}+\beta G^{\mathrm{T}}G & -T & 0 & 0 & 0 \\ -S^{\mathrm{T}} & -T^{\mathrm{T}} & -Q & 0 & 0 & 0 \\ W_0^{\mathrm{T}}P & 0 & 0 & -\alpha I & 0 & dW_0^{\mathrm{T}}Q \\ W_1^{\mathrm{T}}P & 0 & 0 & 0 & -\beta I & dW_1^{\mathrm{T}}Q \\ -dQA & 0 & 0 & dQW_0 & dQW_1 & -Q \end{bmatrix} < 0$$

成立。其中, $\Delta = -PA - A^{\mathrm{T}}P + S + S^{\mathrm{T}} + \alpha G^{\mathrm{T}}G$。

证明 为此, 构造如下的 Lyapunov 泛函:

$$V(z(t)) = z^{\mathrm{T}}(t)Pz(t) + d\int_{t-d}^{t} (s-t+d)\dot{z}^{\mathrm{T}}(s)Q\dot{z}(s)\mathrm{d}s$$

类似于定理 2.1, 容易证明时滞局部场神经网络 (2.17) 的平凡解 $z(t; 0) = 0$ 是全局渐近稳定的。具体过程在此略去。证毕。

2.3　仿 真 示 例

在本节中，我们将通过一个简单的例子[203] 来说明定理 2.1 对时滞局部场神经网络的状态估计器设计的有效性，并给出相关的仿真结果。

令 $n = 3$，则 $x(t) = [x_1(t), x_2(t), x_3(t)]^{\mathrm{T}}$。假设时滞局部场神经网络 (2.2) 的系数矩阵为

$$A = \begin{bmatrix} 3.2 & 0 & 0 \\ 0 & 2.5 & 0 \\ 0 & 0 & 2.8 \end{bmatrix}, W_0 = \begin{bmatrix} 0.4 & -0.2 & 0.1 \\ -0.1 & 0.5 & 0.2 \\ -0.4 & 0.3 & 0.2 \end{bmatrix}$$

$$W_1 = \begin{bmatrix} 0.3 & -0.1 & 0.2 \\ -0.5 & 0.4 & 0.1 \\ -0.2 & -0.2 & 0.4 \end{bmatrix}, C = 0.8I$$

$$J = \begin{bmatrix} -1.5\cos t + 0.8\sin t + 0.012t^2 \\ -0.7\cos t + 0.4\sin t + 0.008t^2 \\ 1.2\cos t - 0.9\sin t - 0.003t^2 \end{bmatrix}$$

令函数 $g(x) = \dfrac{1}{4}(|x+1| - |x-1|)$ 为各神经元的激励函数，于是满足假设 2.1 的矩阵 G 为 $G = 0.5I$。假设输出向量 $y(t)$ 中的非线性扰动项为 $f(t, x(t)) = 0.4\cos x(t)$，因此有 $F = 0.4I$。此外，假设该神经网络的时滞为 $\tau(t) = |\sin t|$。容易知道，其上界为 $d = 1$，而且 $\tau(t)$ 在点 $t = k\pi$ $(k = 0, \pm 1, \pm 2, \cdots)$ 处都是不可导的。这就意味着文献 [120]、[191] 的设计结果并不适用于这个例子，因为这两个结果都要求时滞是处处可导的。然而，借助于 Matlab 线性矩阵不等式工具箱，我们找到的线性矩阵不等式 (2.9) 的一组可行解为

$$P = \begin{bmatrix} 1.9593 & 0.2090 & 0.0446 \\ 0.2090 & 2.0066 & -0.1534 \\ 0.0446 & -0.1534 & 2.0294 \end{bmatrix}$$

$$Q = \begin{bmatrix} 0.6636 & 0.1547 & 0.0266 \\ 0.1547 & 0.8405 & -0.1255 \\ 0.0266 & -0.1255 & 0.8020 \end{bmatrix}$$

$$R = \begin{bmatrix} -3.1138 & -0.3295 & -0.0451 \\ -0.4876 & -2.0263 & 0.3117 \\ -0.0707 & 0.2639 & -2.5968 \end{bmatrix}$$

$$S = \begin{bmatrix} -0.1733 & 0.0342 & 0.0014 \\ 0.0425 & -0.1683 & -0.0291 \\ 0.0002 & -0.0245 & -0.1619 \end{bmatrix}$$

$$T = \begin{bmatrix} 0.4680 & 0.0657 & 0.0159 \\ 0.0618 & 0.5453 & -0.0483 \\ 0.0157 & -0.0500 & 0.5312 \end{bmatrix}$$

$$\alpha = 2.8533, \quad \beta = 1.2581, \quad \gamma = 5.4800$$

因此, 该时滞局部场神经网络的状态估计器的增益矩阵可设计为

$$K = \begin{bmatrix} -1.5807 & -0.0629 & -0.0002 \\ -0.0788 & -0.9990 & 0.0579 \\ -0.0060 & 0.0559 & -1.2752 \end{bmatrix}$$

图 2.1~ 图 2.4 给出了当初始条件为

$$x(0) = [-0.32, 0.38, -0.92]^{\mathrm{T}}, \hat{x}(0) = [0.67, -1.04, 0.56]^{\mathrm{T}}$$

时的仿真结果。其中, 图 2.1~ 图 2.3 分别是该时滞局部场神经网络 (2.2) 的真实状态和利用状态估计器 (2.7) 得到的估计状态的响应曲线; 图 2.4 是误差系统的状态 $e(t)$ 的响应曲线。可以看到, 这些仿真结果有效地验证了本章提出的方法对时滞局部场神经网络状态估计器设计的可行性。

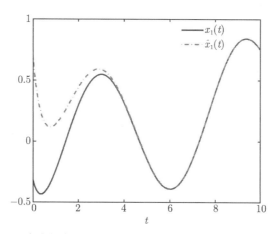

图 2.1 真实状态 $x_1(t)$ 和对应的估计状态 $\hat{x}_1(t)$ 的响应曲线

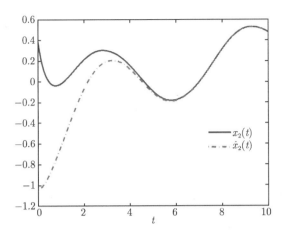

图 2.2　真实状态 $x_2(t)$ 和对应的估计状态 $\hat{x}_2(t)$ 的响应曲线

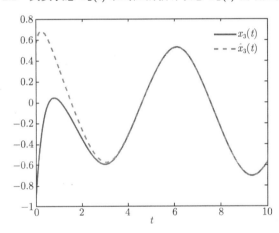

图 2.3　真实状态 $x_3(t)$ 和对应的估计状态 $\hat{x}_3(t)$ 的响应曲线

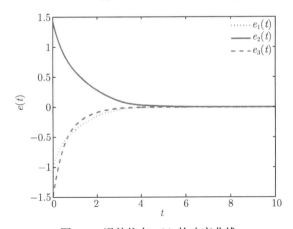

图 2.4　误差状态 $e(t)$ 的响应曲线

2.4 本章小结

在本章中,我们讨论了一类带时变时滞的局部场神经网络的状态估计问题。在不要求时变时滞可导的情况下,通过构造合适的 Lyapunov 泛函和结合自由权矩阵技术,给出了一个依赖于时滞的充分条件。在这个条件下,误差系统的平凡解的全局渐近稳定性得以保证,从而可实现对这一类时滞局部场神经网络的状态估计器的设计。从本章的定理可以看出,我们提出的设计方案是用一个线性矩阵不等式来表示的,因此在实际的应用中可以很方便地求解。由于对自由权矩阵没有额外的限制,于是引入的两个自由权矩阵可以有效地降低状态估计器设计准则的保守性。另外,本章提出的方法也可以用于分析时滞局部场神经网络的平衡点的全局渐近稳定性。最后通过一个数值例子验证了我们得到的结果对时滞局部场神经网络的状态估计器设计的可行性,并给出了相关的仿真结果。

第 3 章 时滞局部场神经网络的状态估计 (II)：基于改进的时滞划分方法

在实际中，由于信号的传输与处理等原因，时滞几乎无处不在。已经知道，时滞常常会影响甚至改变系统的动力学行为，导致不稳定（instability）或者出现振荡（oscillation）现象。

根据不同的分析方法，时滞系统的稳定性判据可以分为两大类：一类是不依赖于时滞的条件；另一类是依赖于时滞的条件。一般来说，依赖于时滞的稳定性条件要比不依赖于时滞的稳定性条件保守性更弱，特别是对时滞较小的情况。这是因为在依赖于时滞的条件中考虑了时滞的信息。此外，对于都是依赖于时滞的稳定性条件来讲，如果其中一个条件能够用于判定当时滞更大时系统的稳定性，则称这个条件的保守性相对更弱。比如，对于同一个时滞系统，一个稳定性条件能判定当时滞小于等于 1 时该系统是稳定的，而另一个条件只能判定当时滞小于等于 0.8 时该系统是稳定的（即不能判定当时滞大于 0.8 时系统是否是稳定的），则前一个条件的保守性相对就比后一个条件的保守性更弱。

近几年，人们对时滞系统研究的一个热点方向是如何提出新的方法进一步降低已有稳定性结果的保守性。到目前为止，许多学者对时滞系统的稳定性分析与综合进行了深入的研究，提出了多种非常有效的方法。其中，一些代表性的方法包括基于自由权矩阵方法、增广 Lyapunov 泛函方法、积分不等式方法以及时滞划分方法等[43,79,88,89,121,124]。这些方法都各有特色，并在实际中得到了广泛的应用[52]。

在最初的时滞划分方法中，所考虑的时滞都是定常的[88,89,121,124]。假设系统的时滞为 τ，其基本思想是将区间 $[t-\tau, t]$ 进行 m 等分，这样就可以构造新的 Lyapunov 泛函，从而达到降低稳定性条件的保守性的效果。在本章中，我们将对文献 [88]、[89]、[121]、[124] 中的时滞划分方法进行改进，使之能有效地处理时变时滞的情况。具体地，在这个改进的时滞划分方法中，我们将分别对区间 $[t-\tau, t]$ 和 $[t-\tau(t), t]$ 进行划分，然后将它用于解决带时变时滞的局部场神经网络的状态估计问题。通过对时滞的划分以及结合一些积分不等式，我们将得到一个保守性更弱的设计条件。和第 2 章一样，这个设计条件也是用线性矩阵不等式表示的，从而可以很方便地借助于一些成熟的凸优化算法实现状态估计器的设计。但是，和第 2 章的结果相比，主要有两方面的不同。一是采用改进的时滞划分方法所得到的状态估计器的设计准则的保守性会更弱，而且随着划分的不断细化，保守性会进一步降低。我们将在 3.4 节设计一个例子并给出相应的数值计算结果，从而更直接地验证这一结论。二是由于对两个不同的区间进行了划分，所以通过改进的时滞划分方法得到的条件会含有更多的决策变量，且线性矩阵不等式的行数也会随之增加，从而相对来讲在实现时需要更多的计算量。但是，根据文献 [63]，求解线性矩阵不等式的计算复杂度是正比于矩阵的行数与决策变量个数的立方的乘积的。因此，只要对时滞的划分不是特别细，对由成百上千个神经元所构成的局部场神经网络都能利用我们的结果非常高效地实现状态估计器的设计。

另一方面，值得一提的是，本章提出的改进时滞划分方法与文献 [88]、[89]、[121]、[124] 中的时滞划分方法并不一样。在上述文献提出的方法中，人们只需要对时滞的上界进行等分，即只涉及一个划分。但是，由于本章考虑的是时变时滞，我们的方法将同时对这个时滞以及它的上界实施两个不同的等分，即对区间 $[t-\tau(t),t]$ 和 $[t-\tau,t]$ 分别进行 k 和 l 等分。这里的 τ 是时变时滞 $\tau(t)$ 的上界，k 和 l 分别为两个给定的正整数。

3.1 问题的描述

考虑如下的时变时滞局部场神经网络：

$$\dot{x}(t) = -Ax(t) + W_0 g(x(t)) + W_1 g(x(t-\tau(t))) + J \tag{3.1}$$

其中，$x(t) = [x_1(t), x_2(t), \cdots, x_n(t)]^{\mathrm{T}} \in \mathbb{R}^n$ 是由神经元的状态信息组成的向量（n 表示神经元的个数），$g(x(t)) = [g_1(x_1(t)), g_2(x_2(t)), \cdots, g_n(x_n(t))]^{\mathrm{T}}$ 是一向量值函数，且 $g_i(\cdot)$ 代表第 i 个神经元的激励函数。A、W_0 和 W_1 都是实矩阵。其中，$A = \mathrm{diag}(a_1, a_2, \cdots, a_n)$ 是一对角矩阵，且 $a_i > 0$。W_0 和 W_1 分别表示神经元之间的连接权矩阵和延时连接权矩阵。向量 $J = [J_1, J_2, \ldots, J_n]^{\mathrm{T}}$ 是该神经网络的外部输入项，$\tau(t)$ 是一随时间发生变化的连续有界的时滞。

对于一个较大规模的时滞局部场神经网络来说，人们通常很难完全获知各神经元的状态信息。但是，我们有时能通过一些测量手段测得网络的输出信号。在这种情况下，就可以利用网络的输出信号来近似地估计各神经元的状态信息，从而在一些实际的应用中能够用得到的估计状态替代神经元的真实状态。为此，假设时滞局部场神经网络 (3.1) 的输出信号为

$$y(t) = Cx(t) + f(t, x(t)) \tag{3.2}$$

其中，$y(t) \in \mathbb{R}^m$ 表示局部场神经网络 (3.1) 的输出向量，C 是一已知的实矩阵，函数 $f : \mathbb{R} \times \mathbb{R}^n \to \mathbb{R}^m$ 是一非线性扰动项。类似于文献 [120]、[191]、[200]~[202]，不妨假设非线性扰动项 f 满足条件：存在一个实矩阵 $F \in \mathbb{R}^{n \times n}$，使得对任意的 u、$v \in \mathbb{R}^n$ 有

$$|f(t, u) - f(t, v)| \leqslant |F(u - v)| \tag{3.3}$$

在神经网络的设计过程中，一般会根据实际问题事先选好神经元的激励函数。我们熟悉的 S 型函数

$$\tanh(x)、\frac{e^x - e^{-x}}{2}、\frac{|x+1| - |x-1|}{2}$$

就经常被用作神经元的激励函数。因此，在对时滞局部场神经网络 (3.1) 设计合适的状态估计器时，我们完全可以利用这些已知的激励函数。因此，对时滞局部场神经网络 (3.1)，可以构造具有如下形式的状态估计器：

$$\dot{\hat{x}}(t) = -A\hat{x}(t) + W_0 g(\hat{x}(t)) + W_1 g(\hat{x}(t - \tau(t)))$$
$$+ J + K(y(t) - C\hat{x}(t) - f(t, \hat{x}(t))) \tag{3.4}$$

其中，$\hat{x}(t) \in \mathbb{R}^n$ 表示式 (3.1) 中神经元的估计状态，$K \in \mathbb{R}^{n \times m}$ 是待定的状态估计器的增益矩阵。

定义真实状态向量 $x(t)$ 和估计状态向量 $\hat{x}(t)$ 之间的误差信号为 $e(t) = x(t) - \hat{x}(t)$。令

$$\varphi(t) = g(x(t)) - g(\hat{x}(t))$$
$$\psi(t) = f(t, x(t)) - f(t, \hat{x}(t))$$

则由式 (3.1)、式 (3.2) 和式 (3.4) 可知，误差信号 $e(t)$ 满足下列微分方程：

$$\dot{e}(t) = -(A + KC)e(t) + W_0 \varphi(t) + W_1 \varphi(t - \tau(t)) - K\psi(t) \tag{3.5}$$

显然，根据第 2 章系统解的定义知 $e(t; 0) = 0$ 是误差系统 (3.5) 的一个平凡解。

为了便于推出本章的主要结果，我们分别对激励函数 $g(\cdot)$ 和时滞 $\tau(t)$ 作一点假设。

假设 3.1　激励函数 $g_i(\cdot)$ $(i = 1, 2, \cdots, n)$ 是 Lipschitz 连续的，即存在正常数 L_i 使得对于任意的 a、$b \in \mathbb{R}$ 有

$$|g_i(a) - g_i(b)| \leqslant L_i |a - b| \tag{3.6}$$

记 $L = \text{diag}(L_1, L_2, \cdots, L_n)$。

假设 3.2　存在常数 $\tau > 0$ 和 μ 使得时变时滞 $\tau(t)$ 满足

$$0 \leqslant \tau(t) \leqslant \tau \text{ 且 } \dot{\tau}(t) \leqslant \mu \tag{3.7}$$

注意，这里并不要求 $\mu < 1$。也就是说，神经网络 (3.1) 中的时滞 $\tau(t)$ 可以随时间 t 发生快速变化。

虽然在假设 3.1 中激励函数 $g(\cdot)$ 被要求满足所谓的 Lipshcitz 连续条件 (3.6)，但是需要指出的是，3.2 节将给出的改进时滞划分方法同样能适用于满足以下假设的激励函数。

假设 3.3 *存在常数 L_i^- 和 L_i^+，使得对于任意的 $a \neq b \in \mathbb{R}$ 有*

$$L_i^- \leqslant \frac{g_i(a) - g_i(b)}{a - b} \leqslant L_i^+$$

显然，假设 3.1 和假设 3.3 是不同的，而且假设 3.3 要更一般。这是因为假设 3.3 中的常数 L_i^- 和 L_i^+ 并不要求一定是大于零的。它们可以是正数，也可以是零，甚至可以是负数。

3.2 改进的时滞划分方法的基本思想

近年来，为了得到保守性更弱的稳定性条件，人们对时滞系统的研究也越来越多，并且提出了许多不同的方法。其中一种非常有效的方法就是所谓的时滞划分方法[88,89,121,124]。在最初的时滞划分方法中，所考虑的时滞都是定常的。这样，只需要对区间 $[t-\tau,t]$ 进行等分就够了。然而，在时滞局部场神经网络 (3.1) 中，需要处理的时滞不是定常的，反而是随时间变化的。为了有效地将文献 [88]、[89]、[121]、[124] 中的时滞划分方法推广到时变时滞的情况，我们在这里提出一种改进的时滞划分方法，并将它用于分析时滞局部场神经网络 (3.1) 的状态估计问题。这种改进的时滞划分方法的基本思想是除了与上述文献一样对时变时滞的上界进行划分之外，还同时对时滞本身实施另一个不同的划分。具体地，由假设 3.2 知 τ 是时变时滞 $\tau(t)$ 的上界。设 k 和 l 为两个正整数（它们可以是不相同的，比如 $k=3$、$l=4$），我们需要分别将区间 $[t-\tau,t]$ 和 $[t-\tau(t),t]$ 划分成 k 等份和 l 等份。因此，这个改进的方法和文献 [88]、[89]、[121]、[124] 中的时滞划分方法相比较，最大的不同就是我们采用了两个不同的划分。改进的时滞划分方法的示意图如图 3.1 所示，其中 $\sigma(t) = \tau(t)/l$。这样，通过两个不同的划分，就可以有效地用于处理时变时滞的情况。基于这种改进的时滞划分方法，我们将在 3.3 节得到一个保守性更弱的时滞局部场神经网络 (3.1) 的状态估计器的设计准则。与此同时，还将看到，随着 k 或 l 的增大，这个设计结果的保守性会进一步降低。

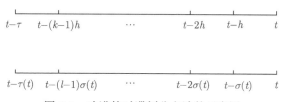

图 3.1　改进的时滞划分方法的示意图

3.3 基于改进时滞划分方法的状态估计器设计

在本节中，我们将给出本章的主要结果。在改进的时滞划分方法的基础上，通过构造一个新的 Lyapunov 泛函和结合一些积分不等式技巧，我们首先得到一个依赖于时滞的充分条件使得误差系统 (3.5) 的平凡解 $e(t; 0) = 0$ 是全局渐近稳定的，从而将时滞局部场神经网络 (3.1) 的状态估计器的设计转化为寻找一个线性矩阵不等式的可行解。这就是下面的定理。

定理 3.1 (文献 [204]) 对于给定的常数 τ 和 μ 以及两个正整数 k 和 l，误差系统 (3.5) 的平凡解 $e(t; 0) = 0$ 是全局渐近稳定的，如果存在实矩阵 $P = P^{\mathrm{T}} > 0$、$Q = Q^{\mathrm{T}} = \begin{bmatrix} Q_{11} & \cdots & Q_{1k} \\ \vdots & & \vdots \\ Q_{1k}^{\mathrm{T}} & \cdots & Q_{kk} \end{bmatrix} > 0$、$R_i = R_i^{\mathrm{T}} > 0$ $(i = 1, 2, \cdots, l)$、$T_1 = T_1^{\mathrm{T}} > 0$、$T_2 = T_2^{\mathrm{T}} > 0$，$M$ 和两个正对角矩阵 $Z_1 > 0$、$Z_2 > 0$ 以及常数 $\varepsilon > 0$ 使得下列线性矩阵不等式成立：

$$
\begin{bmatrix}
\Lambda_{11} & \Lambda_{12} & Q_{13} & \cdots & Q_{1k} & 0 & T_2 & 0 & \cdots \\
* & \Lambda_{22} & \Lambda_{23} & \cdots & \Lambda_{2k} & -Q_{1k} & 0 & 0 & \cdots \\
* & * & \Lambda_{33} & \cdots & \Lambda_{3k} & -Q_{2k} & 0 & 0 & \cdots \\
\vdots & \vdots & \vdots & & \vdots & \vdots & \vdots & \vdots & \\
* & * & * & * & \Lambda_{kk} & \Lambda_{k,k+1} & 0 & 0 & \cdots \\
* & * & * & * & * & \Lambda_{k+1,k+1} & 0 & 0 & \cdots \\
* & * & * & * & * & * & \Lambda_{k+2,k+2} & T_2 & \cdots \\
* & * & * & * & * & * & * & \Lambda_{k+3,k+3} & \cdots \\
\vdots & \vdots & \vdots & \cdots & \vdots & \vdots & \vdots & \vdots & \\
* & * & * & * & * & * & * & * & \cdots \\
* & * & * & * & * & * & * & * & \cdots \\
* & * & * & * & * & * & * & * & \cdots \\
* & * & * & * & * & * & * & * & \cdots \\
* & * & * & * & * & * & * & * & \cdots \\
* & * & * & * & * & * & * & * & \cdots
\end{bmatrix}
$$

$$
\begin{bmatrix}
0 & 0 & PW_0 & PW_1 & -M & \Lambda_{1,j+5} \\
0 & 0 & 0 & 0 & 0 & 0 \\
0 & 0 & 0 & 0 & 0 & 0 \\
\vdots & \vdots & \vdots & \vdots & \vdots & \vdots \\
0 & 0 & 0 & 0 & 0 & 0 \\
0 & \frac{1}{l}T_2 & 0 & 0 & 0 & 0 \\
0 & 0 & 0 & 0 & 0 & 0 \\
0 & 0 & 0 & 0 & 0 & 0 \\
\vdots & \vdots & \vdots & \vdots & \vdots & \vdots \\
\Lambda_{j,j} & T_2 & 0 & 0 & 0 & 0 \\
* & \Lambda_{j+1,j+1} & 0 & 0 & 0 & 0 \\
* & * & -Z_1 & 0 & 0 & \tau W_0^{\mathrm{T}}P \\
* & * & * & -Z_2 & 0 & \tau W_1^{\mathrm{T}}P \\
* & * & * & * & -\varepsilon I & -\tau M^{\mathrm{T}} \\
* & * & * & * & * & \Lambda_{j+5,j+5}
\end{bmatrix} < 0 \tag{3.8}
$$

其中, $j = k + l$, 并且

$$
\begin{aligned}
\Lambda_{11} &= -PA - A^{\mathrm{T}}P - MC - C^{\mathrm{T}}M^{\mathrm{T}} + Q_{11} + \sum_{i=1}^{l} R_i \\
&\quad -T_1 - T_2 + LZ_1L + \varepsilon F^{\mathrm{T}}F \\
\Lambda_{12} &= Q_{12} + T_1, \Lambda_{1,j+5} = -\tau A^{\mathrm{T}}P - \tau C^{\mathrm{T}}M^{\mathrm{T}} \\
\Lambda_{22} &= Q_{22} - Q_{11} - 2T_1, \Lambda_{23} = Q_{23} - Q_{12} + T_1 \\
\Lambda_{2k} &= Q_{2k} - Q_{1,k-1}, \Lambda_{33} = Q_{33} - Q_{22} - 2T_1 \\
\Lambda_{3k} &= Q_{3k} - Q_{2,k-1}, \Lambda_{kk} = Q_{kk} - Q_{k-1,k-1} - 2T_1 \\
\Lambda_{k,k+1} &= -Q_{k-1,k} + T_1, \Lambda_{k+1,k+1} = -Q_{kk} - T_1 - \frac{1}{l}T_2 \\
\Lambda_{k+2,k+2} &= -\left(1 - \frac{\mu}{l}\right)R_1 - 2T_2, \Lambda_{k+3,k+3} = -\left(1 - \frac{2\mu}{l}\right)R_2 - 2T_2 \\
\Lambda_{j,j} &= -\left(1 - \frac{(l-1)\mu}{l}\right)R_{l-1} - 2T_2, \Lambda_{j+1,j+1} = -(1-\mu)R_l - T_2 - \frac{1}{l}T_2 + LZ_2L \\
\Lambda_{j+5,j+5} &= -2P + \frac{1}{k}T_1 + \frac{1}{l}T_2
\end{aligned}
$$

从而, 时滞局部场神经网络 (3.1) 的状态估计器 (3.5) 的增益矩阵可设计为

$$
K = P^{-1}M \tag{3.9}
$$

证明　令

$$\xi(t) = \left[\begin{array}{ccccc} e^{\mathrm{T}}(t), & e^{\mathrm{T}}(t-h), & e^{\mathrm{T}}(t-2h), & \cdots, & e^{\mathrm{T}}(t-(k-1)h) \end{array}\right]^{\mathrm{T}}$$

$$\sigma(t) = \frac{\tau(t)}{l}, \qquad h = \frac{\tau}{k}, \qquad \sigma = \frac{\tau}{l}$$

构造 Lyapunov 泛函

$$V(t) = e^{\mathrm{T}}(t)Pe(t) + \int_{t-h}^{t} \xi^{\mathrm{T}}(s)Q\xi(s)\mathrm{d}s + \sum_{i=1}^{l} \int_{t-i\sigma(t)}^{t} e^{\mathrm{T}}(s)R_i e(s)\mathrm{d}s$$

$$+ h\int_{-\tau}^{0}\int_{t+\theta}^{t} \dot{e}^{\mathrm{T}}(s)T_1\dot{e}(s)\mathrm{d}s\mathrm{d}\theta + \sigma\int_{-\tau}^{0}\int_{t+\theta}^{t} \dot{e}^{\mathrm{T}}(s)T_2\dot{e}(s)\mathrm{d}s\mathrm{d}\theta \qquad (3.10)$$

通过直接计算 $V(t)$ 沿误差系统 (3.5) 的轨迹对时间 t 的导数可得

$$\dot{V}(t) = 2e^{\mathrm{T}}(t)P\dot{e}(t) + \xi^{\mathrm{T}}(t)Q\xi(t) - \xi^{\mathrm{T}}(t-h)Q\xi(t-h)$$

$$+ \sum_{i=1}^{l}(e^{\mathrm{T}}(t)R_i e(t) - (1-i\dot{\sigma}(t))e^{\mathrm{T}}(t-i\sigma(t))R_i e(t-i\sigma(t)))$$

$$+ h\tau\dot{e}^{\mathrm{T}}(t)T_1\dot{e}(t) - h\int_{-\tau}^{0} \dot{e}^{\mathrm{T}}(t+\theta)T_1\dot{e}(t+\theta)\mathrm{d}\theta$$

$$+ \sigma\tau\dot{e}^{\mathrm{T}}(t)T_2\dot{e}(t) - \sigma\int_{-\tau}^{0} \dot{e}^{\mathrm{T}}(t+\theta)T_2\dot{e}(t+\theta)\mathrm{d}\theta$$

$$\leqslant e^{\mathrm{T}}(t)\left(-P(A+KC) - (A+KC)^{\mathrm{T}}P + \sum_{i=1}^{l}R_i\right)e(t)$$

$$+ 2e^{\mathrm{T}}(t)PW_0\varphi(t) + 2e^{\mathrm{T}}(t)PW_1\varphi(t-\tau(t))$$

$$- 2e^{\mathrm{T}}(t)PK\psi(t) + \xi^{\mathrm{T}}(t)Q\xi(t) - \xi^{\mathrm{T}}(t-h)Q\xi(t-h)$$

$$- \sum_{i=1}^{l}(1-\frac{i\mu}{l})e^{\mathrm{T}}(t-i\sigma(t))R_i e(t-i\sigma(t))$$

$$+ h\tau\dot{e}^{\mathrm{T}}(t)T_1\dot{e}(t) - h\int_{t-\tau}^{t} \dot{e}^{\mathrm{T}}(s)T_1\dot{e}(s)\mathrm{d}s$$

$$+ \sigma\tau\dot{e}^{\mathrm{T}}(t)T_2\dot{e}(t) - \sigma\int_{t-\tau}^{t} \dot{e}^{\mathrm{T}}(s)T_2\dot{e}(s)\mathrm{d}s \qquad (3.11)$$

令 $\zeta_1(t) = [e^{\mathrm{T}}(t), e^{\mathrm{T}}(t-h), e^{\mathrm{T}}(t-2h), \cdots, e^{\mathrm{T}}(t-(k-1)h), e^{\mathrm{T}}(t-\tau)]^{\mathrm{T}}$。于是，由引理 1.2 知

$$-h \int_{t-\tau}^{t} \dot{e}^{\mathrm{T}}(s) T_1 \dot{e}(s) \mathrm{d}s = -h \int_{t-h}^{t} \dot{e}^{\mathrm{T}}(s) T_1 \dot{e}(s) \mathrm{d}s - h \int_{t-2h}^{t-h} \dot{e}^{\mathrm{T}}(s) T_1 \dot{e}(s) \mathrm{d}s$$

$$-\cdots$$

$$-h \int_{t-\tau}^{t-(k-1)h} \dot{e}^{\mathrm{T}}(s) T_1 \dot{e}(s) \mathrm{d}s$$

$$\leqslant -\left(\int_{t-h}^{t} \dot{e}(s) \mathrm{d}s \right)^{\mathrm{T}} T_1 \left(\int_{t-h}^{t} \dot{e}(s) \mathrm{d}s \right)$$

$$-\left(\int_{t-2h}^{t-h} \dot{e}(s) \mathrm{d}s \right)^{\mathrm{T}} T_1 \left(\int_{t-2h}^{t-h} \dot{e}(s) \mathrm{d}s \right)$$

$$-\cdots$$

$$-\left(\int_{t-\tau}^{t-(k-1)h} \dot{e}(s) \mathrm{d}s \right)^{\mathrm{T}} T_1 \left(\int_{t-\tau}^{t-(k-1)h} \dot{e}(s) \mathrm{d}s \right)$$

$$= -[e(t) - e(t-h)]^{\mathrm{T}} T_1 (e(t) - e(t-h))$$

$$-[e(t-h) - e(t-2h)]^{\mathrm{T}} T_1 (e(t-h) - e(t-2h))$$

$$-\cdots$$

$$-[e(t-(k-1)h) - e(t-\tau)]^{\mathrm{T}} T_1 (e(t-(k-1)h) - e(t-\tau))$$

$$= \zeta_1^{\mathrm{T}}(t) \begin{bmatrix} -T_1 & T_1 & 0 & \cdots & 0 \\ * & -2T_1 & T_1 & \cdots & 0 \\ \vdots & \vdots & & \vdots & \vdots \\ * & * & * & -2T_1 & T_1 \\ * & * & * & * & -T_1 \end{bmatrix} \zeta_1(t) \quad (3.12)$$

由于 $\sigma(t) = \dfrac{\tau(t)}{l}$、$\sigma = \dfrac{\tau}{l}$ 以及 $\tau(t) \leqslant \tau$, 有 $\sigma(t) \leqslant \sigma$。因此

$$-\sigma \int_{t-\tau}^{t} \dot{e}^{\mathrm{T}}(s) T_2 \dot{e}(s) \mathrm{d}s = -\sigma \int_{t-\sigma(t)}^{t} \dot{e}^{\mathrm{T}}(s) T_2 \dot{e}(s) \mathrm{d}s - \sigma \int_{t-2\sigma(t)}^{t-\sigma(t)} \dot{e}^{\mathrm{T}}(s) T_2 \dot{e}(s) \mathrm{d}s$$

$$-\cdots$$

$$-\sigma \int_{t-\tau(t)}^{t-(l-1)\sigma(t)} \dot{e}^{\mathrm{T}}(s) T_2 \dot{e}(s) \mathrm{d}s - \sigma \int_{t-\tau}^{t-\tau(t)} \dot{e}^{\mathrm{T}}(s) T_2 \dot{e}(s) \mathrm{d}s$$

$$\leqslant -\sigma(t) \int_{t-\sigma(t)}^{t} \dot{e}^{\mathrm{T}}(s) T_2 \dot{e}(s) \mathrm{d}s - \sigma(t) \int_{t-2\sigma(t)}^{t-\sigma(t)} \dot{e}^{\mathrm{T}}(s) T_2 \dot{e}(s) \mathrm{d}s$$

$$-\cdots$$

$$-\sigma(t)\int_{t-\tau(t)}^{t-(l-1)\sigma(t)}\dot{e}^{\mathrm{T}}(s)T_2\dot{e}(s)\mathrm{d}s$$

$$-\frac{\sigma}{\tau}(\tau-\tau(t))\int_{t-\tau}^{t-\tau(t)}\dot{e}^{\mathrm{T}}(s)T_2\dot{e}(s)\mathrm{d}s \tag{3.13}$$

令

$$\zeta_2(t)=\Big[\ e^{\mathrm{T}}(t),\quad e^{\mathrm{T}}(t-\tau),\quad e^{\mathrm{T}}(t-\sigma(t))$$

$$e^{\mathrm{T}}(t-2\sigma(t)),\quad\cdots,\quad e^{\mathrm{T}}(t-(l-1)\sigma(t)),\quad e^{\mathrm{T}}(t-\tau(t))\ \Big]^{\mathrm{T}}$$

$$\Upsilon=\begin{bmatrix}
-T_2 & 0 & T_2 & 0 & \cdots & 0 & 0\\
* & -\frac{1}{l}T_2 & 0 & 0 & \cdots & 0 & \frac{1}{l}T_2\\
* & * & -2T_2 & T_2 & \cdots & 0 & 0\\
* & * & * & -2T_2 & \cdots & 0 & 0\\
\vdots & \vdots & \vdots & \vdots & & \vdots & \vdots\\
* & * & * & * & * & -2T_2 & T_2\\
* & * & * & * & * & * & -\left(1+\frac{1}{l}\right)T_2
\end{bmatrix}$$

类似于式 (3.12) 的证明，由引理 1.2 有

$$-\sigma\int_{t-\tau}^{t}\dot{e}^{\mathrm{T}}(s)T_2\dot{e}(s)\mathrm{d}s\leqslant\zeta_2^{\mathrm{T}}(t)\Upsilon\zeta_2(t) \tag{3.14}$$

又根据式 (3.3) 和式 (3.6) 知，对于任意的对角矩阵 $Z_1>0$、$Z_2>0$ 和常数 $\varepsilon>0$ 有

$$\varphi^{\mathrm{T}}(t)Z_1\varphi(t)\leqslant e^{\mathrm{T}}(t)LZ_1Le(t) \tag{3.15}$$
$$\varphi^{\mathrm{T}}(t-\tau(t))Z_2\varphi(t-\tau(t))\leqslant e^{\mathrm{T}}(t-\tau(t))LZ_2Le(t-\tau(t)) \tag{3.16}$$
$$\varepsilon\psi^{\mathrm{T}}(t)\psi(t)\leqslant\varepsilon e^{\mathrm{T}}(t)F^{\mathrm{T}}Fe(t) \tag{3.17}$$

此时，结合式 (3.11)～ 式 (3.17)，并经过一些简单的计算可以得到

$$\dot{V}(t)\leqslant\pi^{\mathrm{T}}(t)(\Sigma_1+\tau^2\Sigma_2^{\mathrm{T}}X\Sigma_2)\pi(t) \tag{3.18}$$

这里

$$\pi(t)=[e^{\mathrm{T}}(t),e^{\mathrm{T}}(t-h),e^{\mathrm{T}}(t-2h),\cdots,e^{\mathrm{T}}(t-(k-1)h),e^{\mathrm{T}}(t-\tau),e^{\mathrm{T}}(t-\sigma(t))$$

$$e^{\mathrm{T}}(t-2\sigma(t)),\cdots,e^{\mathrm{T}}(t-(l-1)\sigma(t)),e^{\mathrm{T}}(t-\tau(t)),\varphi(t),\varphi(t-\tau(t)),\psi(t)]^{\mathrm{T}}$$

$$\Sigma_1=\begin{bmatrix}
\bar{\Lambda}_{11} & \Lambda_{12} & Q_{13} & \cdots & Q_{1k} & 0 & T_2 & 0 & \cdots \\
* & \Lambda_{22} & \Lambda_{23} & \cdots & \Lambda_{2k} & -Q_{1k} & 0 & 0 & \cdots \\
* & * & \Lambda_{33} & \cdots & \Lambda_{3k} & -Q_{2k} & 0 & 0 & \cdots \\
\vdots & \vdots & \vdots & & \vdots & \vdots & \vdots & \vdots & \\
* & * & * & * & \Lambda_{kk} & \Lambda_{k,k+1} & 0 & 0 & \cdots \\
* & * & * & * & * & \Lambda_{k+1,k+1} & 0 & 0 & \cdots \\
* & * & * & * & * & * & \Lambda_{k+2,k+2} & T_2 & \cdots \\
* & * & * & * & * & * & * & \Lambda_{k+3,k+3} & \cdots \\
\vdots & \vdots & \vdots & & \vdots & \vdots & \vdots & \vdots & \\
* & * & * & * & * & * & * & * & \cdots \\
* & * & * & * & * & * & * & * & \cdots \\
* & * & * & * & * & * & * & * & \cdots \\
* & * & * & * & * & * & * & * & \cdots \\
* & * & * & * & * & * & * & * & \cdots
\end{bmatrix}$$

$$\begin{bmatrix}
0 & 0 & PW_0 & PW_1 & -PK \\
0 & 0 & 0 & 0 & 0 \\
0 & 0 & 0 & 0 & 0 \\
\vdots & \vdots & \vdots & \vdots & \vdots \\
0 & 0 & 0 & 0 & 0 \\
0 & \dfrac{1}{l}T_2 & 0 & 0 & 0 \\
0 & 0 & 0 & 0 & 0 \\
0 & 0 & 0 & 0 & 0 \\
\vdots & \vdots & \vdots & \vdots & \vdots \\
\Lambda_{j,j} & T_2 & 0 & 0 & 0 \\
* & \Lambda_{j+1,j+1} & 0 & 0 & 0 \\
* & * & -Z_1 & 0 & 0 \\
* & * & * & -Z_2 & 0 \\
* & * & * & * & -\varepsilon I
\end{bmatrix}$$

$$\bar{\Lambda}_{11}=-PA-A^{\mathrm{T}}P-PKC-C^{\mathrm{T}}K^{\mathrm{T}}P+Q_{11}+\sum_{i=1}^{l}R_i-T_1-T_2+LZ_1L+\varepsilon F^{\mathrm{T}}F$$

$$\Sigma_2=[-(A+KC),0,\cdots,0,W_0,W_1,-K],\quad X=\frac{1}{k}T_1+\frac{1}{l}T_2$$

由于 $P > 0$、$T_1 > 0$、$T_2 > 0$ 以及 $(P - X)X^{-1}(P - X) \geqslant 0$，于是有

$$-PX^{-1}P \leqslant -2P + X \tag{3.19}$$

注意到 $K = P^{-1}M$。由式 (3.8) 和式 (3.19) 立刻可得

$$\begin{bmatrix} \Sigma_1 & \tau \Sigma_2^{\mathrm{T}} P \\ * & -PX^{-1}P \end{bmatrix} < 0 \tag{3.20}$$

用矩阵 $\mathrm{diag}(I, XP^{-1})$ 和它的转置分别左乘和右乘式 (3.20) 得

$$\begin{bmatrix} \Sigma_1 & \tau \Sigma_2^{\mathrm{T}} X \\ * & -X \end{bmatrix} < 0 \tag{3.21}$$

由引理 1.1 易知，式 (3.21) 等价于 $\Sigma_1 + \tau^2 \Sigma_2^{\mathrm{T}} X \Sigma_2 < 0$。于是，由式 (3.18) 知，对于非零的 $\pi(t)$ 有 $\dot{V}(t) < 0$。此时，根据 Lyapunov 稳定性理论，误差系统 (3.5) 的平凡解 $e(t; 0) = 0$ 是全局渐近稳定的。证毕。

下面对定理 3.1 作几点说明。

注释 3.1　为了得到定理 3.1，在 Jensen 不等式的基础上，我们给出了两个更一般的积分不等式，即式 (3.12) 和式 (3.14)。正是利用这两个积分不等式，我们才得到了一个依赖于时滞的局部场神经网络 (3.1) 的状态估计器的设计算法。

注释 3.2　如果对于某个 $i \in \{1, 2, \cdots, l\}$ 有 $\mu \geqslant l/i$，则有

$$\frac{i\mu}{l} \geqslant 1, \frac{(i+1)\mu}{l} > 1, \cdots, \mu > 1$$

即

$$-\left(1 - \frac{i\mu}{l}\right)R_i \geqslant 0, -\left(1 - \frac{(i+1)\mu}{l}\right)R_{i+1} > 0, \cdots, -(1 - \mu)R_l > 0$$

此时，由线性矩阵不等式 (3.8) 知，若令其中的矩阵 $R_i = 0, R_{i+1} = 0, \cdots, R_l = 0$（即在 Lyapunov 泛函 (3.10) 中不需要含有 $R_i, R_{i+1}, \cdots, R_l$ 等的积分项），我们就可以得到保守性更弱的设计条件。另外，当局部场神经网络 (3.1) 中的时滞 $\tau(t)$ 是不可导的，或者在可导的情况下其导数的上界 μ 未知时，只需要令 $R_i = 0 \ (i = 1, 2, \cdots, l)$，则定理 3.1 仍然是适用的。

注释 3.3　从定理 3.1 的证明过程可以看出，由于 $-PX^{-1}P$ 的存在，条件 (3.20) 并不是一个线性矩阵不等式。虽然这类非线性矩阵不等式可以通过所谓的锥补线性化算法求解[120]，但常常需要较多次的迭代，因此所需要的计算量相对会比较大。为了克服这个问题，我们利用不等式 $-PX^{-1}P \leqslant -2P + X$ 将式 (3.20) 转化成一个线性矩阵不等式。这么处理虽然会带来一定的保守性，但是也会有两个明显的优点。一是这样处理得到的线性矩阵不等式可以很容易地利用 Matlab 线性矩阵不等式工具箱求解；二是能有效地减少实现时所需要的计算量。因此，从这两方面来看，这么处理是值得的。

3.4 数值结果与比较

本节给出一个简单的例子来说明本章提出的改进时滞划分方法对时滞局部场神经网络的状态估计器设计的可行性以及和一些已有结果相比较所具有的优势。

考虑带如下系数的变时滞局部场神经网络 (3.1)：

$$A=\begin{bmatrix} 1.5 & 0 & 0 \\ 0 & 1.2 & 0 \\ 0 & 0 & 1.6 \end{bmatrix}, W_0=\begin{bmatrix} 0.2 & 0.4 & -0.3 \\ 0 & 0.4 & 0.2 \\ 0.1 & -0.5 & -0.2 \end{bmatrix}$$

$$W_1=\begin{bmatrix} -0.5 & 0.4 & 0 \\ 0.2 & 0.4 & -0.3 \\ 0.1 & 0.3 & -0.7 \end{bmatrix}, C=\begin{bmatrix} 1 & 1 & 0 \end{bmatrix}$$

$$F=I, \quad H=0.4I$$

由定理 3.1 知，对于给定的常数 μ、k 和 l，通过求解线性矩阵不等式 (3.8)，我们可以找到最大允许的时变时滞 $\tau(t)$ 的上界 τ 使得式 (3.8) 是满足的。因此，对于给定的 μ、k 和 l，可以根据求得的最大允许的时变时滞的上界 τ 来判断不同方法的保守性。在表 3.1 中，我们给出了由不同的方法求得的最大允许的时变时滞的上界 τ。从中可以清楚地看出，与文献 [203]、[205] 中的结果相比较，本章提出的改进时滞划分方法对时滞局部场神经网络 (3.1) 的状态估计器的设计能够取得更好的效果。此外，还可以发现，当所采用的划分越来越细（即 k 或者 l 增大）时，这个设计结果的保守性会进一步降低。

表 3.1　由不同的方法得到的最大允许的时变时滞的上界 τ 的比较

方法	$\mu = 0$	$\mu = 0.3$	$\mu = 0.5$	$\mu = 0.8$	$\mu = 1.2$	$\mu = 1.8$
文献 [205]	0.6826	0.6541	0.5128	0.1146	无可行解	无可行解
文献 [203]	0.5941	0.5941	0.5941	0.5941	0.5941	0.5941
定理 3.1 ($k=1, l=1$)	1.2174	1.1763	1.1259	0.9561	0.9551	0.9551
定理 3.1 ($k=2, l=2$)	1.2174	1.1763	1.1261	0.9701	0.9560	0.9551
定理 3.1 ($k=2, l=3$)	1.2174	1.1763	1.1261	0.9724	0.9579	0.9551
定理 3.1 ($k=3, l=4$)	1.2174	1.1764	1.1261	0.9727	0.9580	0.9551
定理 3.1 ($k=5, l=5$)	1.2174	1.1764	1.1261	0.9728	0.9582	0.9552
定理 3.1 ($k=6, l=6$)	1.2174	1.1764	1.1261	0.9730	0.9583	0.9553

3.5　本 章 小 结

在已有时滞划分方法的基础上，我们提出了一个改进的时滞划分方法，并将它用于讨论了带时变时滞的局部场神经网络的状态估计问题。和以往的方法相比较，最大的不同之处在于这个改进的时滞划分方法采用了两个不同的划分，即同时对时变时滞本身和它的上界实施了不同的划分。在对时滞划分的前提下，通过结合一些积分不等式，我们得到了一个依赖于时滞的充分条件以保证误差系统的平凡解的全局渐近稳定性。然后，经过寻找一个对应的线性矩阵不等式的可行解，我们非常方便地实现对时滞局部场神经网络的状态估计器的设计。值得注意的是，随着划分的不断进行，本章得到的设计结果的保守性也会越来越弱。最后给出了一个简单的例子来说明这种改进的时滞划分方法对状态估计器设计的有效性以及相比于其他结果的优势。此外，这种改进的时滞划分方法也可以用于分析时滞递归神经网络的稳定性。这里就不再阐述了，有兴趣的读者可自行推导。

第4章 时滞局部场神经网络的状态估计 (III)：基于松弛参数的方法

在递归神经网络的大规模集成电路的实现过程中，由于所采用的电子元器件的物理特性以及信号的处理与传输，会不可避免地导致时滞的出现。我们知道，时滞的存在会破坏递归神经网络的稳定性，从而导致更加丰富复杂的动力学行为[95]，如分岔（bifurcation）、混沌（chaos）等现象。在文献 [97]、[98] 中，M. Gilli 和 H.Lu 分别给出了两类能产生混沌现象的时滞局部场神经网络模型。简单地讲，混沌就是一种对初始条件非常敏感且具有非周期性而显得杂乱无章的动力学行为。已经发现，具有混沌动力学行为的神经网络（简称为混沌神经网络，chaotic neural network）在安全通信、系统生物学、组合优化等领域都得到了非常成功的应用。因此，对这类神经网络的研究在近年来受到了非常广泛的关注。

与此同时，人们在时滞局部场神经网络的状态估计方面的研究也取得了很好的进展，公开发表了不少成果。其目的就是利用神经网络的输出信息来估计各神经元的状态。分析发现，已有的时滞局部场神经网络的状态估计的研究方法并不适用于上述提及的时滞混沌神经网络，即运用现有的结果并不能实现这类混沌神经网络的状态估计器的设计。根据文献 [97]、[98] 的理论分析和模拟仿真知道，在保持系数不变的情况下，仅仅随着时滞的增大，一些神经网络模型会慢慢地产生复杂的动力学行为。特别地，当时滞增大到某个值时，该神经网络会展现混沌现象。也就是说，混沌神经网络模型的时滞会相对较大。另外，在现有的基于 Lyapunov 泛函的方法中，构造的 Lyapunov 泛函一般都含有与时滞密切相关的二阶积分项如 $\tau \int_{-\tau}^{0} \int_{t+\theta}^{t} \dot{e}^{\mathrm{T}}(s)R\dot{e}(s)\mathrm{d}s\mathrm{d}\theta$。其中，$\tau$ 是时滞的上界。那么，我们是否可以通过改进这一项而得到一个可用于解决时滞混沌神经网络的状态估计器设计的方法呢？这就是本章的出发点。为了解决这一问题，我们将提出一个基于松弛参数（scaling parameter）的方法。基本思想是：在构造合适的 Lyapunov 泛函时，用 $\alpha \int_{-\tau}^{0} \int_{t+\theta}^{t} \dot{e}^{\mathrm{T}}(s)R\dot{e}(s)\mathrm{d}s\mathrm{d}\theta$ 替代上述的二阶积分项，这里的 $\alpha > 0$ 是一个可调的参数。这样处理之后，我们就可以在状态估计器的设计准则中引入一个松弛参数。正是由于这个可调的松弛参数的引入，才使得本章得到的设计结果能有效地用于解决时滞混沌神经网络的状态估计问题。同样地，我们的设计条件也是用线性矩阵不等式表示的。最后，我们将采纳文献 [98] 中的时滞混沌神经网络作为例子来说明基于松弛参数的方法对状态估计器设计的有效性。

当然，这样处理也带来了一个问题，就是如何选择恰当的松弛参数 α 使得设计结果中的线性矩阵不等式有可行解？在实际中，这个参数可以通过试验的方式来确定。其过程如下：首先，我们可以取 α 为某个定值，如令 $\alpha = \tau$。然后，借助于 Matlab 线性矩阵不等式工具箱求解相应的线性矩阵不等式。如果能找到一组可行解，则完成了状态估计器的设计。如果不能找到可行解，我们可以减小 α，比如取为原来的一半，然后再次求解这个线性矩阵不等式。一直进行下去，如果在某一步能找到线性矩阵不等式的可行解，则意味着我们可以设计合适的状态估计器实现这一类神经网络的状态估计。否则，如果直到 α 达到某个很小的阈值还不能找到线性矩阵不等式的可行解，则认为这个方法是不适用的。此时，我们需要探索其他方法。

4.1　问题的描述

考虑如下的时滞局部场神经网络：

$$\dot{x}(t) = -Ax(t) + W_0 f(x(t)) + W_1 f(x(t - \tau(t))) + J \tag{4.1}$$

这里，$x(t) = [x_1(t), x_2(t), \cdots, x_n(t)]^{\mathrm{T}} \in \mathbb{R}^n$ 表示由 n 个神经元的状态信息所组成的状态向量。A、W_0 和 W_1 是三个 $n \times n$ 的实矩阵，其中，$A = \mathrm{diag}(a_1, a_2, \cdots, a_n)$ 是一对角矩阵，且 $a_i > 0$ 表示第 i 个神经元的退火率；W_0 和 W_1 分别表示神经元之间的连接权矩阵和延时连接权矩阵。函数 $f(x(t)) = [f_1(x_1(t)), f_2(x_2(t)), \cdots, f_n(x_n(t))]^{\mathrm{T}}$，且 f_i 是第 i 个神经元的激励函数。向量 $J = [J_1, J_2, \cdots, J_n]^{\mathrm{T}}$ 是一外部输入项，函数 $\tau(t)$ 是一个随时间连续变化的时滞。

为了便于得到本章的结果，我们要求激励函数和时变时滞分别满足以下假设。

假设 4.1　对任意的 u、$v \in \mathbb{R}$ 且 $u \neq v$，神经元的激励函数 $f_i(\cdot)$ 满足

$$l_i^- \leqslant \frac{f_i(u) - f_i(v)}{u - v} \leqslant l_i^+ \quad (i = 1, 2, \cdots, n) \tag{4.2}$$

其中，l_i^- 和 l_i^+ 是已知的常数，可以根据激励函数的具体形式事先确定。

假设 4.2　存在常数 $\tau > 0$ 和 μ 使得时变时滞 $\tau(t)$ 满足

$$0 \leqslant \tau(t) \leqslant \tau, \dot{\tau}(t) \leqslant \mu \tag{4.3}$$

对上述两个假设，我们做一些说明。

注释 4.1　正如在文献 [93]、[128] 中，这两组数 l_i^- 和 l_i^+ $(i = 1, 2, \cdots, n)$ 并不要求是大于零的。实际上，它们可以是正数，也可以是零，甚至是负数。因此，这些激励函数并不一定是单调非减的。这样，满足假设 4.1 的激励函数就比常用的单调递增的 S 型函数更加一般。因此，本章提出的结果将可以应用于更加广泛的情况。

注释 4.2　从假设 4.2 可以看到，我们并没有要求常数 μ 一定要小于某个给定的数，如 1。也就是说，我们允许神经网络 (4.1) 中的时变时滞 $\tau(t)$ 可以随时间发生快速变化。

对于一个较大规模的时滞神经网络来讲，人们往往难以完全获知各神经元的状态信息。于是，在一些实际的应用中，人们就需要先利用神经网络的输出信号来估计各个神经元的状态信息。本章的目的就是提出一种基于松弛参数的方法来分析这一问题。这个方法的好处是可用于具有混沌动力学行为的时滞局部场神经网络的状态估计器设计。为此，假设该神经网络 (4.1) 的输出信号为

$$y(t) = Cx(t) + h(t, x(t)) \tag{4.4}$$

其中，$y(t) \in \mathbb{R}^m$ 表示输出向量，$C \in \mathbb{R}^{m \times n}$ 是一已知的实矩阵，$h : \mathbb{R} \times \mathbb{R}^n \to \mathbb{R}^m$ 是一个非线性干扰信号，且满足

$$|h(t, x) - h(t, y)| \leqslant |H(x - y)| \tag{4.5}$$

其中，H 是一维数适当的实矩阵。在第 2、3 章中，我们也遇到过这一类非线性扰动信号。

对上述的时滞局部场神经网络 (4.1)，构造如下的状态估计器：

$$\begin{aligned}
\dot{\hat{x}}(t) = &-A\hat{x}(t) + W_0 f(\hat{x}(t)) + W_1 f(\hat{x}(t - \tau(t))) \\
&+ J + K(y(t) - C\hat{x}(t) - h(t, \hat{x}(t)))
\end{aligned} \tag{4.6}$$

其中，$\hat{x}(t)$ 表示各神经元的估计状态所组成的向量，$K \in \mathbb{R}^{n \times m}$ 是待确定的状态估计器的增益矩阵。

定义真实状态 $x(t)$ 与估计状态 $\hat{x}(t)$ 之间的误差信号为 $e(t) = x(t) - \hat{x}(t)$。为了叙述方便，令

$$\begin{aligned}
e(t) &= [e_1(t), e_2(t), \cdots, e_n(t)]^{\mathrm{T}} \\
g_1(e(t)) &= [g_{11}(e_1(t)), g_{12}(e_2(t)), \cdots, g_{1n}(e_n(t))]^{\mathrm{T}} \\
&= f(x(t)) - f(\hat{x}(t)) \\
g_2(t, e(t)) &= h(t, x(t)) - h(t, \hat{x}(t))
\end{aligned}$$

于是，由式 (4.1)、式 (4.4) 和式 (4.6)，不难得到误差信号 $e(t)$ 满足

$$\dot{e}(t) = -(A + KC)e(t) + W_0 g_1(e(t)) + W_1 g_1(e(t - \tau(t))) - K g_2(t, e(t)) \quad (4.7)$$

根据式 (4.7)，容易知道，$e(t; 0) = 0$ 是误差系统 (4.7) 的一个平凡解。

注意到式 (4.2) 和式 (4.5)，我们可以推出 $g_1(\cdot)$ 和 $g_2(\cdot)$ 分别满足

$$l_i^- \leqslant \frac{g_{1i}(s)}{s} \leqslant l_i^+ \quad (s \neq 0, \ i = 1, 2, \cdots, n) \quad (4.8)$$

$$|g_2(t, e(t))| \leqslant |He(t)| \quad (4.9)$$

此外，记

$$L^- = \mathrm{diag}(l_1^-, l_2^-, \cdots, l_n^-)$$

$$L^+ = \mathrm{diag}(l_1^+, l_2^+, \cdots, l_n^+)$$

4.2   基于松弛参数的状态估计器设计

现在，我们提出一个基于松弛参数的方法来讨论时滞局部场神经网络 (4.1) 的状态估计问题。根据这个方法，首先可以得到一个充分条件使得误差系统 (4.7) 的平凡解 $e(t; 0) = 0$ 是全局渐近稳定的。然后，通过求解一个线性矩阵不等式实现时滞局部场神经网络 (4.1) 的状态估计器的设计。

定理 4.1(文献 [206])   对于给定的常数 τ 和 μ，令 $\alpha > 0$，则误差系统 (4.7) 的平凡解 $e(t; 0) = 0$ 是全局渐近稳定的，如果存在实矩阵 $P = P^{\mathrm{T}} > 0$，$Q_1 = Q_1^{\mathrm{T}} > 0$，$Q_2 = Q_2^{\mathrm{T}} > 0$，$Q_3 = Q_3^{\mathrm{T}} > 0$，$R = R^{\mathrm{T}} > 0$，$M_i$，$N_i$ $(i = 1, 2, \cdots, 6)$，X 和两个对角矩阵 $S > 0$、$T > 0$ 以及常数 $\varepsilon > 0$，使得下列线性矩阵不等式成立：

$$\begin{bmatrix} \Omega_{11} & \Omega_{12} & \Omega_{13} & \Omega_{14} & \Omega_{15} & \Omega_{16} & \tau M_1^{\mathrm{T}} & \tau N_1^{\mathrm{T}} & \Omega_{19} \\ * & \Omega_{22} & \Omega_{23} & \Omega_{24} & \Omega_{25} & \Omega_{26} & \tau M_2^{\mathrm{T}} & \tau N_2^{\mathrm{T}} & 0 \\ * & * & \Omega_{33} & -N_4 & -N_5 & -N_6 & \tau M_3^{\mathrm{T}} & \tau N_3^{\mathrm{T}} & 0 \\ * & * & * & \Omega_{44} & 0 & 0 & \tau M_4^{\mathrm{T}} & \tau N_4^{\mathrm{T}} & \alpha \tau W_0^{\mathrm{T}} P \\ * & * & * & * & \Omega_{55} & 0 & \tau M_5^{\mathrm{T}} & \tau N_5^{\mathrm{T}} & \alpha \tau W_1^{\mathrm{T}} P \\ * & * & * & * & * & -\varepsilon I & \tau M_6^{\mathrm{T}} & \tau N_6^{\mathrm{T}} & -\alpha \tau X^{\mathrm{T}} \\ * & * & * & * & * & * & -\alpha \tau R & 0 & 0 \\ * & * & * & * & * & * & * & -\alpha \tau R & 0 \\ * & * & * & * & * & * & * & * & \Omega_{99} \end{bmatrix} < 0 \quad (4.10)$$

其中

$$\Omega_{11} = -PA - A^{\mathrm{T}}P - XC - C^{\mathrm{T}}X^{\mathrm{T}} + Q_1$$

$$+Q_2 + M_1^T + M_1 - 2L^+SL^- + \varepsilon H^T H$$

$$\Omega_{12} = -M_1^T + M_2 + N_1^T, \quad \Omega_{13} = M_3 - N_1^T$$

$$\Omega_{14} = PW_0 + M_4 + L^-S + L^+S, \quad \Omega_{15} = PW_1 + M_5$$

$$\Omega_{16} = -X + M_6, \quad \Omega_{19} = -\alpha\tau A^T P - \alpha\tau C^T X^T$$

$$\Omega_{22} = -(1-\mu)Q_1 - M_2^T - M_2 + N_2^T + N_2 - 2L^+TL^-$$

$$\Omega_{23} = -M_3 - N_2^T + N_3, \quad \Omega_{24} = -M_4 + N_4$$

$$\Omega_{25} = -M_5 + N_5 + L^-T + L^+T, \quad \Omega_{26} = -M_6 + N_6$$

$$\Omega_{33} = -Q_2 - N_3^T - N_3, \quad \Omega_{44} = Q_3 - 2S$$

$$\Omega_{55} = -(1-\mu)Q_3 - 2T, \quad \Omega_{99} = -2\alpha\tau P + \alpha\tau R$$

从而, 状态估计器 (4.6) 的增益矩阵 K 可设计为

$$K = P^{-1}X \tag{4.11}$$

在给出定理 4.1 的证明之前, 先说明几点:

注释 4.3 定理 4.1 给出了判断时滞局部场神经网络的状态估计器是否存在的一个依赖于时滞的充分条件。如果能够找到一组矩阵 P, Q_1, Q_2, Q_3, R, M_i, $N_i(i=1,2,\cdots,6)$, X, S, T 和常数 ε 使得线性矩阵不等式 (4.10) 成立, 则状态估计器的增益矩阵可以设计为 $K = P^{-1}X$。值得注意的是, 和以往结果相比较, 不同之处在于我们在定理 4.1 中引入了一个可调的松弛参数 α。那么, 很自然地会问, 在寻找线性矩阵不等式 (4.10) 的可行解时如何选择恰当的 α 呢? 经过分析, 这个松弛参数的确定可以通过试验方式得到。具体地, 开始时, 我们可以设置 α 为一个较大但同时小于或等于 τ 的常数, 并求解线性矩阵不等式 (4.10)。如果这时能找到线性矩阵不等式 (4.10) 的一组可行解, 则由式 (4.11) 就能得到所需要的增益矩阵 K。否则, 就将 α 取为原来的一半, 一直进行下去。只要在某个迭代时找到了线性矩阵不等式 (4.10) 的一组可行解, 则根据定理 4.1 就可以实现时滞局部场神经网络 (4.1) 的状态估计器设计。但是, 如果直到 α 小于某个事先给定的常数 (这个常数可以设置得非常小), 线性矩阵不等式 (4.10) 仍然是不可行的。这就意味着不能利用我们的结果实现该神经网络的状态估计器的设计, 因为定理 4.1 仅仅是一个充分条件。此时, 我们就需要借助其他方法来设计合适的状态估计器。

注释 4.4 具有复杂动力学行为 (如混沌行为) 的时滞局部场神经网络是一类非常重要的神经网络模型, 并且已经得到了广泛的应用。我们发现, 之前的一些结果[120,203,205]并不能有效地运用于解决这类神经网络的状态估计问题。这也是本章的出发点。可以看到, 在定理 4.1 中我们引入了一个可调的松弛参数 α。正是得益于这个松弛参数, 定理 4.1 就能很好地解决时滞混沌神经网络的状态估计问

题。4.3 节将给出一个具体的例子和仿真结果来说明这种方法的有效性。此外，从定理 4.1 可以看到，我们在线性矩阵不等式 (4.10) 中同时也引入了两组自由权矩阵 M_i、N_i $(i=1,2,\cdots,6)$。因此，由文献 [79] 知，定理 4.1 的保守性得到了进一步的降低。

注释 4.5　在假设 4.2 中，我们要求时变时滞 $\tau(t)$ 是关于时间 t 可导的，且它的导数的上界不超过 μ。但是，在一些实际的应用场景中，时滞 $\tau(t)$ 有时也可能是不可导的，或者在可导的情况下这个上界 μ 并一定可知。容易验证，针对这两种情况，只需要令 $Q_1=0$ 和 $Q_3=0$，定理 4.1 仍然是有效的。

下面我们来证明定理 4.1。

首先，由式 (4.8) 知，对于任意的对角矩阵 $S=\mathrm{diag}(s_1,s_2,\cdots,s_n)>0$ 有

$$
\begin{aligned}
0\leqslant &-2\sum_{i=1}^n s_i[g_{1i}(e_i(t))-l_i^+ e_i(t)][g_{1i}(e_i(t))-l_i^- e_i(t)]\\
=&-2g_1^{\mathrm{T}}(e(t))Sg_1(e(t))+2g_1^{\mathrm{T}}(e(t))SL^- e(t)\\
&+2e^{\mathrm{T}}(t)L^+ Sg_1(e(t))-2e^{\mathrm{T}}(t)L^+ SL^- e(t)
\end{aligned}\tag{4.12}
$$

同样地，对于任意的对角矩阵 $T>0$ 有

$$
\begin{aligned}
0\leqslant &-2g_1^{\mathrm{T}}(e(t-\tau(t)))Tg_1(e(t-\tau(t)))+2g_1^{\mathrm{T}}(e(t-\tau(t)))TL^- e(t-\tau(t))\\
&+2e^{\mathrm{T}}(t-\tau(t))L^+ Tg_1(e(t-\tau(t)))-2e^{\mathrm{T}}(t-\tau(t))L^+ TL^- e(t-\tau(t))
\end{aligned}\tag{4.13}
$$

因为 $g_2(\cdot)$ 满足式 (4.9)，于是对于任意的正数 $\varepsilon>0$ 有

$$
0\leqslant \varepsilon e^{\mathrm{T}}(t)H^{\mathrm{T}}He(t)-\varepsilon g_2^{\mathrm{T}}(t,e(t))g_2(t,e(t))\tag{4.14}
$$

为了证明误差系统 (4.7) 的平凡解 $e(t;0)=0$ 是全局渐近稳定的，我们考虑如下的 Lyapunov 泛函：

$$
\begin{aligned}
V(t)=&e^{\mathrm{T}}(t)Pe(t)+\int_{t-\tau(t)}^t e^{\mathrm{T}}(s)Q_1 e(s)\mathrm{d}s+\int_{t-\tau}^t e^{\mathrm{T}}(s)Q_2 e(s)\mathrm{d}s\\
&+\int_{t-\tau(t)}^t g_1^{\mathrm{T}}(e(s))Q_3 g_1(e(s))\mathrm{d}s+\alpha\int_{-\tau}^0\int_{t+\theta}^t \dot{e}^{\mathrm{T}}(s)R\dot{e}(s)\mathrm{d}s\mathrm{d}\theta
\end{aligned}\tag{4.15}
$$

通过直接计算 $V(t)$ 沿误差系统 (4.7) 的轨迹关于时间 t 的导数可得

$$
\begin{aligned}
\dot{V}(t)=&2e^{\mathrm{T}}(t)P[-(A+KC)e(t)+W_0 g_1(e(t))+W_1 g_1(e(t-\tau(t)))\\
&-Kg_2(t,e(t))]+e^{\mathrm{T}}(t)Q_1 e(t)-(1-\dot{\tau}(t))e^{\mathrm{T}}(t-\tau(t))Q_1 e(t-\tau(t))\\
&+e^{\mathrm{T}}(t)Q_2 e(t)-e^{\mathrm{T}}(t-\tau)Q_2 e(t-\tau)+g_1^{\mathrm{T}}(e(t))Q_3 g_1(e(t))
\end{aligned}
$$

$$-(1 - \dot\tau(t))g_1^{\mathrm T}(e(t-\tau(t)))Q_3 g_1(e(t-\tau(t))) + \alpha\tau\dot e^{\mathrm T}(t)R\dot e(t)$$

$$-\alpha\int_{t-\tau}^{t}\dot e^{\mathrm T}(s)R\dot e(s)\mathrm ds$$

$$\leqslant e^{\mathrm T}(t)\big[-P(A+KC)-(A+KC)^{\mathrm T}P+Q_1+Q_2\big]e(t)$$

$$+2e^{\mathrm T}(t)PW_0 g_1(e(t)) + 2e^{\mathrm T}(t)PW_1 g_1(e(t-\tau(t)))$$

$$-2e^{\mathrm T}(t)PK g_2(t,e(t)) - (1-\mu)e^{\mathrm T}(t-\tau(t))Q_1 e(t-\tau(t))$$

$$-e^{\mathrm T}(t-\tau)Q_2 e(t-\tau) + g_1^{\mathrm T}(e(t))Q_3 g_1(e(t))$$

$$-(1-\mu)g_1^{\mathrm T}(e(t-\tau(t)))Q_3 g_1(e(t-\tau(t)))$$

$$+\alpha\tau\dot e^{\mathrm T}(t)R\dot e(t) - \alpha\int_{t-\tau}^{t}\dot e^{\mathrm T}(s)R\dot e(s)\mathrm ds \tag{4.16}$$

将积分区间 $[t-\tau, t]$ 分解为两部分 $[t-\tau, t-\tau(t)]$ 和 $[t-\tau(t), t]$，那么

$$-\alpha\int_{t-\tau}^{t}\dot e^{\mathrm T}(s)R\dot e(s)\mathrm ds = -\alpha\int_{t-\tau(t)}^{t}\dot e^{\mathrm T}(s)R\dot e(s)\mathrm ds - \alpha\int_{t-\tau}^{t-\tau(t)}\dot e^{\mathrm T}(s)R\dot e(s)\mathrm ds$$

令

$$\xi(t) = [e^{\mathrm T}(t), e^{\mathrm T}(t-\tau(t)), e^{\mathrm T}(t-\tau), g_1^{\mathrm T}(e(t)), g_1^{\mathrm T}(e(t-\tau(t))), g_2^{\mathrm T}(t,e(t))]^{\mathrm T}$$

$$M = \begin{bmatrix} M_1, & M_2, & M_3, & M_4, & M_5, & M_6 \end{bmatrix}$$

$$\Pi = \begin{bmatrix} I & 0 \\ -\alpha^{-1}R^{-1}M & I \end{bmatrix}$$

显然，由 $R > 0$ 和 $\alpha > 0$ 知

$$\Pi^{\mathrm T}\begin{bmatrix} \alpha^{-1}M^{\mathrm T}R^{-1}M & M^{\mathrm T} \\ M & \alpha R \end{bmatrix}\Pi = \begin{bmatrix} 0 & 0 \\ 0 & \alpha R \end{bmatrix} \geqslant 0$$

即对于 $R > 0$ 和 $\alpha > 0$ 有

$$\begin{bmatrix} \alpha^{-1}M^{\mathrm T}R^{-1}M & M^{\mathrm T} \\ M & \alpha R \end{bmatrix} \geqslant 0 \tag{4.17}$$

因此

$$0 \leqslant \int_{t-\tau(t)}^{t}\begin{bmatrix} \xi(t) \\ \dot e(s) \end{bmatrix}^{\mathrm T}\begin{bmatrix} \alpha^{-1}M^{\mathrm T}R^{-1}M & M^{\mathrm T} \\ M & \alpha R \end{bmatrix}\begin{bmatrix} \xi(t) \\ \dot e(s) \end{bmatrix}\mathrm ds$$

$$\leqslant \tau\alpha^{-1}\xi^{\mathrm{T}}(t)M^{\mathrm{T}}R^{-1}M\xi(t) + 2\xi^{\mathrm{T}}(t)M^{\mathrm{T}}(e(t)-e(t-\tau(t)))$$

$$+\alpha\int_{t-\tau(t)}^{t}\dot{e}^{\mathrm{T}}(s)R\dot{e}(s)\mathrm{d}s \tag{4.18}$$

类似地，对于矩阵 $N = [N_1, N_2, N_3, N_4, N_5, N_6]$，我们有

$$\begin{bmatrix} \alpha^{-1}N^{\mathrm{T}}R^{-1}N & N^{\mathrm{T}} \\ N & \alpha R \end{bmatrix} \geqslant 0$$

于是

$$0 \leqslant \int_{t-\tau}^{t-\tau(t)} \begin{bmatrix} \xi(t) \\ \dot{e}(s) \end{bmatrix}^{\mathrm{T}} \begin{bmatrix} \alpha^{-1}N^{\mathrm{T}}R^{-1}N & N^{\mathrm{T}} \\ N & \alpha R \end{bmatrix} \begin{bmatrix} \xi(t) \\ \dot{e}(s) \end{bmatrix} \mathrm{d}s$$

$$\leqslant \tau\alpha^{-1}\xi^{\mathrm{T}}(t)N^{\mathrm{T}}R^{-1}N\xi(t) + 2\xi^{\mathrm{T}}(t)N^{\mathrm{T}}\left[e(t-\tau(t))-e(t-\tau)\right]$$

$$+\alpha\int_{t-\tau}^{t-\tau(t)}\dot{e}^{\mathrm{T}}(s)R\dot{e}(s)\mathrm{d}s \tag{4.19}$$

由式 (4.12)、式 (4.13)、式 (4.14)、式 (4.16)、式 (4.18) 以及式 (4.19)，不难得到

$$\dot{V}(t)\leqslant \xi^{\mathrm{T}}(t)(\Phi_1 + \tau\alpha^{-1}M^{\mathrm{T}}R^{-1}M + \tau\alpha^{-1}N^{\mathrm{T}}R^{-1}N + \alpha\tau\Phi_2^{\mathrm{T}}R\Phi_2)\xi(t) \tag{4.20}$$

其中

$$\Phi_1 = \begin{bmatrix} \Phi_{11} & \Omega_{12} & \Omega_{13} & \Omega_{14} & \Omega_{15} & \Phi_{16} \\ * & \Omega_{22} & \Omega_{23} & \Omega_{24} & \Omega_{25} & \Omega_{26} \\ * & * & \Omega_{33} & -N_4 & -N_5 & -N_6 \\ * & * & * & \Omega_{44} & 0 & 0 \\ * & * & * & * & \Omega_{55} & 0 \\ * & * & * & * & * & -\varepsilon I \end{bmatrix}$$

$$\Phi_{11} = -PA - A^{\mathrm{T}}P - PKC - C^{\mathrm{T}}K^{\mathrm{T}}P + Q_1 + Q_2$$
$$+M_1^{\mathrm{T}} + M_1 - 2L^+SL^- + \varepsilon H^{\mathrm{T}}H$$

$$\Phi_{16} = -PK + M_6$$

$$\Phi_2 = \begin{bmatrix} -(A+KC), & 0, & 0, & W_0, & W_1, & -K \end{bmatrix}$$

此时，根据 Lyapunov 稳定性理论，要证明误差系统 (4.7) 的平凡解 $e(t;0) = 0$ 是全局渐近稳定的，只需要证明对于任意非零的 $\xi(t)$ 有 $\dot{V}(t) < 0$。因此，由式 (4.20) 知，我们只需要证明

$$\Phi_1 + \tau\alpha^{-1}M^{\mathrm{T}}R^{-1}M + \tau\alpha^{-1}N^{\mathrm{T}}R^{-1}N + \alpha\tau\Phi_2^{\mathrm{T}}R\Phi_2 < 0$$

根据 Schur 补引理，上式等价于

$$
\begin{bmatrix}
\Phi_{11} & \Omega_{12} & \Omega_{13} & \Omega_{14} & \Omega_{15} & \Phi_{16} & \tau M_1^{\mathrm{T}} & \tau N_1^{\mathrm{T}} & \Upsilon \\
* & \Omega_{22} & \Omega_{23} & \Omega_{24} & \Omega_{25} & \Omega_{26} & \tau M_2^{\mathrm{T}} & \tau N_2^{\mathrm{T}} & 0 \\
* & * & \Omega_{33} & -N_4 & -N_5 & -N_6 & \tau M_3^{\mathrm{T}} & \tau N_3^{\mathrm{T}} & 0 \\
* & * & * & \Omega_{44} & 0 & 0 & \tau M_4^{\mathrm{T}} & \tau N_4^{\mathrm{T}} & \alpha\tau W_0^{\mathrm{T}} R \\
* & * & * & * & \Omega_{55} & 0 & \tau M_5^{\mathrm{T}} & \tau N_5^{\mathrm{T}} & \alpha\tau W_1^{\mathrm{T}} R \\
* & * & * & * & * & -\varepsilon I & \tau M_6^{\mathrm{T}} & \tau N_6^{\mathrm{T}} & -\alpha\tau K^{\mathrm{T}} R \\
* & * & * & * & * & * -\alpha\tau R & 0 & 0 \\
* & * & * & * & * & * & * & -\alpha\tau R & 0 \\
* & * & * & * & * & * & * & * & -\alpha\tau R
\end{bmatrix} < 0 \quad (4.21)
$$

其中，$\Upsilon = -\alpha\tau A^{\mathrm{T}} R - \alpha\tau C^{\mathrm{T}} K^{\mathrm{T}} R$。

另外，对于正定矩阵 $P > 0$ 和 $R > 0$，我们有 $(P-R)R^{-1}(P-R) \geqslant 0$。于是，$-PR^{-1}P \leqslant -2P + R$。与此同时，用矩阵 $\mathrm{diag}(I,I,I,I,I,I,I,I,PR^{-1})$ 和它的转置分别左乘和右乘式 (4.21)，并且注意到 $K = P^{-1}X$ 可得，当线性矩阵不等式 (4.10) 成立时，式 (4.21) 也是成立的。从而有

$$
\Phi_1 + \tau\alpha^{-1} M^{\mathrm{T}} R^{-1} M + \tau\alpha^{-1} N^{\mathrm{T}} R^{-1} N + \alpha\tau \Phi_2^{\mathrm{T}} R \Phi_2 < 0
$$

故误差系统的平凡解 $e(t;0) = 0$ 是全局渐近稳定的。证毕。

4.3 在时滞混沌神经网络中的应用

在本节中，我们采用文献 [98] 中的时滞混沌神经网络作为例子来说明基于松弛参数的方法对状态估计器设计的有效性，同时给出相关的仿真结果。需要注意的是，这个方法同样可以用于文献 [97] 中提出的时滞混沌神经网络模型。

例 4.1 (文献 [206]) 设 $x(t) = [x_1(t), x_2(t)]^{\mathrm{T}} \in \mathbb{R}^2$。考虑如下的时滞局部场神经网络：

$$
\dot{x}(t) = -Ax(t) + W_0 f(x(t)) + W_1 f(x(t-1)) \quad (4.22)
$$

其中

$$
A = \begin{bmatrix} 1 & 0 \\ 0 & 1 \end{bmatrix}, \quad W_0 = \begin{bmatrix} 2 & -0.1 \\ -5 & 2 \end{bmatrix}, \quad W_1 = \begin{bmatrix} -1.5 & -0.1 \\ -0.2 & -1.5 \end{bmatrix}
$$

假设激励函数为 $f(x) = \tanh(x)$，则容易验证 $l_1^- = l_2^- = 0$、$l_1^+ = l_2^+ = 1$。图 4.1 是该时滞局部场神经网络 (4.22) 在相平面中的响应曲线。从中可以清楚地看出，该时滞局部场神经网络具有混沌动力学行为。假设式 (4.22) 的输出为

$$y(t) = Cx(t) + h(t, x(t))$$

其中

$$C = [0 \quad 2]$$

$$h(t, x(t)) = 0.14(\sin(x_1(t)) + \sin(x_2(t)))$$

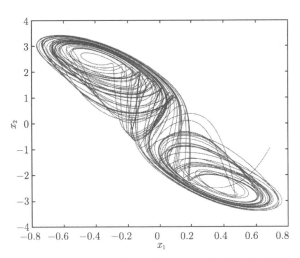

图 4.1　时滞局部场神经网络 (4.22) 展现的混沌现象

于是 $H = 0.2I$。取 $\alpha = 0.1$，利用 Matlab 线性矩阵不等式工具箱，我们可以找到线性矩阵不等式 (4.10) 的一组可行解。此时，状态估计器 (4.6) 的增益矩阵可设计为

$$K = \begin{bmatrix} -5.5233 \\ 8.5959 \end{bmatrix}$$

为了给出一些直观结果，我们进行了仿真。在仿真时，初始条件分别取为 $x(t) = [0.69, -0.94]^{\mathrm{T}}$ 和 $\hat{x}(t) = [-0.20, 0.43]^{\mathrm{T}}$。仿真结果如图 4.2 和图 4.3 所示。可以看到，这些仿真结果与我们的理论分析是一致的，从而有效地说明了基于松弛参数的方法对具有复杂动力学行为的时滞局部场神经网络的状态估计器设计的可行性。

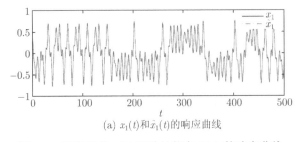

(a) $x_1(t)$ 和 $\hat{x}_1(t)$ 的响应曲线

图 4.2　真实状态 $x(t)$ 和估计状态 $\hat{x}(t)$ 的响应曲线

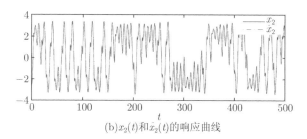

(b)$x_2(t)$和$\hat{x}_2(t)$的响应曲线

图 4.2 真实状态 $x(t)$ 和估计状态 $\hat{x}(t)$ 的响应曲线 (续)

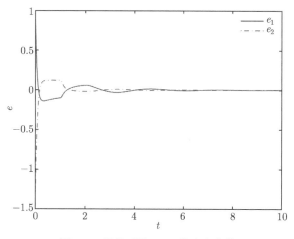

图 4.3 误差系统 $e(t)$ 的响应曲线

4.4 本 章 小 结

在本章中，为了解决具有复杂动力学行为的时滞局部场神经网络的状态估计器的设计问题，我们提出了一种基于松弛参数的方法。根据这个方法，首先可以得到一个依赖于时滞的充分条件以保证误差系统的平凡解是全局渐近稳定的。然后，通过求解一个对应的线性矩阵不等式就可以实现时滞局部场神经网络的状态估计器的设计。在实际的应用中，我们可以通过试验的方式确定这个合适的松弛参数。需要强调的是，正是由于这个可调的松弛参数的引入，才使得本章得到的状态估计器的设计准则能够有效地应用于更加广泛的神经网络模型中，并且解决了之前的方法不能解决的时滞混沌神经网络的状态估计问题。最后，通过一个实际的例子和仿真结果说明了该方法的可行性。

第5章　具有参数不确定性的时滞局部场神经网络的鲁棒状态估计

在前面几章中,分别介绍了几种不同的方法用于讨论时滞局部场神经网络的状态估计问题。在这些神经网络模型中,我们都没有考虑参数的不确定性(parameter uncertainty)。然而,由于建模的不精确性以及所处外界环境的变化,在实际的系统中往往会遇到参数的不确定性。当然,这种参数的不确定性在神经网络模型中也常常会存在。

我们知道,在递归神经网络的建模过程中,一些重要的参数如神经元的退火率、不同神经元之间的连接权值等都是通过统计学习的方式获得并进行处理的。因此,在这些参数中就会不可避免地产生偏差。另外,在递归神经网络的大规模集成电路的实现中,神经元之间的连接权值与所采用的电子器件的电阻值和电容的电容值是密切相关的。这样,也会使得这些重要的参数具有不确定性[207]。正是由于这些原因,我们在对递归神经网络进行分析的时候就非常有必要考虑参数的不确定性带来的影响[132,142,208,209]。因此,对具有参数不确定性的时滞递归神经网络的鲁棒状态估计问题的研究就显得非常重要,并且具有很好的理论价值和应用前景。但是,由于参数的不确定性和时滞的同时存在,这个问题也因此变得比前面几章所讨论的要更加复杂、更加难以处理。就我们所知,到目前为止,这方面的研究成果仍然非常少。所以,本章的目的主要就是为了解决带不确定性参数的时滞局部场神经网络的鲁棒状态估计问题提出一个切实可行的设计方案。在实际中,我们可能很难知道这些准确的参数,但是完全可以知道它们可能满足的一些条件。在本章中,我们将假设这些不确定性参数是随时间发生变化,但是是范数有界的(norm bounded)。

需要注意的是,由于要考虑参数的不确定性对状态估计器设计的影响,前面几章介绍的方法就不再适用了。因此,为了有效地解决具有参数不确定性的时滞局部场神经网络的鲁棒状态估计问题,我们将提出一个基于增广系统的方法。这里,这个增广系统是由神经网络本身和估计误差系统所构成的。在此基础上,通过利用一个积分不等式,我们将首先得到一个充分条件使得增广系统的平凡解对所有可容许的不确定性参数都是全局渐近稳定的。我们将会看到这个充分条件不仅依赖于时滞,而且也依赖于时滞的导数的上界。然后,对具有参数不确定性的时滞局部场神经网络的状态估计器的设计实现就转化为求解一个线性矩阵不等式的可行解。

因此，我们可以借助于成熟的算法[63] 实现对这一类时滞局部场神经网络的状态估计器的设计。作为一个特例，我们的方法当然可以用于处理不带参数不确定性的时滞局部场神经网络的状态估计问题。最后，将通过两个仿真示例来说明这个方法对状态估计器设计的有效性。

5.1 问题的描述

由 n 个神经元构成的具有参数不确定性的时滞局部场神经网络可以表示为下列泛函微分方程：

$$\dot{u}(t) = -(A + \Delta A)u(t) + (W_0 + \Delta W_0)f(u(t))$$
$$+(W_1 + \Delta W_1)f(u(t - \tau(t))) + J \qquad (5.1)$$

其中，$u(t) = [u_1(t), u_2(t), \cdots, u_n(t)]^{\mathrm{T}} \in \mathbb{R}^n$ 是由这 n 个神经元的状态信息所组成的向量，A、W_0 和 W_1 是三个 $n \times n$ 的实矩阵。其中，$A = \mathrm{diag}(a_1, a_2, \cdots, a_n)$ 是一个对角矩阵且对角线元素 $a_i > 0$；W_0 和 W_1 分别是由神经元之间的连接权值和延时连接权值构成的权矩阵。$f(u(t)) = [f_1(u_1(t)), f_2(u_2(t)), \cdots, f_n(u_n(t))]^{\mathrm{T}}$ 表示神经元的激励函数。$J = [J_1, J_2, \cdots, J_n]^{\mathrm{T}}$ 是一个定常的外部输入向量。函数 $\tau(t)$ 是一个随时间连续变化的时滞，且满足

$$0 \leqslant \tau(t) \leqslant \tau, \dot{\tau}(t) \leqslant \varsigma < 1 \qquad (5.2)$$

其中，$\tau > 0$ 和 ς 是两个常数。

ΔA、ΔW_0 和 ΔW_1 分别表示对应于矩阵 A、W_0 和 W_1 的不确定性参数。为了便于讨论，在本章中，假设这些不确定性参数具有如下形式：

$$[\Delta A, \Delta W_0, \Delta W_1] = DF(t)[E_1, E_2, E_3] \qquad (5.3)$$

其中，D 和 $E_i(i = 1, 2, 3)$ 是已知的实矩阵且其维数符合相关的代数运算，$F(t)$ 满足

$$F^{\mathrm{T}}(t)F(t) \leqslant I \qquad (5.4)$$

首先，对上述不确定性参数给出一点说明。

注释 5.1 需要指出的是，在不确定系统 (uncertain system) 的稳定性分析与综合的相关文献 [123]、[142]、[199] 中，具有形如式 (5.3) 和式 (5.4) 结构的不确定性参数已经被广泛地采纳了。如果条件 (5.3) 和式 (5.4) 都满足，那么就称这种不确定性参数 ΔA、ΔW_0 和 ΔW_1 是可容许的 (admissible)。

在本章中, 我们总是假设神经元的激励函数 $f(\cdot)$ 是有界的且满足 Lipschitz 条件, 即对所有的 $i = 1, 2, \cdots, n$, 存在 Lipschitz 常数 F_i, 使得对任意的 u_1、$u_2 \in \mathbb{R}$ 有

$$|f_i(u_1) - f_i(u_2)| \leqslant F_i|u_1 - u_2| \tag{5.5}$$

为了方便, 记 $F = \text{diag}(F_1, F_2, \cdots, F_n)$。

由于 $f(\cdot)$ 有界, 根据 Brouwer 不动点定理知, 式 (5.1) 至少存在一个平衡点。不妨假设 $u^* = [u_1^*, u_2^*, \cdots, u_n^*]^T$ 是该神经网络的一个平衡点。作线性变换得

$$x(t) = u(t) - u^*$$

则原神经网络 (5.1) 可以转化为

$$\dot{x}(t) = -(A + \Delta A)x(t) + (W_0 + \Delta W_0)g(x(t)) + (W_1 + \Delta W_1)g(x(t - \tau(t))) \tag{5.6}$$

这里

$$g(x(t)) = \big[g_1(x_1(t)), g_2(x_2(t)), \cdots, g_n(x_n(t))\big]^T$$
$$g_i(x_i(t)) = f_i(x_i(t) + u_i^*) - f_i(u_i^*)$$

正如文献 [120]、[191] 所述, 在一个相对大规模的递归神经网络中, 人们通常很难完全直接获知所有神经元的状态信息。特别地, 当该神经网络还带有不确定性参数时就更难获得这些信息了。但是, 人们往往能够借助于一些测量设备和技术获得网络的输出信息。因此, 现在面临的问题就是, 在网络的输出信号可获知的情况下, 如何设计有效的算法来近似地估计各神经元的状态信息呢? 为此, 我们假设时滞局部场神经网络 (5.1) 的输出信号为

$$y(t) = Cx(t) + h(t, x(t)) \tag{5.7}$$

其中, $y(t) \in \mathbb{R}^m$ 表示网络的输出向量, $C \in \mathbb{R}^{m \times n}$ 是一已知的实矩阵, $h : \mathbb{R} \times \mathbb{R}^n \to \mathbb{R}^m$ 是一个非线性扰动, 且满足 Lipschitz 条件

$$|h(t, u) - h(t, v)| \leqslant L_H|u - v| \tag{5.8}$$

其中, $u = [u_1, u_2, \cdots, u_n]^T \in \mathbb{R}^n$, $v = [v_1, v_2, \cdots, v_n]^T \in \mathbb{R}^n$, L_H 是一个 Lipschitz 常数。为了简单, 记 $H = L_H I$。其中, I 是 n 阶单位矩阵。

现在, 对于上述具有参数不确定性的时滞局部场神经网络 (5.6), 可以构造如下的状态估计器:

$$\dot{\hat{x}}(t) = -A\hat{x}(t) + W_0 g(\hat{x}(t)) + W_1 g(\hat{x}(t - \tau(t)))$$

$$+K(y(t) - C\hat{x}(t) - h(t, \hat{x}(t))) \tag{5.9}$$

其中，$\hat{x}(t)$ 是估计的状态向量，$K \in \mathbb{R}^{n \times m}$ 是待确定的状态估计器的增益矩阵。

定义误差信号为

$$e(t) = x(t) - \hat{x}(t)$$

同时令

$$\varphi(t) = g(x(t)) - g(\hat{x}(t))$$
$$\psi(t) = h(t, x(t)) - h(t, \hat{x}(t))$$

于是，由式 (5.6)、式 (5.9) 和式 (5.10) 可知，误差系统可表示为

$$\dot{e}(t) = -(A + KC)e(t) - \Delta Ax(t) + W_0\varphi(t) + \Delta W_0 g(x(t))$$
$$+W_1\varphi(t - \tau(t)) + \Delta W_1 g(x(t - \tau(t))) - K\psi(t) \tag{5.10}$$

注释 5.2　在式 (5.9) 中，我们并没有要求矩阵 C 也具有参数不确定性。但是，事实上，本章将介绍的方法可以很容易地推广到神经网络的输出信息也含有参数不确定性的情况，即可以假设神经网络 (5.1) 的输出信息为

$$y(t) = (C + \Delta C)x(t) + h(t, x(t))$$

此时，考虑同样的状态估计器 (5.9)，可以得到误差系统为

$$\dot{e}(t) = -(A + KC)e(t) - (\Delta A + K\Delta C)x(t)$$
$$+W_0\varphi(t) + \Delta W_0 g(x(t)) + W_1\varphi(t - \tau(t))$$
$$+\Delta W_1 g(x(t - \tau(t))) - K\psi(t)$$

经过比较，我们发现除了 $K\Delta Cx(t)$ 之外，上面的误差系统和式 (5.10) 具有类似的形式。因此，我们的方法可以很容易地推广到这种情况。为了简单，在这里我们只讨论输出信息不带参数不确定性的情况。对输出信息也具有参数不确定性的情况，感兴趣的读者可以自行推导。

注释 5.3　由于建模的不精确性和外界环境的变化，在讨论时滞局部场神经网络时需要考虑参数的不确定性。特别地，当 $\Delta A = \Delta W_0 = \Delta W_1 = 0$ 时，式 (5.1) 和式 (5.10) 就分别是文献 [120]、[191] 以及第 2~4 章中所介绍的时滞局部场神经网络和误差系统。因此，从这个角度来看，本章所讨论的带有参数不确定性的神经网络模型要比文献 [120]、[191] 和第 2~4 章中的更一般，也更加符合实际的情况。当然，这些也给技术上的处理带来了更大的困难。

引入一些数学符号

$$X(t) = \begin{bmatrix} x(t) \\ e(t) \end{bmatrix}, \quad \overline{A} = \begin{bmatrix} A & 0 \\ 0 & A + KC \end{bmatrix}$$

$$\widetilde{\Delta A} = \begin{bmatrix} \Delta A & 0 \\ \Delta A & 0 \end{bmatrix}, \quad \widetilde{A} = \overline{A} + \widetilde{\Delta A}$$

$$\overline{W}_0 = \begin{bmatrix} W_0 \\ 0 \end{bmatrix}, \quad \widetilde{\Delta W}_0 = \begin{bmatrix} \Delta W_0 \\ \Delta W_0 \end{bmatrix}$$

$$\widetilde{W}_0 = \overline{W}_0 + \widetilde{\Delta W}_0, \quad \overline{W}_1 = \begin{bmatrix} W_1 \\ 0 \end{bmatrix}$$

$$\widetilde{\Delta W}_1 = \begin{bmatrix} \Delta W_1 \\ \Delta W_1 \end{bmatrix}, \quad \widetilde{W}_1 = \overline{W}_1 + \widetilde{\Delta W}_1$$

$$\underline{W}_0 = \begin{bmatrix} 0 \\ W_0 \end{bmatrix}, \quad \underline{W}_1 = \begin{bmatrix} 0 \\ W_1 \end{bmatrix}, \underline{K} = \begin{bmatrix} 0 \\ K \end{bmatrix}$$

考虑到式 (5.6) 和式 (5.10)，我们容易得到如下的增广系统:

$$\dot{X}(t) = -\widetilde{A}X(t) + \widetilde{W}_0 g(x(t)) + \widetilde{W}_1 g(x(t - \tau(t)))$$
$$+ \underline{W}_0 \varphi(t) + \underline{W}_1 \varphi(t - \tau(t)) - \underline{K}\psi(t) \tag{5.11}$$

5.2　鲁棒状态估计器的设计

现在，我们将在增广系统 (5.11) 的基础上分析带参数不确定性的时滞局部场神经网络 (5.1) 的鲁棒状态估计问题。受文献 [210]~[212] 的启发，首先给出下面的有界实引理（bounded real lemma）。这个引理对本章主要结果的推导具有重要的作用。

引理 5.1（文献 [205]、[210]~[212]）　对于任意给定的实矩阵 $P = P^{\mathrm{T}} > 0$ 和 $M_i (i = 1, 2, \cdots, 7)$，若它们的维数符合相应的代数运算，则对满足式 (5.2) 的 $\tau(t)$ 有

$$-\int_{t-\tau(t)}^{t} \dot{X}^{\mathrm{T}}(s) P \dot{X}(s) \mathrm{d}s \leqslant \xi^{\mathrm{T}}(t)(\tau M^{\mathrm{T}} P^{-1} M + M^{\mathrm{T}}\bar{I} + \bar{I}^{\mathrm{T}} M)\xi(t) \tag{5.12}$$

其中

$$\xi(t) = [X^{\mathrm{T}}(t), X^{\mathrm{T}}(t - \tau(t)), g^{\mathrm{T}}(x(t)), g^{\mathrm{T}}(x(t - \tau(t))), \varphi^{\mathrm{T}}(t), \varphi^{\mathrm{T}}(t - \tau(t)), \psi^{\mathrm{T}}(t)]^{\mathrm{T}}$$

$$M = \begin{bmatrix} M_1, & M_2, & M_3, & M_4, & M_5, & M_6, & M_7 \end{bmatrix}$$
$$\bar{I} = \begin{bmatrix} I, & -I, & 0, & 0, & 0, & 0, & 0 \end{bmatrix}$$

证明 事实上

$$\begin{bmatrix} I & -M^{\mathrm{T}}P^{-1} \\ 0 & I \end{bmatrix} \begin{bmatrix} M^{\mathrm{T}}P^{-1}M & M^{\mathrm{T}} \\ M & P \end{bmatrix} \begin{bmatrix} I & -M^{\mathrm{T}}P^{-1} \\ 0 & I \end{bmatrix}^{\mathrm{T}} = \begin{bmatrix} 0 & 0 \\ 0 & P \end{bmatrix} \geqslant 0$$

于是

$$\begin{bmatrix} M^{\mathrm{T}}P^{-1}M & M^{\mathrm{T}} \\ M & P \end{bmatrix} \geqslant 0 \tag{5.13}$$

因此，由式 (5.13) 有

$$\begin{aligned}
0 &\leqslant \int_{t-\tau(t)}^{t} \begin{bmatrix} \xi(t) \\ \dot{X}(s) \end{bmatrix}^{\mathrm{T}} \begin{bmatrix} M^{\mathrm{T}}P^{-1}M & M^{\mathrm{T}} \\ M & P \end{bmatrix} \begin{bmatrix} \xi(t) \\ \dot{X}(s) \end{bmatrix} \mathrm{d}s \\
&\leqslant \tau \xi^{\mathrm{T}}(t) M^{\mathrm{T}} P^{-1} M \xi(t) + 2\xi^{\mathrm{T}}(t) M^{\mathrm{T}} \int_{t-\tau(t)}^{t} \dot{X}(s)\mathrm{d}s \\
&\quad + \int_{t-\tau(t)}^{t} \dot{X}^{\mathrm{T}}(s) P \dot{X}(s)\mathrm{d}s \\
&= \tau \xi^{\mathrm{T}}(t) M^{\mathrm{T}} P^{-1} M \xi(t) + 2\xi^{\mathrm{T}}(t) M^{\mathrm{T}} \bar{I} \xi(t) \\
&\quad + \int_{t-\tau(t)}^{t} \dot{X}^{\mathrm{T}}(s) P \dot{X}(s)\mathrm{d}s
\end{aligned} \tag{5.14}$$

经过整理，容易知道，当 $P > 0$ 时，式 (5.12) 是成立的。证毕。

现在，利用引理 5.1 和线性矩阵不等式技术，我们可以得到一个依赖于时滞的充分条件。在这个条件下，增广系统 (5.11) 的平凡解 $X(t;0) = 0$ 是全局渐近稳定的，从而可以实现对具有参数不确定性的时滞局部场神经网络的鲁棒状态估计器的设计。这就是下面的定理。

定理 5.1 (文献 [205]) 对于给定的常数 τ 和 ς，则增广系统 (5.11) 的平凡解 $X(t,0) = 0$ 是全局渐近稳定的，如果存在正数 ϵ_1、ϵ_2、ϵ_3、ϵ_4 和实矩阵 $P = P^{\mathrm{T}} = \mathrm{diag}(P_1, P_2) > 0$、$Q = Q^{\mathrm{T}} > 0$、$M_i$ ($i = 1, 2, \cdots, 7$) 以及 G 使得如下的线性矩阵不等式成立：

$$\begin{bmatrix} \Omega_1 & \Omega_2 & \Omega_3 & \Omega_4 & \Omega_5 & \Omega_6 & \Omega_7 & \Omega_8 & \bar{\tau}\tau M_1^{\mathrm{T}} & \sqrt{3}P\bar{D} \\ * & \Omega_9 & -\bar{\tau}M_3 & -\bar{\tau}M_4 & -\bar{\tau}M_5 & -\bar{\tau}M_6 & -\bar{\tau}M_7 & 0 & \bar{\tau}\tau M_2^{\mathrm{T}} & 0 \\ * & * & \Omega_{10} & 0 & 0 & 0 & 0 & \tau\overline{W}_0^{\mathrm{T}}P & \bar{\tau}\tau M_3^{\mathrm{T}} & 0 \\ * & * & * & \Omega_{11} & 0 & 0 & 0 & \tau\overline{W}_1^{\mathrm{T}}P & \bar{\tau}\tau M_4^{\mathrm{T}} & 0 \\ * & * & * & * & -\epsilon_1 I & 0 & 0 & \tau\underline{W}_0^{\mathrm{T}}P & \bar{\tau}\tau M_5^{\mathrm{T}} & 0 \\ * & * & * & * & * & -\epsilon_2 I & 0 & \tau\underline{W}_1^{\mathrm{T}}P & \bar{\tau}\tau M_6^{\mathrm{T}} & 0 \\ * & * & * & * & * & * & -\epsilon_3 I & -\tau G_2^{\mathrm{T}} & \bar{\tau}\tau M_7^{\mathrm{T}} & 0 \\ * & * & * & * & * & * & * & -\tau P & 0 & \sqrt{3}\tau P\bar{D} \\ * & * & * & * & * & * & * & * & -\bar{\tau}\tau P & 0 \\ * & * & * & * & * & * & * & * & * & -\epsilon_4 I \end{bmatrix} < 0$$

$$(5.15)$$

其中

$$\bar{\tau} = 1 - \varsigma, \quad \bar{F} = \mathrm{diag}(F, F), \quad \bar{H} = \mathrm{diag}(0, H)$$

$$\bar{D} = \begin{bmatrix} D & 0 \\ D & 0 \end{bmatrix}, \quad \bar{E}_1 = \mathrm{diag}(E_1, E_1), \quad \bar{E}_2 = \begin{bmatrix} E_2 \\ 0 \end{bmatrix}$$

$$\bar{E}_3 = \begin{bmatrix} E_3 \\ 0 \end{bmatrix}, \quad G_1 = \begin{bmatrix} 0 & 0 \\ 0 & GC \end{bmatrix}, \quad G_2 = \begin{bmatrix} 0 \\ G \end{bmatrix}$$

$$\Omega_1 = -P\begin{bmatrix} A & 0 \\ 0 & A \end{bmatrix} - \begin{bmatrix} A & 0 \\ 0 & A \end{bmatrix}^{\mathrm{T}} P - G_1 - G_1^{\mathrm{T}} + Q$$

$$\qquad + \epsilon_1 \bar{F}^{\mathrm{T}}\bar{F} + \epsilon_3 \bar{H}^{\mathrm{T}}\bar{H} + \epsilon_4 \bar{E}_1^{\mathrm{T}}\bar{E}_1 + \bar{\tau}M_1 + \bar{\tau}M_1^{\mathrm{T}}$$

$$\Omega_2 = -\bar{\tau}M_1^{\mathrm{T}} + \bar{\tau}M_2, \quad \Omega_3 = P\overline{W}_0 + \bar{\tau}M_3, \quad \Omega_4 = P\overline{W}_1 + \bar{\tau}M_4$$

$$\Omega_5 = P\underline{W}_0 + \bar{\tau}M_5, \quad \Omega_6 = P\underline{W}_1 + \bar{\tau}M_6, \quad \Omega_7 = -G_2 + \bar{\tau}M_7$$

$$\Omega_8 = -\tau\mathrm{diag}(A^{\mathrm{T}}, A^{\mathrm{T}})P - \tau G_1^{\mathrm{T}}, \quad \Omega_9 = -\bar{\tau}Q + \epsilon_2 \bar{F}^{\mathrm{T}}\bar{F} - \bar{\tau}M_2 - \bar{\tau}M_2^{\mathrm{T}}$$

$$\Omega_{10} = -\epsilon_1 I + \epsilon_4 \bar{E}_2^{\mathrm{T}}\bar{E}_2, \quad \Omega_{11} = -\epsilon_2 I + \epsilon_4 \bar{E}_3^{\mathrm{T}}\bar{E}_3$$

从而, 鲁棒状态估计器 (5.9) 的增益矩阵可设计为

$$K = P_2^{-1}G \qquad (5.16)$$

证明　定义 Lyapunov 泛函

$$V(t) = V_1(t) + V_2(t) + V_3(t) \qquad (5.17)$$

其中

$$V_1(t) = X^{\mathrm{T}}(t)PX(t)$$

$$V_2(t) = \int_{t-\tau(t)}^{t} X^{\mathrm{T}}(s)QX(s)\mathrm{d}s$$

$$V_3(t) = \int\limits_{-\tau(t)}^{0} \int\limits_{t+\theta}^{t} \dot{X}^{\mathrm{T}}(s) P \dot{X}(s) \mathrm{d}s \mathrm{d}\theta$$

通过直接计算各 $V_i(t)$ $(i=1,2,3)$ 沿增广系统 (5.11) 的轨迹对时间 t 的导数，且注意到时滞 $\tau(t)$ 满足式 (5.2)，可得

$$\dot{V}_1(t) = X^{\mathrm{T}}(t)[-P\widetilde{A} - \widetilde{A}^{\mathrm{T}}P]X(t) + 2X^{\mathrm{T}}(t)P\widetilde{W}_0 g(x(t))$$
$$+ 2X^{\mathrm{T}}(t)P\widetilde{W}_1 g(x(t-\tau(t))) + 2X^{\mathrm{T}}(t)P\underline{W}_0 \varphi(t)$$
$$+ 2X^{\mathrm{T}}(t)P\underline{W}_1 \varphi(t-\tau(t)) - 2X^{\mathrm{T}}(t)P\underline{K}\psi(t)$$

$$\dot{V}_2(t) = X^{\mathrm{T}}(t)QX(t) - (1-\dot{\tau}(t))X^{\mathrm{T}}(t-\tau(t))QX(t-\tau(t))$$
$$\leqslant X^{\mathrm{T}}(t)QX(t) - (1-\varsigma)X^{\mathrm{T}}(t-\tau(t))QX(t-\tau(t))$$

$$\dot{V}_3(t) = \dot{\tau}(t) \int\limits_{t-\tau(t)}^{t} \dot{X}^{\mathrm{T}}(s) P \dot{X}(s) \mathrm{d}s$$
$$+ \int\limits_{-\tau(t)}^{0} (\dot{X}^{\mathrm{T}}(t) P \dot{X}(t) - \dot{X}^{\mathrm{T}}(t+\theta) P \dot{X}(t+\theta)) \mathrm{d}\theta$$
$$\leqslant \tau \dot{X}^{\mathrm{T}}(t) P \dot{X}(t) - (1-\varsigma) \int\limits_{t-\tau(t)}^{t} \dot{X}^{\mathrm{T}}(s) P \dot{X}(s) \mathrm{d}s \qquad (5.18)$$

由于激励函数 $f(\cdot)$ 满足式 (5.5)，我们有

$$g^{\mathrm{T}}(x(t))g(x(t)) = |f(x(t)+u^*) - f(u^*)|^2$$
$$\leqslant |Fx(t)|^2$$
$$= x^{\mathrm{T}}(t)F^{\mathrm{T}}Fx(t)$$
$$\varphi^{\mathrm{T}}(t)\varphi(t) = |g(x(t)) - g(\hat{x}(t))|^2$$
$$= |f(x(t)+u^*) - f(\hat{x}(t)+u^*)|^2$$
$$\leqslant |Fe(t)|^2$$
$$= e^{\mathrm{T}}(t)F^{\mathrm{T}}Fe(t)$$

于是，对于任意给定的正数 ϵ_1 有

$$\epsilon_1 g^{\mathrm{T}}(x(t))g(x(t)) + \epsilon_1 \varphi^{\mathrm{T}}(t)\varphi(t) \leqslant \epsilon_1 X^{\mathrm{T}}(t)\bar{F}^{\mathrm{T}}\bar{F}X(t) \qquad (5.19)$$

类似地，对于任意给定的正数 ϵ_2，我们也可以得到

$$\epsilon_2 g^{\mathrm{T}}(x(t-\tau(t)))g(x(t-\tau(t))) + \epsilon_2 \varphi^{\mathrm{T}}(t-\tau(t))\varphi(t-\tau(t))$$

$$\leqslant \epsilon_2 X^{\mathrm{T}}(t - \tau(t)) \bar{F}^{\mathrm{T}} \bar{F} X(t - \tau(t)) \tag{5.20}$$

又由于函数 $h(t, \cdot)$ 满足式 (5.8)，不难推出

$$\begin{aligned}
\psi^{\mathrm{T}}(t)\psi(t) &= |h(t, x(t)) - h(t, \hat{x}(t))|^2 \\
&\leqslant L_H^2 |e(t)|^2 \\
&= e^{\mathrm{T}}(t) H^{\mathrm{T}} H e(t) \\
&= X^{\mathrm{T}}(t) \bar{H}^{\mathrm{T}} \bar{H} X(t)
\end{aligned}$$

于是，对于任意的正数 ϵ_3 有

$$\epsilon_3 \psi^{\mathrm{T}}(t)\psi(t) \leqslant \epsilon_3 X^{\mathrm{T}}(t) \bar{H}^{\mathrm{T}} \bar{H} X(t) \tag{5.21}$$

利用引理 5.1 并结合式 (5.18)～ 式 (5.21)，容易证明

$$\begin{aligned}
\dot{V}(t) &= X^{\mathrm{T}}(t)(-P\widetilde{A} - \widetilde{A}^{\mathrm{T}} P + Q) X(t) + 2 X^{\mathrm{T}}(t) P \widetilde{W}_0 g(x(t)) \\
&\quad + 2 X^{\mathrm{T}}(t) P \widetilde{W}_1 g(x(t - \tau(t))) + 2 X^{\mathrm{T}}(t) P \underline{W}_0 \varphi(t) \\
&\quad + 2 X^{\mathrm{T}}(t) P \underline{W}_1 \varphi(t - \tau(t)) - 2 X^{\mathrm{T}}(t) P \underline{K} \psi(t) \\
&\quad - \bar{\tau} X^{\mathrm{T}}(t - \tau(t)) Q X(t - \tau(t)) + \tau \dot{X}^{\mathrm{T}}(t) P \dot{X}(t) \\
&\quad + \bar{\tau} \xi^{\mathrm{T}}(t)(\tau M^{\mathrm{T}} P^{-1} M + M^{\mathrm{T}} \bar{I} + \bar{I}^{\mathrm{T}} M) \xi(t) \\
&\quad + \epsilon_1 X^{\mathrm{T}}(t) \bar{F}^{\mathrm{T}} \bar{F} X(t) - \epsilon_1 g^{\mathrm{T}}(x(t)) g(x(t)) \\
&\quad - \epsilon_1 \varphi^{\mathrm{T}}(t)\varphi(t) + \epsilon_2 X^{\mathrm{T}}(t - \tau(t)) \bar{F}^{\mathrm{T}} \bar{F} X(t - \tau(t)) \\
&\quad - \epsilon_2 g^{\mathrm{T}}(x(t - \tau(t))) g(x(t - \tau(t))) - \epsilon_2 \varphi^{\mathrm{T}}(t - \tau(t))\varphi(t - \tau(t)) \\
&\quad + \epsilon_3 X^{\mathrm{T}}(t) \bar{H}^{\mathrm{T}} \bar{H} X(t) - \epsilon_3 \psi^{\mathrm{T}}(t)\psi(t) \\
&= \xi^{\mathrm{T}}(t)(\Sigma_1 + \bar{\tau}\tau M^{\mathrm{T}} P^{-1} M + \tau \Sigma_2^{\mathrm{T}} P \Sigma_2) \xi(t) \tag{5.22}
\end{aligned}$$

这里

$$\Sigma_1 = \begin{bmatrix}
\Phi_1 & \Omega_2 & P\widetilde{W}_0 + \bar{\tau} M_3 & P\widetilde{W}_1 + \bar{\tau} M_4 & \Omega_5 & \Omega_6 & -P\underline{K} + \bar{\tau} M_7 \\
* & \Omega_9 & -\bar{\tau} M_3 & -\bar{\tau} M_4 & -\bar{\tau} M_5 & -\bar{\tau} M_6 & -\bar{\tau} M_7 \\
* & * & -\epsilon_1 I & 0 & 0 & 0 & 0 \\
* & * & * & -\epsilon_2 I & 0 & 0 & 0 \\
* & * & * & * & -\epsilon_1 I & 0 & 0 \\
* & * & * & * & * & -\epsilon_2 I & 0 \\
* & * & * & * & * & * & -\epsilon_3 I
\end{bmatrix}$$

$$\Phi_1 = -P\widetilde{A} - \widetilde{A}^{\mathrm{T}} P + Q + \epsilon_1 \bar{F}^{\mathrm{T}} \bar{F} + \epsilon_3 \bar{H}^{\mathrm{T}} \bar{H} + \bar{\tau} M_1 + \bar{\tau} M_1^{\mathrm{T}}$$

$$\Sigma_2 = \begin{bmatrix} -\widetilde{A}, & 0, & \widetilde{W}_0, & \widetilde{W}_1, & \underline{W}_0, & \underline{W}_1, & -\underline{K} \end{bmatrix}$$

根据 Lyapunov 稳定性理论，如果 $\Sigma_1 + \bar{\tau}\tau M^{\mathrm{T}} P^{-1} M + \tau \Sigma_2^{\mathrm{T}} P \Sigma_2 < 0$ 成立，则由上式知对于任意的 $\xi(t)$ 有 $\dot{V}(t) \leqslant 0$。从而，增广系统 (5.11) 的平凡解 $X(t;0) = 0$ 是全局渐近稳定的。因此，要证明定理 5.1，只需要证明

$$\Sigma_1 + \bar{\tau}\tau M^{\mathrm{T}} P^{-1} M + \tau \Sigma_2^{\mathrm{T}} P \Sigma_2 < 0$$

令

$$\Sigma_3 = \begin{bmatrix} -\tau P\widetilde{A} & 0 & \tau P\widetilde{W}_0 & \tau P\widetilde{W}_1 & \tau P\underline{W}_0 & \tau P\underline{W}_1 & -\tau P\underline{K} \\ \bar{\tau}\tau M_1 & \bar{\tau}\tau M_2 & \bar{\tau}\tau M_3 & \bar{\tau}\tau M_4 & \bar{\tau}\tau M_5 & \bar{\tau}\tau M_6 & \bar{\tau}\tau M_7 \end{bmatrix}$$

由 Schur 补引理知，$\Sigma_1 + \bar{\tau}\tau M^{\mathrm{T}} P^{-1} M + \tau \Sigma_2^{\mathrm{T}} P \Sigma_2 < 0$ 等价于

$$\begin{bmatrix} \Sigma_1 & \Sigma_3^{\mathrm{T}} \\ * & \mathrm{diag}(-\tau P, -\bar{\tau}\tau P) \end{bmatrix} < 0 \tag{5.23}$$

现在分别用 $\overline{A} + \widetilde{\Delta A}$、$\overline{W}_0 + \widetilde{\Delta W}_0$ 与 $\overline{W}_1 + \widetilde{\Delta W}_1$ 替代式 (5.23) 中的 $\widetilde{A}$、$\widetilde{W}_0$ 与 $\widetilde{W}_1$，则

$$\begin{bmatrix} \Phi_2 & \Omega_2 & \Omega_3 & \Omega_4 & \Omega_5 & \Omega_6 & -P\underline{K}+\bar{\tau}M_7 & -\tau\overline{A}^{\mathrm{T}}P & \bar{\tau}\tau M_1^{\mathrm{T}} \\ * & \Omega_9 & -\bar{\tau}M_3 & -\bar{\tau}M_4 & -\bar{\tau}M_5 & -\bar{\tau}M_6 & -\bar{\tau}M_7 & 0 & \bar{\tau}\tau M_2^{\mathrm{T}} \\ * & * & -\epsilon_1 I & 0 & 0 & 0 & 0 & \tau\overline{W}_0^{\mathrm{T}}P & \bar{\tau}\tau M_3^{\mathrm{T}} \\ * & * & * & -\epsilon_2 I & 0 & 0 & 0 & \tau\overline{W}_1^{\mathrm{T}}P & \bar{\tau}\tau M_4^{\mathrm{T}} \\ * & * & * & * & -\epsilon_1 I & 0 & 0 & \tau\underline{W}_0^{\mathrm{T}}P & \bar{\tau}\tau M_5^{\mathrm{T}} \\ * & * & * & * & * & -\epsilon_2 I & 0 & \tau\underline{W}_1^{\mathrm{T}}P & \bar{\tau}\tau M_6^{\mathrm{T}} \\ * & * & * & * & * & * & -\epsilon_3 I & -\tau\underline{K}^{\mathrm{T}}P & \bar{\tau}\tau M_7^{\mathrm{T}} \\ * & * & * & * & * & * & * & -\tau P & 0 \\ * & * & * & * & * & * & * & * & -\bar{\tau}\tau P \end{bmatrix}$$
$$+\mathcal{D}\mathcal{F}(t)\mathcal{E} + \mathcal{E}^{\mathrm{T}}\mathcal{F}^{\mathrm{T}}(t)\mathcal{D}^{\mathrm{T}} < 0 \tag{5.24}$$

其中

$$\Phi_2 = -P\overline{A} - \overline{A}^{\mathrm{T}}P + Q + \epsilon_1\bar{F}^{\mathrm{T}}\bar{F} + \epsilon_3\bar{H}^{\mathrm{T}}\bar{H} + \bar{\tau}M_1 + \bar{\tau}M_1^{\mathrm{T}}$$
$$\mathcal{D} = [\mathcal{D}_1^{\mathrm{T}}, 0, 0, 0, 0, 0, 0, \mathcal{D}_2^{\mathrm{T}}, 0]^{\mathrm{T}}$$
$$\mathcal{D}_1 = [P\bar{D}, 0, P\bar{D}, P\bar{D}, 0, 0, 0, 0, 0]$$
$$\mathcal{D}_2 = [\tau P\bar{D}, 0, \tau P\bar{D}, \tau P\bar{D}, 0, 0, 0, 0, 0]$$

$$\mathcal{E} = \mathrm{diag}(-\bar{E}_1, 0, \bar{E}_2, \bar{E}_3, 0, 0, 0, 0, 0)$$

$$\mathcal{F}(t) = \mathrm{diag}(\mathrm{diag}(F(t), F(t)), \cdots, \mathrm{diag}(F(t), F(t)))$$

再次利用 Schur 补引理和引理 1.4，注意到 $K = P_2^{-1}G$，则当线性矩阵不等式 (5.15) 成立时有

$$\Sigma_1 + \bar{\tau}\tau M^{\mathrm{T}}P^{-1}M + \tau\Sigma_2^{\mathrm{T}}P\Sigma_2 < 0$$

这就意味着增广系统 (5.11) 的平凡解 $X(t; 0) = 0$ 是全局渐近稳定的。证毕。

5.3　不带参数不确定性的时滞局部场神经网络的状态估计

事实上，利用 5.2 节的方法，我们也可以讨论不带参数不确定性的时滞局部场神经网络的状态估计问题[120,191]。在这种情况下，时滞局部场神经网络可表示为

$$\dot{u}(t) = -Au(t) + W_0 f(u(t)) + W_1 f(u(t - \tau(t))) + J \tag{5.25}$$

其中，$u(t) = [u_1(t), u_2(t), \cdots, u_n(t)]^{\mathrm{T}} \in \mathbb{R}^n$ 是神经元的状态向量。假设该神经网络 (5.25) 的输出信号为

$$y(t) = Cu(t) + h(t, u(t)) \tag{5.26}$$

对于时滞神经网络 (5.25)，构造的状态估计器为

$$\dot{\hat{u}}(t) = -A\hat{u}(t) + W_0 f(\hat{u}(t)) + W_1 f(\hat{u}(t - \tau(t))) + J$$
$$+ K(y(t) - C\hat{u}(t) - h(t, \hat{u}(t))) \tag{5.27}$$

定义误差信号为

$$e(t) = u(t) - \hat{u}(t)$$

因此，由式 (5.25)∼ 式 (5.27) 知误差系统为

$$\dot{e}(t) = -(A + KC)e(t) + W_0\varphi(t) + W_1\varphi(t - \tau(t)) - K\psi(t) \tag{5.28}$$

这里

$$\varphi(t) = f(u(t)) - f(\hat{u}(t))$$
$$\psi(t) = h(t, u(t)) - h(t, \hat{u}(t))$$

引理 5.2（文献 [205]、[210]∼[212]）　对于任意给定的实矩阵 $P = P^{\mathrm{T}} > 0$ 以及 N_i $(i = 1, 2, 3, 4, 5)$，若它们的维数符合相应的代数运算，则对满足式 (5.2) 的时滞 $\tau(t)$，有

$$- \int_{t-\tau(t)}^{t} \dot{e}^{\mathrm{T}}(s)P\dot{e}(s)\mathrm{d}s \leqslant \omega^{\mathrm{T}}(t)(\tau N^{\mathrm{T}}P^{-1}N + \mathcal{N})\omega(t) \tag{5.29}$$

其中

$$\omega(t) = [e^{\mathrm{T}}(t), e^{\mathrm{T}}(t-\tau(t)), \varphi^{\mathrm{T}}(t), \varphi^{\mathrm{T}}(t-\tau(t)), \psi^{\mathrm{T}}(t)]^{\mathrm{T}}$$

$$N = [\ N_1, \quad N_2, \quad N_3, \quad N_4, \quad N_5\ ]$$

$$\mathcal{N} = \begin{bmatrix} N_1 + N_1^{\mathrm{T}} & -N_1^{\mathrm{T}} + N_2 & N_3 & N_4 & N_5 \\ * & -N_2 - N_2^{\mathrm{T}} & -N_3 & -N_4 & -N_5 \\ * & * & 0 & 0 & 0 \\ * & * & * & 0 & 0 \\ * & * & * & * & 0 \end{bmatrix}$$

由于上述结论的证明和引理 5.1 的证明完全相同, 因此不再给出该引理的详细证明。

定理 5.2 (文献 [205]) 对于给定的常数 τ 和 ς, 则误差系统 (5.28) 的平凡解 $e(t;0) = 0$ 是全局渐近稳定的, 如果存在三个正数 ϵ_1、ϵ_2、ϵ_3 和实矩阵 $P = P^{\mathrm{T}} > 0$、$Q = Q^{\mathrm{T}} > 0$、$N_i\ (i=1,2,3,4,5)$ 以及 G, 使得线性矩阵不等式

$$\begin{bmatrix} \Pi_1 & \Pi_2 & \Pi_3 & \Pi_4 & \Pi_5 & \Pi_6 & \bar{\tau}\tau N_1^{\mathrm{T}} \\ * & \Pi_7 & -\bar{\tau}N_3 & -\bar{\tau}N_4 & -\bar{\tau}N_5 & 0 & \bar{\tau}\tau N_2^{\mathrm{T}} \\ * & * & -\epsilon_1 I & 0 & 0 & \tau W_0^{\mathrm{T}}P & \bar{\tau}\tau N_3^{\mathrm{T}} \\ * & * & * & -\epsilon_2 I & 0 & \tau W_1^{\mathrm{T}}P & \bar{\tau}\tau N_4^{\mathrm{T}} \\ * & * & * & * & -\epsilon_3 I & -G^{\mathrm{T}} & \bar{\tau}\tau N_5^{\mathrm{T}} \\ * & * & * & * & * & -\tau P & 0 \\ * & * & * & * & * & * & -\bar{\tau}\tau P \end{bmatrix} < 0 \tag{5.30}$$

成立。其中

$$\Pi_1 = -PA - A^{\mathrm{T}}P - GC - C^{\mathrm{T}}G^{\mathrm{T}} + Q + \epsilon_1 F^{\mathrm{T}}F$$
$$\qquad + \epsilon_3 H^{\mathrm{T}}H + \bar{\tau}N_1 + \bar{\tau}N_1^{\mathrm{T}}$$

$$\Pi_2 = -\bar{\tau}N_1^{\mathrm{T}} + \bar{\tau}N_2, \Pi_3 = PW_0 + \bar{\tau}N_3$$

$$\Pi_4 = PW_1 + \bar{\tau}N_4, \Pi_5 = -G + \bar{\tau}N_5$$

$$\Pi_6 = -\tau A^{\mathrm{T}}P - \tau C^{\mathrm{T}}G^{\mathrm{T}}, \Pi_7 = -\bar{\tau}Q + \epsilon_2 F^{\mathrm{T}}F - \bar{\tau}N_2 - \bar{\tau}N_2^{\mathrm{T}}$$

从而, 状态估计器 (5.27) 的增益矩阵可设计为

$$K = P^{-1}G \tag{5.31}$$

证明 略。有兴趣的读者可自行推导。

5.4　仿　真　示　例

在本节中，我们用两个具体的例子来说明本章提出的方法对时滞局部场神经网络的状态估计器设计的可行性，并给出相关的仿真结果。其中，例 5.1 用于说明定理 5.1 对鲁棒状态估计器设计的有效性；例 5.2 用于说明定理 5.2 对不带参数不确定性的时滞局部场神经网络的状态估计器设计的有效性。

例 5.1 (文献 [205])　假设具有参数不确定性的时滞局部场神经网络 (5.6) 的系数矩阵为

$$A = \begin{bmatrix} 0.78 & 0 & 0 \\ 0 & 0.86 & 0 \\ 0 & 0 & 0.95 \end{bmatrix}, \quad W_0 = \begin{bmatrix} -0.2 & 0.5 & 0.3 \\ 0.2 & 0.4 & -0.3 \\ 0 & 0.5 & 0.2 \end{bmatrix}$$

$$W_1 = \begin{bmatrix} 0.1 & 0.4 & -0.5 \\ 0.4 & -0.4 & 0.3 \\ 0.3 & -0.5 & 0.2 \end{bmatrix}, \quad D = \begin{bmatrix} 0.2 \\ -0.1 \\ 0.2 \end{bmatrix}$$

$$E_1 = \begin{bmatrix} -0.1 & 0.1 & 0.2 \end{bmatrix}, \quad E_2 = \begin{bmatrix} -0.2 & -0.1 & 0.1 \end{bmatrix}$$

$$E_3 = \begin{bmatrix} 0.1 & -0.2 & -0.1 \end{bmatrix}, \quad F(t) = \sin(t)$$

激励函数和时变时滞分别取为 $f(x) = \dfrac{1}{4}(|x+1| - |x-1|)$ 和 $\tau(t) = 0.3 + 0.3\cos(t)$。于是，容易验证 $f(x)$ 和 $\tau(t)$ 分别满足式 (5.5) 和式 (5.2)，并且有 $F = 0.5I$、$\tau = 0.6$ 以及 $\varsigma = 0.3$。假设网络的输出 $y(t)$ 的系数矩阵和非线性扰动分别为 $C = I$ 和 $h(t, x(t)) = 0.4\cos(x(t))$。因此，$H = 0.4I$。通过求解线性矩阵不等式 (5.15)，状态估计器 (5.9) 的增益矩阵可设计为

$$K = \begin{bmatrix} 0.4803 & -0.0751 & 0.1140 \\ -0.0749 & 0.3743 & 0.0539 \\ 0.1033 & 0.0492 & 0.3728 \end{bmatrix}$$

图 5.1~ 图 5.4 是相关的仿真结果。其中，图 5.1~ 图 5.3 分别是在初始条件为

$$x(0) = [0.58, 0.45, -0.42]^{\mathrm{T}} \text{和} \hat{x}(0) = [-0.17, 1.14, 0.08]^{\mathrm{T}}$$

时真实状态 $x_1(t)$、$x_2(t)$、$x_3(t)$ 和它们的估计状态 $\hat{x}_1(t)$、$\hat{x}_2(t)$、$\hat{x}_3(t)$ 的响应曲线；图 5.4 是对应于 5 个不同的初始条件的误差状态 $e(t)$ 的响应曲线。从中可以清楚地看出，仿真结果进一步说明了定理 5.1 对具有参数不确定性的时滞局部场神经网络的鲁棒状态估计器的设计是可行的。

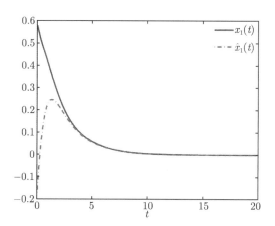

图 5.1 例 5.1 的真实状态 $x_1(t)$ 和它的估计状态 $\hat{x}_1(t)$ 的响应曲线

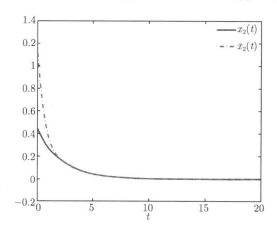

图 5.2 例 5.1 的真实状态 $x_2(t)$ 和它的估计状态 $\hat{x}_2(t)$ 的响应曲线

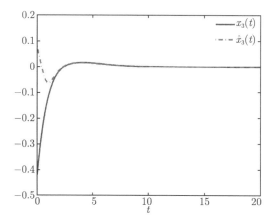

图 5.3 例 5.1 的真实状态 $x_3(t)$ 和它的估计状态 $\hat{x}_3(t)$ 的响应曲线

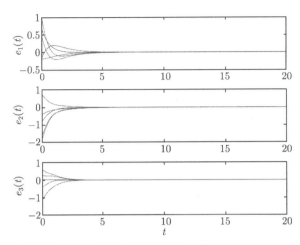

图 5.4   例 5.1 的误差状态 $e(t)$ 在对 5 个不同初始条件下的响应曲线

例 5.2（文献 [205]）   考虑时滞局部场神经网络 (5.25)，其系数矩阵为

$$
A = \begin{bmatrix} 0.8 & 0 & 0 \\ 0 & 0.6 & 0 \\ 0 & 0 & 0.6 \end{bmatrix}, \quad W_0 = \begin{bmatrix} 0.8 & 0.4 & -0.3 \\ 0 & 0.4 & 0.2 \\ 0.1 & -0.5 & -0.5 \end{bmatrix}
$$

$$
W_1 = \begin{bmatrix} -0.5 & 0.6 & 0 \\ 0.2 & 0.4 & -0.3 \\ 0.1 & 0.3 & 0.7 \end{bmatrix}, \quad J = \begin{bmatrix} -1 & 0.2 & -1.5 \end{bmatrix}^{\mathrm{T}}
$$

激励函数和时滞分别为 $f(u) = \frac{1}{4}(|u+1| - |u-1|)$ 和 $\tau(t) = 0.4 + 0.4\sin(t)$。于是，我们有 $F = 0.5I$、$\tau = 0.8$ 和 $\varsigma = 0.4$。假设该神经网络的输出 (5.26) 中的系数矩阵和非线性扰动项分别为 $C = I$ 和 $h(t, u(t)) = 0.4\cos(u(t))$，则有 $H = 0.4I$。通过求解线性矩阵不等式 (5.30)，我们找到的一组可行解为

$$
P = \begin{bmatrix} 0.8639 & -0.2374 & -0.1317 \\ -0.2374 & 1.6703 & 0.3944 \\ -0.1317 & 0.3944 & 1.0183 \end{bmatrix}
$$

$$
Q = \begin{bmatrix} 0.4824 & -0.0969 & -0.0560 \\ -0.0969 & 0.7760 & 0.1554 \\ -0.0560 & 0.1554 & 0.5188 \end{bmatrix}
$$

$$
N_1 = \begin{bmatrix} -0.3320 & -0.0449 & -0.0241 \\ -0.0487 & -0.1693 & 0.0747 \\ -0.0265 & 0.0761 & -0.2936 \end{bmatrix}
$$

$$N_2 = \begin{bmatrix} 0.3794 & -0.0035 & -0.0025 \\ 0.0014 & 0.4003 & 0.0045 \\ 0.0004 & 0.0031 & 0.3943 \end{bmatrix}$$

$$N_3 = \begin{bmatrix} -0.0268 & -0.0021 & 0.0053 \\ 0.0641 & -0.0368 & -0.0262 \\ 0.0304 & 0.0152 & 0.0119 \end{bmatrix}$$

$$N_4 = \begin{bmatrix} 0.0496 & 0.0277 & 0.0076 \\ -0.1481 & -0.1535 & 0.0048 \\ -0.0727 & -0.0737 & -0.0407 \end{bmatrix}$$

$$N_5 = \begin{bmatrix} -0.0481 & -0.0211 & -0.0122 \\ -0.0040 & 0.0234 & 0.0317 \\ -0.0036 & 0.0312 & -0.0298 \end{bmatrix}$$

$$\epsilon_1 = 1.3718, \epsilon_2 = 1.2491, \epsilon_3 = 1.3141$$

$$G = \begin{bmatrix} 0.3096 & 0.0392 & 0.0177 \\ 0.0861 & 0.2921 & -0.0696 \\ 0.0440 & -0.0708 & 0.4083 \end{bmatrix}$$

因此, 状态估计器 (5.27) 的增益矩阵可设计为

$$K = \begin{bmatrix} 0.3929 & 0.0841 & 0.0517 \\ 0.0938 & 0.2209 & -0.1437 \\ 0.0577 & -0.1443 & 0.4633 \end{bmatrix}$$

图 5.5~ 图 5.8 是相关的仿真结果。同样, 这些仿真结果也进一步表明了本章提出的方法对时滞局部场神经网络的状态估计器设计的有效性。

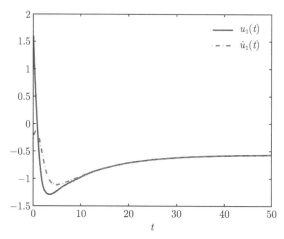

图 5.5 例 5.2 的真实状态 $u_1(t)$ 和它的估计状态 $\hat{u}_1(t)$ 的响应曲线

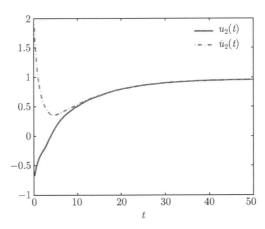

图 5.6 例 5.2 的真实状态 $u_2(t)$ 和它的估计状态 $\hat{u}_2(t)$ 的响应曲线

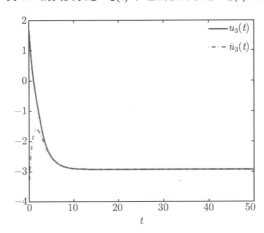

图 5.7 例 5.2 的真实状态 $u_3(t)$ 和它的估计状态 $\hat{u}_3(t)$ 的响应曲线

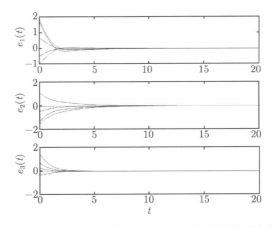

图 5.8 例 5.2 的误差状态 $e(t)$ 在 5 个不同初始条件下的响应曲线

5.5　本章小结

　　在本章中，我们讨论了具有参数不确定性的时滞局部场神经网络的鲁棒状态估计问题。为了解决该问题，我们主要分以下三步来处理。首先，利用神经元的状态向量和估计误差信号构造了一个增广系统，即构造的增广系统是由神经网络和估计误差系统所组成的。然后，通过选择恰当的 Lyapunov 泛函和利用积分不等式，我们得到了一个保证增广系统的平凡解的全局渐近稳定性的充分条件。在这个条件下，鲁棒状态估计器的设计实现就转化为求解一个相应的线性矩阵不等式。这样，就可以很方便地利用一些已有的算法（如内点算法）实现对这类时滞局部场神经网络的状态估计器的设计。此外，可以看到，在提出的设计准则中引入了一些自由权矩阵。引入这些矩阵的目的主要是为了降低这些结果的保守性，使之能应用于时滞更大的情况。与此同时，本章提出的方法也用于讨论了不带参数不确定性的时滞局部场神经网络的状态估计问题。最后，给出了两个仿真示例来说明这些设计结果对时滞局部场神经网络的状态估计器设计的可行性。由于本章讨论的局部场神经网络模型更加符合实际情况，可以预期这些结果将能够在自适应控制和状态反馈控制等方面取得广泛的应用。

第6章　时滞局部场神经网络的保性能状态估计

我们知道，神经网络理论已经在许多工程领域取得了非常成功的应用。随着现代科学技术的发展，需要解决的问题越来越复杂，通常都具有很强的非线性性。因此，在实际中，一个用于解决复杂非线性问题的神经网络就可能由成百上千个神经元所构成。同时，为了表现出强大的分布式并行处理的能力，不同的神经元之间会有非常丰富的连接。可以想象，在这样一个较大规模的神经网络模型中，要完全获知所有神经元的状态信息是非常困难的，有时甚至是不可能的。另一方面，在诸如系统建模、状态反馈控制等应用中，有时又需要事先确定这些神经元的状态信息。这就产生了矛盾。但是，对一个神经网络来讲，我们一般会有有效的方法测得它的输出信号。于是，是否可以在充分利用这些已知的输出信号的前提下提出一些有效的算法来近似地估计各个神经元的状态呢？如果是，我们就可以利用这些估计的状态来实现预定的目标。这就是所谓的递归神经网络的状态估计理论所涉及的内容。正如在前面几章所讨论的，到目前为止，时滞局部场神经网络的状态估计问题已经受到了许多学者的关注，投入了大量的精力，公开发表了不少非常好的研究成果。除了前面几章介绍的之外，感兴趣的读者还可以参阅一些相关的文献，如文献 [93]、[120]、[189]~[198] 等。

然而，值得注意的是，在上述提及的这些结果中，人们仅仅考虑了时滞局部场神经网络的状态估计器的设计，并没有涉及性能分析方面的问题。然而，从应用的角度来考虑，性能分析同样是一个非常重要并值得深入研究的问题。其原因如下：在大规模集成电路的硬件实现过程中，由于所采用的电子元器件的物理特性，递归神经网络中的一些重要系数如神经元之间的连接权值等都会存在偏差[207,213]。这样就不可避免地在神经网络模型中引入了一些不确定的因素。另一方面，在实际中，我们没有必要（也几乎不太可能）知道这些偏差的准确信息。正如文献 [214] 所建议的，在一些具体的情况下，这些偏差并不具有随机性，反而是确定的。这就意味着并不需要总是把它们看成随机噪声来处理。相反，将神经网络的硬件实现过程中产生的这些偏差当作一类能量有界的噪声信号（energy bounded noise）来处理可能会更合适。因此，除了讨论状态估计器的设计之外，性能分析也是一个需要考虑的实际问题。这里，我们将它称为保性能状态估计（guaranteed performance state estimation）问题。通过定义一些恰当的性能指标并对它们加以分析，我们就可以准确地掌握所设计的状态器在实际应用中的效果。

在本章中, 我们将系统地讨论时滞局部场神经网络的保性能状态估计问题。这里所讨论的保性能状态估计问题有两类: 一类是保 H_∞ 性能的状态估计问题, 另一类是保广义 H_2 性能的状态估计问题。为了使得本章得到的依赖于时滞的结果能够应用到更加广泛的场合中, 我们对时变时滞的限制相对来说会比较弱。这里仅仅要求它是连续有界的, 而不要求它是可导且其导数的上界小于一个给定的常数。然后, 我们将提出依赖于时滞的方法分别讨论保 H_∞ 性能和保广义 H_2 性能的状态估计问题, 得到一些用线性矩阵不等式表示的充分条件使得误差系统的平凡解是全局指数稳定的并且能达到给定的性能指标。我们将会发现时滞局部场神经网络的保性能状态估计器的设计可以通过求解相应的凸优化问题来实现。为了进一步突出依赖于时滞的设计准则的有效性, 我们也给出了不依赖于时滞的结果, 并进行数值比较。最后给出几个例子来说明本章得到的结果对保性能状态估计器设计的有效性。

6.1 问题的描述

考虑如下受噪声干扰的时滞局部场神经网络 (N):

$$(N): \dot{x}(t) = -Ax(t) + W_0 f(x(t)) + W_1 f(x(t-\tau(t))) + J + B_1 w(t) \tag{6.1}$$

$$y(t) = Cx(t) + Dx(t-\tau(t)) + B_2 w(t) \tag{6.2}$$

$$z(t) = Hx(t) \tag{6.3}$$

$$x(t) = \xi(t) \qquad \forall t \in [-2\tau, 0] \tag{6.4}$$

这里, n 表示神经元的个数, $x(t) = [x_1(t), x_2(t), \cdots, x_n(t)]^{\mathrm{T}} \in \mathbb{R}^n$ 是由神经元的状态信息组成的向量, $y(t) \in \mathbb{R}^m$ 是测量得到的输出信号, $z(t) \in \mathbb{R}^p$ 是状态向量 $x(t)$ 的线性组合, 也是我们需要估计的状态信息, $w(t) \in L_2[0, \infty)$ 表示噪声信号。A、W_0、W_1、B_1、B_2、C、D 和 H 是已知的实矩阵, 其中 $A = \mathrm{diag}(a_1, a_2, \cdots, a_n)$ 是一个主对角线上元素为正的对角矩阵, W_0 和 W_1 分别是神经元之间的连接权矩阵和延时连接权矩阵。$f(x(t)) = [f_1(x_1(t)), f_2(x_2(t)), \cdots, f_n(x_n(t))]^{\mathrm{T}}$ 是该神经网络的激励函数, 函数 $\tau(t)$ 表示随时间发生连续变化的时滞, $J = [J_1, J_2, \cdots, J_n]^{\mathrm{T}}$ 是一外部输入向量。$\xi(t) \in \mathcal{C}([-2\tau, 0]; \mathbb{R}^n)$ 是定义在区间 $[-2\tau, 0]$ 上的初始条件。

为了便于讨论, 分别对激励函数 $f(\cdot)$ 和时滞 $\tau(t)$ 作以下假设。

假设 6.1 激励函数 $f(\cdot)$ 满足所谓的 Lipschitz 连续条件, 即存在常数 l_i 使得对任意给定的 $x, y \in \mathbb{R}^n$ 有

$$|f_i(x) - f_i(y)| \leqslant l_i |x-y| \quad (i=1, 2, \cdots, n) \tag{6.5}$$

令 $L = \mathrm{diag}(l_1, l_2, \cdots, l_n)$。

假设 6.2　时变时滞 $\tau(t)$ 是连续有界的，即存在常数 τ 使得对任意的 $t > 0$ 有

$$0 \leqslant \tau(t) \leqslant \tau \tag{6.6}$$

需要注意的是，在推导依赖于时滞的条件时不需要 $\tau(t)$ 是可导的。但是，在不依赖于时滞的结果中我们需要 $\tau(t)$ 是可导的且它的导数的上界不大于一个小于 1 的常数。

对于上述的时滞局部场神经网络 (N)，我们设计的用于估计 $z(t)$ 的全阶状态估计器 (N_f) 为

$$(N_f): \quad \dot{\hat{x}}(t) = -A\hat{x}(t) + W_0 f(\hat{x}(t)) + W_1 f(\hat{x}(t - \tau(t)))$$
$$+ J + K(y(t) - \hat{y}(t)) \tag{6.7}$$

$$\hat{y}(t) = C\hat{x}(t) + D\hat{x}(t - \tau(t)) \tag{6.8}$$

$$\hat{z}(t) = H\hat{x}(t) \tag{6.9}$$

$$\hat{x}(0) = 0 \tag{6.10}$$

其中，$\hat{x}(t) \in \mathbb{R}^n$，$\hat{y}(t) \in \mathbb{R}^m$，$\hat{z}(t) \in \mathbb{R}^p$，以及 K 是待确定的增益矩阵。

令误差信号分别为 $e(t) = x(t) - \hat{x}(t)$ 和 $\tilde{z}(t) = z(t) - \hat{z}(t)$。同时记

$$\varphi(t) = f(x(t)) - f(\hat{x}(t))$$
$$\varphi(t - \tau(t)) = f(x(t - \tau(t))) - f(\hat{x}(t - \tau(t)))$$

可以看到，$\varphi(t)$ 是与 $x(t)$ 和 $\hat{x}(t)$ 密切相关的。这里，仅仅为了简单，我们将它写为 $\varphi(t)$。

于是，由系统 (N_f) 和 (N) 知，误差系统 $(\mathcal{E})$ 为

$$(\mathcal{E}): \quad \dot{e}(t) = -(A + KC)e(t) - KDe(t - \tau(t)) + W_0\varphi(t)$$
$$+ W_1\varphi(t - \tau(t)) + (B_1 - KB_2)w(t) \tag{6.11}$$

$$\tilde{z}(t) = He(t) \tag{6.12}$$

显然，当 $w(t) \equiv 0$ 时，$e(t; 0) = 0$ 是误差系统 (6.11) 的平凡解。

下面给出全局指数稳定性的定义。

定义 6.1　对于任意给定的初始条件 $\xi(s) \in \mathcal{C}([-2\tau, 0], \mathbb{R}^n)$，当 $w(t) \equiv 0$ 时，误差系统 (6.11) 的平凡解 $e(t; 0) = 0$ 被称为全局指数稳定的，如果存在常数 $\alpha > 0$ 和 $\beta > 0$，使得不等式

$$|e(t)|^2 \leqslant \alpha e^{-\beta t} \sup_{-2\tau \leqslant s \leqslant 0} |\xi(s)|^2$$

成立。

本章的目的主要是讨论时滞局部场神经网络 (N) 的保 H_∞ 性能和保广义 H_2 性能的状态估计器的设计。现在就这两类保性能状态估计问题分别给出它们的具体形式。

保 H_∞ 性能的状态估计问题 对于预先给定的 H_∞ 扰动抑制度 $\gamma > 0$，设计一个合适的状态估计器 (N_f) 使得：

(i) 当 $w(t) \equiv 0$ 时，误差系统 (6.11) 的平凡解是全局指数稳定的；

(ii) 对于任意非零的 $w(t) \in L_2[0, \infty)$，在零初始条件下

$$\|\tilde{z}\|_2 < \gamma \|w\|_2 \tag{6.13}$$

其中

$$\|\psi\|_2 := \sqrt{\int_0^\infty \psi^{\mathrm{T}}(t)\psi(t)dt}$$

在这种情况下，我们称误差系统 $(\mathcal{E})$ 是保 H_∞ 性能为 γ 的全局指数稳定的。

保广义 H_2 性能的状态估计问题 对于预先给定的广义 H_2 扰动抑制度 $\mu > 0$，设计一个合适的状态估计器 (N_f) 使得：

(i) 当 $w(t) \equiv 0$ 时，误差系统 (6.11) 的平凡解是全局指数稳定的；

(ii) 对于任意非零的 $w(t) \in L_2[0, \infty)$，在零初始条件下有

$$\|\tilde{z}\|_\infty < \mu \|w\|_2 \tag{6.14}$$

其中

$$\|\psi\|_\infty := \sup_t \sqrt{\psi^{\mathrm{T}}(t)\psi(t)}$$

在这种情况下，我们称误差系统 $(\mathcal{E})$ 是保广义 H_2 性能为 μ 的全局指数稳定的。

下面就来详细分析时滞局部场神经网络的保 H_∞ 性能和保广义 H_2 性能的状态估计器的设计。具体地，我们分以下几部分来介绍：首先提出依赖于时滞的这两类保性能状态估计器的设计准则；然后通过两个例子来说明依赖于时滞的方法的可行性；最后给出不依赖于时滞的保性能状态估计器的设计结果，并结合例子比较依赖于时滞和不依赖于时滞这两种方法的实际效果。我们将会发现依赖于时滞的方法可以取得比不依赖于时滞的方法更好的性能指标，即依赖于时滞的结果的保守性相对更弱。这和实际情况是吻合的。

6.2 依赖于时滞的保 H_∞ 性能的状态估计器的设计

这一节先来讨论时滞局部场神经网络 (N) 的保 H_∞ 性能的状态估计器的设计问题。我们将提出一个依赖于时滞的方法。根据这个方法可以得到一个用线性矩阵

不等式表示的充分条件使得误差系统 $(\mathcal{E})$ 是保 H_∞ 性能为 γ 的全局指数稳定的,然后将保性能状态估计器的设计实现对应于求解一个凸优化问题。

定理 6.1(文献 [215])　假设状态估计器 (N_f) 的增益矩阵 K 已知,则对于给定的扰动抑制度 $\gamma > 0$, 误差系统 $(\mathcal{E})$ 是保 H_∞ 性能为 γ 的全局指数稳定的,如果存在实矩阵 $P > 0$、$R > 0$、X_1、X_2、X_3、X_4、X_5 以及两个对角矩阵 $S_1 > 0$、$S_2 > 0$ 使得下列线性矩阵不等式成立:

$$\begin{bmatrix} \Sigma_1 & \Sigma_2 & \Sigma_3 & \Sigma_4 & \Sigma_5 & H^{\mathrm{T}} & \Sigma_6 & \tau X_1^{\mathrm{T}} \\ * & \Sigma_7 & -X_3 & -X_4 & -X_5 & 0 & \Sigma_8 & \tau X_2^{\mathrm{T}} \\ * & * & -S_1 & 0 & 0 & 0 & \tau W_0^{\mathrm{T}} R & \tau X_3^{\mathrm{T}} \\ * & * & * & -S_2 & 0 & 0 & \tau W_1^{\mathrm{T}} R & \tau X_4^{\mathrm{T}} \\ * & * & * & * & -\gamma^2 I & 0 & \Sigma_9 & \tau X_5^{\mathrm{T}} \\ * & * & * & * & * & -I & 0 & 0 \\ * & * & * & * & * & * & -\tau R & 0 \\ * & * & * & * & * & * & * & -\tau R \end{bmatrix} < 0 \qquad (6.15)$$

其中

$$\Sigma_1 = -PA - A^{\mathrm{T}}P - PKC - C^{\mathrm{T}}K^{\mathrm{T}}P + L^{\mathrm{T}}S_1 L + X_1 + X_1^{\mathrm{T}}$$

$$\Sigma_2 = -PKD - X_1^{\mathrm{T}} + X_2, \Sigma_3 = PW_0 + X_3$$

$$\Sigma_4 = PW_1 + X_4, \Sigma_5 = PB_1 - PKB_2 + X_5$$

$$\Sigma_6 = -\tau A^{\mathrm{T}}R - \tau C^{\mathrm{T}}K^{\mathrm{T}}R, \Sigma_7 = -X_2 - X_2^{\mathrm{T}} + L^{\mathrm{T}}S_2 L$$

$$\Sigma_8 = -\tau D^{\mathrm{T}}K^{\mathrm{T}}R, \Sigma_9 = \tau B_1^{\mathrm{T}}R - \tau B_2^{\mathrm{T}}K^{\mathrm{T}}R$$

证明　根据前面的定义,需要分别证明 $w(t) \equiv 0$ 时误差系统 (6.11) 的平凡解的全局指数稳定性和不等式 (6.13)。因此,定理 6.1 的证明可以分为两部分完成。

首先证明当 $w(t) \equiv 0$ 时, 误差系统 (6.11) 的平凡解 $e(t,0) = 0$ 是全局指数稳定的。显然, 当 $w(t) \equiv 0$ 时, 误差系统 (6.11) 可改写为

$$\dot{e}(t) = -(A + KC)e(t) - KDe(t - \tau(t)) + W_0\varphi(t) + W_1\varphi(t - \tau(t)) \qquad (6.16)$$

由式 (6.15) 知线性矩阵不等式

$$\Pi_1 = \begin{bmatrix} \Sigma_1 & \Sigma_2 & \Sigma_3 & \Sigma_4 & \Sigma_6 & \tau X_1^{\mathrm{T}} \\ * & \Sigma_7 & -X_3 & -X_4 & \Sigma_8 & \tau X_2^{\mathrm{T}} \\ * & * & -S_1 & 0 & \tau W_0^{\mathrm{T}} R & \tau X_3^{\mathrm{T}} \\ * & * & * & -S_2 & \tau W_1^{\mathrm{T}} R & \tau X_4^{\mathrm{T}} \\ * & * & * & * & -\tau R & 0 \\ * & * & * & * & * & -\tau R \end{bmatrix}$$
$$< 0 \qquad (6.17)$$

是成立的。于是, 一定存在一个足够小的常数 $\beta > 0$ 使得

$$
\Pi_2 = \begin{bmatrix}
\beta P + \Sigma_1 & \Sigma_2 & \Sigma_3 & \Sigma_4 & \Sigma_6 & \tau X_1^{\mathrm{T}} \\
* & \Sigma_7 & -X_3 & -X_4 & \Sigma_8 & \tau X_2^{\mathrm{T}} \\
* & * & -S_1 & 0 & \tau W_0^{\mathrm{T}} R & \tau X_3^{\mathrm{T}} \\
* & * & * & -S_2 & \tau W_1^{\mathrm{T}} R & \tau X_4^{\mathrm{T}} \\
* & * & * & * & -\tau e^{-\beta\tau} R & 0 \\
* & * & * & * & * & -\tau R
\end{bmatrix}
$$
$$
< 0 \tag{6.18}
$$

事实上, 对于任意的正数 β, $\mathrm{diag}(\beta P, 0, 0, 0, \tau(1 - \mathrm{e}^{-\beta\tau})R, 0) \geqslant 0$。又

$$
\Pi_2 = \Pi_1 + \mathrm{diag}(\beta P, 0, 0, 0, \tau(1 - \mathrm{e}^{-\beta\tau})R, 0)
$$

则由 $\Pi_1 < 0$ 知对于足够小的 β 有 $\Pi_2 < 0$。

定义 Lyapunov 泛函

$$
V_1(t) = \mathrm{e}^{\beta t} e^{\mathrm{T}}(t) P e(t) + \int_{t-\tau}^{t} (s - t + \tau)\mathrm{e}^{\beta(s+\tau)} \dot{e}^{\mathrm{T}}(s) R \dot{e}(s)\mathrm{d}s \tag{6.19}
$$

通过直接计算 $V_1(t)$ 沿系统 (6.16) 的轨迹对时间 t 的导数, 并且利用假设 6.2, 我们有

$$
\begin{aligned}
\dot{V}_1(t) =\ & \beta \mathrm{e}^{\beta t} e^{\mathrm{T}}(t) P e(t) + 2\mathrm{e}^{\beta t} e^{\mathrm{T}}(t) P(-(A + KC)e(t) \\
& - KD e(t - \tau(t)) + W_0 \varphi(t) + W_1 \varphi(t - \tau(t))) \\
& + \tau \mathrm{e}^{\beta(t+\tau)} \dot{e}^{\mathrm{T}}(t) R \dot{e}(t) - \int_{t-\tau}^{t} \mathrm{e}^{\beta(s+\tau)} \dot{e}^{\mathrm{T}}(s) R \dot{e}(s)\mathrm{d}s \\
\leqslant\ & \beta \mathrm{e}^{\beta t} e^{\mathrm{T}}(t) P e(t) + 2\mathrm{e}^{\beta t} e^{\mathrm{T}}(t) P(-(A + KC)e(t) \\
& - KD e(t - \tau(t)) + W_0 \varphi(t) + W_1 \varphi(t - \tau(t))) \\
& + \tau \mathrm{e}^{\beta(t+\tau)} \dot{e}^{\mathrm{T}}(t) R \dot{e}(t) - \mathrm{e}^{\beta t} \int_{t-\tau(t)}^{t} \dot{e}^{\mathrm{T}}(s) R \dot{e}(s)\mathrm{d}s \tag{6.20}
\end{aligned}
$$

令

$$
\eta(t) = [\ e^{\mathrm{T}}(t),\quad e^{\mathrm{T}}(t - \tau(t)),\quad \varphi^{\mathrm{T}}(t),\quad \varphi^{\mathrm{T}}(t - \tau(t))\ ]^{\mathrm{T}}
$$
$$
\mathcal{X}_1 = [\ X_1,\quad X_2,\quad X_3,\quad X_4\ ]
$$

由于

$$
\begin{bmatrix} I & -\mathcal{X}_1^{\mathrm{T}} R^{-1} \\ 0 & I \end{bmatrix} \begin{bmatrix} \mathcal{X}_1^{\mathrm{T}} R^{-1} \mathcal{X}_1 & \mathcal{X}_1^{\mathrm{T}} \\ \mathcal{X}_1 & R \end{bmatrix} \begin{bmatrix} I & -\mathcal{X}_1^{\mathrm{T}} R^{-1} \\ 0 & I \end{bmatrix}^{\mathrm{T}}
$$
$$
= \begin{bmatrix} 0 & 0 \\ 0 & R \end{bmatrix} \geqslant 0 \tag{6.21}
$$

于是

$$
\begin{bmatrix} \mathcal{X}_1^{\mathrm{T}} R^{-1} \mathcal{X}_1 & \mathcal{X}_1^{\mathrm{T}} \\ \mathcal{X}_1 & R \end{bmatrix} \geqslant 0 \tag{6.22}
$$

因此, 由假设 6.2 得, 对于任意的 $t > 0$ 有

$$
0 \leqslant \int_{t-\tau(t)}^{t} \begin{bmatrix} \eta(t) \\ \dot{e}(s) \end{bmatrix}^{\mathrm{T}} \begin{bmatrix} \mathcal{X}_1^{\mathrm{T}} R^{-1} \mathcal{X}_1 & \mathcal{X}_1^{\mathrm{T}} \\ \mathcal{X}_1 & R \end{bmatrix} \begin{bmatrix} \eta(t) \\ \dot{e}(s) \end{bmatrix} ds
$$
$$
= \tau(t) \eta^{\mathrm{T}}(t) \mathcal{X}_1^{\mathrm{T}} R^{-1} \mathcal{X}_1 \eta(t) + 2 \int_{t-\tau(t)}^{t} \eta^{\mathrm{T}}(t) \mathcal{X}_1^{\mathrm{T}} \dot{e}(s) ds
$$
$$
+ \int_{t-\tau(t)}^{t} \dot{e}^{\mathrm{T}}(s) R \dot{e}(s) ds
$$
$$
\leqslant \tau \eta^{\mathrm{T}}(t) \mathcal{X}_1^{\mathrm{T}} R^{-1} \mathcal{X}_1 \eta(t) + 2 \eta^{\mathrm{T}}(t) \mathcal{X}_1^{\mathrm{T}} (e(t) - e(t - \tau(t)))
$$
$$
+ \int_{t-\tau(t)}^{t} \dot{e}^{\mathrm{T}}(s) R \dot{e}(s) ds \tag{6.23}
$$

即

$$
- \int_{t-\tau(t)}^{t} \dot{e}^{\mathrm{T}}(s) R \dot{e}(s) ds \leqslant \tau \eta^{\mathrm{T}}(t) \mathcal{X}_1^{\mathrm{T}} R^{-1} \mathcal{X}_1 \eta(t)
$$
$$
+ 2 \eta^{\mathrm{T}}(t) \mathcal{X}_1^{\mathrm{T}} [e(t) - e(t - \tau(t))] \tag{6.24}
$$

注意到 $S_1 > 0$ 和 $S_2 > 0$ 都是对角矩阵, 由假设 6.1 可得

$$
\varphi^{\mathrm{T}}(t) S_1 \varphi(t) = [f(x(t)) - f(\hat{x}(t))]^{\mathrm{T}} S_1 [f(x(t)) - f(\hat{x}(t))]
$$
$$
\leqslant e^{\mathrm{T}}(t) L S_1 L e(t) \tag{6.25}
$$
$$
\varphi^{\mathrm{T}}(t - \tau(t)) S_2 \varphi(t - \tau(t)) \leqslant e^{\mathrm{T}}(t - \tau(t)) L S_2 L e(t - \tau(t)) \tag{6.26}
$$

由式 (6.24)∼ 式 (6.26) 可以推出

$$
\dot{V}_1(t) \leqslant e^{\beta t} (e^{\mathrm{T}}(t)(\beta P - PA - A^{\mathrm{T}} P - PKC
$$

$$-C^{\mathrm{T}}K^{\mathrm{T}}P + LS_1L)e(t) - 2e^{\mathrm{T}}(t)PKDe(t-\tau(t))$$

$$+2e^{\mathrm{T}}(t)PW_0\varphi(t) + 2e^{\mathrm{T}}(t)PW_1\varphi(t-\tau(t))$$

$$+\tau e^{\beta\tau}\dot{e}^{\mathrm{T}}(t)R\dot{e}(t) + \tau\eta^{\mathrm{T}}(t)\mathcal{X}_1^{\mathrm{T}}R^{-1}\mathcal{X}_1\eta(t)$$

$$+2\eta^{\mathrm{T}}(t)\mathcal{X}_1^{\mathrm{T}}(e(t) - e(t-\tau(t))) - \varphi^{\mathrm{T}}(t)S_1\varphi(t)$$

$$+e^{\mathrm{T}}(t-\tau(t))LS_2Le(t-\tau(t))$$

$$-\varphi^{\mathrm{T}}(t-\tau(t))S_2\varphi(t-\tau(t)))$$

$$=e^{\beta t}\eta^{\mathrm{T}}(t)(\Omega_1 + \tau e^{\beta\tau}\Omega_2^{\mathrm{T}}R\Omega_2 + \tau\mathcal{X}_1^{\mathrm{T}}R^{-1}\mathcal{X}_1)\eta(t) \tag{6.27}$$

其中

$$\Omega_1 = \begin{bmatrix} \beta P + \Sigma_1 & -PKD - X_1^{\mathrm{T}} + X_2 & \Sigma_3 & \Sigma_4 \\ * & -X_2 - X_2^{\mathrm{T}} + LS_2L & -X_3 & -X_4 \\ * & * & -S_1 & 0 \\ * & * & * & -S_2 \end{bmatrix}$$

$$\Omega_2 = \begin{bmatrix} -A - KC, & -KD, & W_0, & W_1 \end{bmatrix}$$

根据 Schur 补引理, 由线性矩阵不等式 (6.18) 易知

$$\Omega_1 + \tau e^{\beta\tau}\Omega_2^{\mathrm{T}}R\Omega_2 + \tau\mathcal{X}_1^{\mathrm{T}}R^{-1}\mathcal{X}_1 < 0$$

从而, 对于任意非零的 $\eta(t)$, 有 $\dot{V}_1(t) < 0$。即对任意的 $t > 0$ 有 $V_1(t) \leqslant V_1(0)$。

另外, 由式 (6.19) 可以得到

$$V_1(0) \leqslant \lambda_{\max}(P) \sup_{-2\tau \leqslant s \leqslant 0} |\xi(s)|^2$$

$$+ \lambda_{\max}(R) \int_{-\tau}^{0} (\| -(A + KC)e(s) - KDe(s - \tau(s))$$

$$+ W_0\varphi(s) + W_1\varphi(s - \tau(s))\|^2 (s+\tau)e^{\beta(s+\tau)}\mathrm{d}s$$

$$\leqslant \lambda_{\max}(P) \sup_{-2\tau \leqslant s \leqslant 0} |\xi(s)|^2 + \lambda_{\max}(R)(\|A + KC\|^2 + \|KD\|^2$$

$$+ \|W_0\|^2\|L\|^2 + \|W_1\|^2\|L\|^2) \int_{-\tau}^{0} (s+\tau)e^{\beta(s+\tau)}\mathrm{d}s \sup_{-2\tau \leqslant s \leqslant 0} |\xi(s)|^2$$

$$= \left(\lambda_{\max}(P) + \frac{\beta\tau e^{\beta\tau} - e^{\beta\tau} + 1}{\beta^2} \lambda_{\max}(R)(\|A + KC\|^2 \right.$$

$$\left. + \|KD\|^2 + \|W_0\|^2\|L\|^2 + \|W_1\|^2\|L\|^2) \right) \sup_{-2\tau \leqslant s \leqslant 0} |\xi(s)|^2$$

$$\triangleq \alpha \sup_{-2\tau \leqslant s \leqslant 0} |\xi(s)|^2 \tag{6.28}$$

显然，由式 (6.19)，我们还有

$$V_1(t) \geqslant \lambda_{\min}(P)\mathrm{e}^{\beta t}|e(t)|^2 \tag{6.29}$$

综合式 (6.28) 与式 (6.29)，可得

$$|e(t)|^2 \leqslant \frac{\alpha}{\lambda_{\min}(P)}\mathrm{e}^{-\beta t} \sup_{-2\tau \leqslant s \leqslant 0} |\xi(s)|^2$$

根据定义 6.1 知，当 $w(t) = 0$ 时，误差系统 (6.11) 的平凡解 $e(t;0) = 0$ 是全局指数稳定的。

下面证明在初始条件为零的情况下，式 (6.13) 对任意非零的 $w(t)$ 是成立的。为此，考虑 Lyapunov 泛函

$$V_2(t) = e^{\mathrm{T}}(t)Pe(t) + \int_{t-\tau}^{t} (s - t + \tau)\dot{e}^{\mathrm{T}}(s)R\dot{e}(s)\mathrm{d}s \tag{6.30}$$

显然，当初始条件为零时，有 $V_2(t)|_{t=0} = 0$ 且对任意的 $t > 0$ 有 $V_2(t) \geqslant 0$。定义

$$J(t) = \int_{0}^{\infty} (\tilde{z}^{\mathrm{T}}(t)\tilde{z}(t) - \gamma^2 w^{\mathrm{T}}(t)w(t))\mathrm{d}t \tag{6.31}$$

于是，对于任意非零的 $w(t) \in L_2[0, \infty)$ 有

$$J(t) \leqslant \int_{0}^{\infty} (\tilde{z}^{\mathrm{T}}(t)\tilde{z}(t) - \gamma^2 w^{\mathrm{T}}(t)w(t))\mathrm{d}t + V_2(t)|_{t \to \infty} - V_2(t)|_{t=0}$$
$$= \int_{0}^{\infty} (\tilde{z}^{\mathrm{T}}(t)\tilde{z}(t) - \gamma^2 w^{\mathrm{T}}(t)w(t) + \dot{V}_2(t))\mathrm{d}t \tag{6.32}$$

类似于式 (6.27) 的推导，我们不难证明

$$\tilde{z}^{\mathrm{T}}(t)\tilde{z}(t) - \gamma^2 w^{\mathrm{T}}(t)w(t) + \dot{V}_2(t) \leqslant \sigma^{\mathrm{T}}(t)(\Omega_3 + \tau\Omega_4^{\mathrm{T}}R\Omega_4 + \tau\mathcal{X}_2^{\mathrm{T}}R^{-1}\mathcal{X}_2)\sigma(t) \tag{6.33}$$

其中

$$\sigma(t) = (e^{\mathrm{T}}(t), e^{\mathrm{T}}(t - \tau(t)), \varphi^{\mathrm{T}}(t), \varphi^{\mathrm{T}}(t - \tau(t)), w^{\mathrm{T}}(t))^{\mathrm{T}}$$

$$\Omega_3 = \begin{bmatrix} \Sigma_1 + H^{\mathrm{T}}H & \Sigma_2 & \Sigma_3 & \Sigma_4 & \Sigma_5 \\ * & \Sigma_7 & -X_3 & -X_4 & -X_5 \\ * & * & -S_1 & 0 & 0 \\ * & * & * & -S_2 & 0 \\ * & * & * & * & -\gamma^2 I \end{bmatrix}$$

$$\Omega_4 = [-A - KC, -KD, W_0, W_1, B_1 - KB_2]$$
$$\mathcal{X}_2 = [X_1, X_2, X_3, X_4, X_5]$$

再次运用 Schur 补引理, 线性矩阵不等式 (6.15) 同样保证了

$$\Omega_3 + \tau \Omega_4^{\mathrm{T}} R \Omega_4 + \tau \mathcal{X}_2^{\mathrm{T}} R^{-1} \mathcal{X}_2 < 0$$

因为 $w(t) \neq 0$, 于是 $\tilde{z}^{\mathrm{T}}(t)\tilde{z}(t) - \gamma^2 w^{\mathrm{T}}(t)w(t) + \dot{V}_2(t) < 0$。故 $J(t) < 0$, 即 $\|\tilde{z}\|_2 < \gamma\|w\|_2$。证毕。

在定理 6.1 的基础上, 对时滞局部场神经网络 (N), 我们就可以很容易地实现保 H_∞ 性能的状态估计器的设计。这就是下面的定理。

定理 6.2 (文献 [215]) 考虑时滞局部场神经网络 (N)。令 $\gamma > 0$ 是一个给定的扰动抑制常数, 则保 H_∞ 性能的状态估计问题是可解的, 如果存在实矩阵 $P > 0$、$R > 0$、Q、X_1、X_2、X_3、X_4、X_5 和两个对角矩阵 $S_1 > 0$、$S_2 > 0$, 则满足下列线性矩阵不等式:

$$\begin{bmatrix} \Pi_1 & \Pi_2 & \Sigma_3 & \Sigma_4 & \Pi_3 & H^{\mathrm{T}} & \Pi_4 & \tau X_1^{\mathrm{T}} \\ * & \Sigma_7 & -X_3 & -X_4 & -X_5 & 0 & -\tau D^{\mathrm{T}} Q^{\mathrm{T}} & \tau X_2^{\mathrm{T}} \\ * & * & -S_1 & 0 & 0 & 0 & \tau W_0^{\mathrm{T}} P & \tau X_3^{\mathrm{T}} \\ * & * & * & -S_2 & 0 & 0 & \tau W_1^{\mathrm{T}} P & \tau X_4^{\mathrm{T}} \\ * & * & * & * & -\gamma^2 I & 0 & \Pi_5 & \tau X_5^{\mathrm{T}} \\ * & * & * & * & * & -I & 0 & 0 \\ * & * & * & * & * & * & \Pi_6 & 0 \\ * & * & * & * & * & * & * & -\tau R \end{bmatrix} < 0 \quad (6.34)$$

其中, Σ_3、Σ_4、Σ_7 和定理 6.1 中的相同, 并且

$$\Pi_1 = -PA - A^{\mathrm{T}} P - QC - C^{\mathrm{T}} Q^{\mathrm{T}} + L^{\mathrm{T}} S_1 L + X_1 + X_1^{\mathrm{T}}$$
$$\Pi_2 = -QD - X_1^{\mathrm{T}} + X_2, \Pi_3 = PB_1 - QB_2 + X_5$$
$$\Pi_4 = -\tau A^{\mathrm{T}} P - \tau C^{\mathrm{T}} Q^{\mathrm{T}}$$
$$\Pi_5 = \tau B_1^{\mathrm{T}} P - \tau B_2^{\mathrm{T}} Q^{\mathrm{T}}$$
$$\Pi_6 = -2\tau P + \tau R$$

从而, 保 H_∞ 性能的状态估计器 (N_f) 的增益矩阵可以设计为

$$K = P^{-1} Q$$

证明 由于 $P > 0$、$R > 0$ 以及

$$P^{\mathrm{T}} R^{-1} P - 2P + R = P^{\mathrm{T}} R^{-1} P - P^{\mathrm{T}} - P + R$$
$$= (P - R)^{\mathrm{T}} R^{-1} (P - R) \geqslant 0$$

有 $-P^{\mathrm{T}}R^{-1}P \leqslant -2P + R$。这就意味着由线性矩阵不等式 (6.34) 可得

$$
\begin{bmatrix}
\varPi_1 & \varPi_2 & \varSigma_3 & \varSigma_4 & \varPi_3 & H^{\mathrm{T}} & \varPi_4 & \tau X_1^{\mathrm{T}} \\
* & \varSigma_7 & -X_3 & -X_4 & -X_5 & 0 & -\tau D^{\mathrm{T}}Q^{\mathrm{T}} & \tau X_2^{\mathrm{T}} \\
* & * & -S_1 & 0 & 0 & 0 & \tau W_0^{\mathrm{T}}P & \tau X_3^{\mathrm{T}} \\
* & * & * & -S_2 & 0 & 0 & \tau W_1^{\mathrm{T}}P & \tau X_4^{\mathrm{T}} \\
* & * & * & * & -\gamma^2 I & 0 & \varPi_5 & \tau X_5^{\mathrm{T}} \\
* & * & * & * & * & -I & 0 & 0 \\
* & * & * & * & * & * & -\tau PR^{-1}P & 0 \\
* & * & * & * & * & * & * & -\tau R
\end{bmatrix} < 0 \qquad (6.35)
$$

用对角矩阵 $\mathrm{diag}(I, I, I, I, I, I, RP^{-1}, I)$ 和 $\mathrm{diag}(I, I, I, I, I, I, P^{-1}R, I)$ 分别左乘和右乘不等式 (6.35)，并且注意到 $K = P^{-1}Q$，我们就可以得到线性矩阵不等式 (6.15)。因此，根据定理 6.1，误差系统 $(\mathcal{E})$ 是保 H_∞ 性能为 γ 的全局指数稳定的。证毕。

定理 6.2 给出了一个依赖于时滞的设计方案用于保证保 H_∞ 性能的状态估计器的存在性。通过寻找线性矩阵不等式 (6.15) 的可行解可得到增益矩阵为 $K = P^{-1}Q$，从而解决了时滞局部场神经网络的保 H_∞ 性能的状态估计器的设计问题。此外，受文献 [209]~ [211] 的启发，我们在定理 6.2 的线性矩阵不等式 (6.34) 中引入了五个自由权矩阵 X_i $(i = 1, 2, 3, 4, 5)$。对于这五个矩阵，我们甚至不要求它们是对称的，从而也不一定是正定的。引入这些自由权矩阵的目的就是为了降低定理 6.2 中的设计结果的保守性。

另外，需要指出的是，保 H_∞ 性能的状态估计器的增益矩阵 K 和最优的性能指标 γ 能很方便地通过求解下面的凸优化问题获得[63,65]。

算法 6.1 $\displaystyle\min_{P,R,Q,X_1,X_2,X_3,X_4,X_5,S_1,S_2} \gamma^2$, s.t. 线性矩阵不等式 (6.34)。

其中，s.t.（subject to）表示受约束于。

6.3　依赖于时滞的保广义 H_2 性能的状态估计器的设计

本节将具体讨论时滞局部场神经网络的保广义 H_2 性能的状态估计器的设计问题。首先，我们有下面的定理。

定理 6.3（文献 [215]）　假设状态估计器 (N_f) 的增益矩阵 K 已知。对于给定的扰动抑制常数 $\mu > 0$，则误差系统 $(\mathcal{E})$ 是保广义 H_2 性能为 μ 的全局指数稳定的，如果存在实矩阵 $P > 0$、$R > 0$、X_1、X_2、X_3、X_4、X_5 以及两个对角矩阵

$S_1 > 0$、$S_2 > 0$，使得下列线性矩阵不等式成立:

$$\begin{bmatrix} P & H^{\mathrm{T}} \\ * & \mu^2 I \end{bmatrix} > 0 \tag{6.36}$$

$$\begin{bmatrix} \Sigma_1 & \Sigma_2 & \Sigma_3 & \Sigma_4 & \Sigma_5 & \Sigma_6 & \tau X_1^{\mathrm{T}} \\ * & \Sigma_7 & -X_3 & -X_4 & -X_5 & \Sigma_8 & \tau X_2^{\mathrm{T}} \\ * & * & -S_1 & 0 & 0 & \tau W_0^{\mathrm{T}} R & \tau X_3^{\mathrm{T}} \\ * & * & * & -S_2 & 0 & \tau W_1^{\mathrm{T}} R & \tau X_4^{\mathrm{T}} \\ * & * & * & * & -I & \Sigma_9 & \tau X_5^{\mathrm{T}} \\ * & * & * & * & * & -\tau R & 0 \\ * & * & * & * & * & * & -\tau R \end{bmatrix} < 0 \tag{6.37}$$

这里的 Σ_i $(i=1,2,\cdots,9)$ 和定理 6.1 的相同。

证明 根据矩阵负定的定义，线性矩阵不等式 (6.37) 意味着式 (6.17) 是成立的。类似于定理 6.1 中全局指数稳定性的证明，容易知道当 $w(t)=0$ 时误差系统 (6.11) 的平凡解 $e(t;0)=0$ 是全局指数稳定的。因此，要证明定理 6.3，只需要证明在零初始条件下不等式 (6.14) 对于任意非零的 $w(t) \in L_2[0,\infty)$ 是成立的。为此，考虑如下的 Lyapunov 泛函:

$$V_3(t) = e^{\mathrm{T}}(t)Pe(t) + \int_{t-\tau}^{t} (s-t+\tau)\dot{e}^{\mathrm{T}}(s)R\dot{e}(s)\mathrm{d}s \tag{6.38}$$

显然，当初始条件为零时，$V_3(t)|_{t=0}=0$ 且对任意的 $t>0$ 有 $V_3(t) \geqslant 0$。定义

$$J(t) = V_3(t) - \int_0^t w^{\mathrm{T}}(s)w(s)\mathrm{d}s \tag{6.39}$$

于是，对于任意非零的 $w(t) \in L_2[0,\infty)$ 有

$$J(t) = V_3(t) - V_3(t)|_{t=0} - \int_0^t w^{\mathrm{T}}(s)w(s)\mathrm{d}s$$
$$= \int_0^t (\dot{V}_3(s) - w^{\mathrm{T}}(s)w(s))\mathrm{d}s \tag{6.40}$$

类似于定理 6.1 的相关证明，不难推出，由线性矩阵不等式 (6.37) 有

$$\dot{V}_3(s) - w^{\mathrm{T}}(s)w(s) < 0$$

对于任意非零的 $w(t)$ 都是成立的。这就意味着 $J(t)<0$，即 $V_3(t) < \int_0^t w^{\mathrm{T}}(s)w(s)\mathrm{d}s$。

另外, 由 Schur 补引理, 线性矩阵不等式 (6.36) 等价于

$$P - \frac{1}{\mu^2} H^{\mathrm{T}} H > 0 \tag{6.41}$$

注意到式 (6.12) 和式 (6.38), 由式 (6.41) 可知

$$
\begin{aligned}
\tilde{z}^{\mathrm{T}}(t)\tilde{z}(t) &= e^{\mathrm{T}}(t)H^{\mathrm{T}}He(t) \\
&\leqslant \mu^2 e^{\mathrm{T}}(t)Pe(t) \leqslant \mu^2 V_3(t) \\
&< \mu^2 \int_0^t w^{\mathrm{T}}(s)w(s)\mathrm{d}s \\
&\leqslant \mu^2 \int_0^\infty w^{\mathrm{T}}(s)w(s)\mathrm{d}s
\end{aligned}
$$

关于 $t > 0$ 对上式两端取上确界, 则有 $\|\tilde{z}(t)\|_\infty^2 < \mu^2 \|w(t)\|_2^2$。即 $\|\tilde{z}(t)\|_\infty < \mu\|w(t)\|_2$。证毕。

在定理 6.3 的基础上, 我们容易得到下面的定理。

定理 6.4 (文献 [215])   考虑时滞局部场神经网络模型 (N)。设 $\mu > 0$ 是一给定的扰动抑制常数, 则保广义 H_2 性能的状态估计问题是可解的, 如果存在实矩阵 $P > 0$、$R > 0$、Q、X_1、X_2、X_3、X_4、X_5 和两个对角矩阵 $S_1 > 0$、$S_2 > 0$, 则满足如下的线性矩阵不等式:

$$
\begin{bmatrix} P & H^{\mathrm{T}} \\ * & \mu^2 I \end{bmatrix} > 0 \tag{6.42}
$$

$$
\begin{bmatrix}
\Pi_1 & \Pi_2 & \Sigma_3 & \Sigma_4 & \Pi_3 & \Pi_4 & \tau X_1^{\mathrm{T}} \\
* & \Sigma_7 & -X_3 & -X_4 & -X_5 & -\tau D^{\mathrm{T}}Q^{\mathrm{T}} & \tau X_2^{\mathrm{T}} \\
* & * & -S_1 & 0 & 0 & \tau W_0^{\mathrm{T}}P & \tau X_3^{\mathrm{T}} \\
* & * & * & -S_2 & 0 & \tau W_1^{\mathrm{T}}P & \tau X_4^{\mathrm{T}} \\
* & * & * & * & -I & \Pi_5 & \tau X_5^{\mathrm{T}} \\
* & * & * & * & * & \Pi_6 & 0 \\
* & * & * & * & * & * & -\tau R
\end{bmatrix} < 0 \tag{6.43}
$$

其中, Σ_3、Σ_4、Σ_7、Π_i $(i = 1, 2, \cdots, 6)$ 与定理 6.2 的一样。从而, 状态估计器的增益矩阵可以设计为

$$K = P^{-1}Q$$

证明   类似于定理 6.2 的证明, 该定理也可以直接由定理 6.3 得到。这里不再重复这个证明, 有兴趣的读者可以自行推导。证毕。

同样，状态估计器 (N_f) 的增益矩阵 K 和最优广义 H_2 性能指标 μ 能够很方便地通过求解以下的凸优化问题得到。

算法 6.2 $\min\limits_{P,R,Q,X_1,X_2,X_3,X_4,X_5,S_1,S_2}\mu^2$, s.t. 线性矩阵不等式 (6.42)~(6.43)。

6.4 两个示例

现在，我们通过两个示例及仿真结果来说明定理 6.2 和定理 6.4 分别对时滞局部场神经网络的保 H_∞ 性能和保广义 H_2 性能的状态估计器设计的有效性。

例 6.1 考虑具有如下系数的时滞局部场神经网络 (N):

$$A=\begin{bmatrix}0.76 & 0\\ 0 & 1.32\end{bmatrix},\quad W_0=\begin{bmatrix}0.2 & -0.5\\ -0.4 & 1.2\end{bmatrix}$$

$$W_1=\begin{bmatrix}-0.5 & 0.2\\ -0.2 & 0.5\end{bmatrix},\quad B_1=\begin{bmatrix}-0.2\\ 0.2\end{bmatrix}$$

$$C=\begin{bmatrix}-1, & 0\end{bmatrix},\quad D=\begin{bmatrix}0.5, & 0\end{bmatrix}$$

$$B_2=0.2,\quad H=\begin{bmatrix}1 & 1\\ 0 & -1\end{bmatrix},\quad J=\begin{bmatrix}0.8\\ 0.5\end{bmatrix}$$

激励函数取为 $f(x)=0.3(|x+1|-|x-1|)$。于是，$f(x)$ 满足假设 6.1，且有 $L=\mathrm{diag}(0.6,0.6)$。时变时滞取为 $\tau(t)=|\cos(t)|$，则 $\tau=1$。显然，该时滞在点 $k\pi+\frac{\pi}{2}$ $(k=0,\pm1,\pm2,\cdots)$ 处是不可导的。假设噪声信号为

$$w(t)=0.01\mathrm{e}^{-0.0005t}\sin(0.02t)\ (t\geqslant 0)$$

则容易验证 $w(t)\in L_2[0,\infty)$。

首先，考虑该神经网络的保 H_∞ 性能的状态估计器的设计。借助于 Matlab 线性矩阵不等式工具箱求解式 (6.34)，找到的一组可行解为

$$P=\begin{bmatrix}37.7495 & 4.8939\\ 4.8939 & 19.3276\end{bmatrix},\quad R=\begin{bmatrix}30.9484 & 0.1683\\ 0.1683 & 8.5024\end{bmatrix}$$

$$Q=\begin{bmatrix}-29.1675\\ 10.6307\end{bmatrix},\quad X_1=\begin{bmatrix}-30.9584 & -0.1892\\ -0.1757 & -8.5044\end{bmatrix}$$

$$X_2=\begin{bmatrix}30.9531 & 0.1795\\ 0.1737 & 8.5035\end{bmatrix},\quad X_3=\begin{bmatrix}0.0036 & 0.0082\\ -0.0029 & 0.0032\end{bmatrix}$$

$$X_4=\begin{bmatrix}0.0002 & 0.0004\\ 0.0020 & -0.0000\end{bmatrix},\quad X_5=10^{-3}\times\begin{bmatrix}-0.1393\\ 0.2236\end{bmatrix}$$

$$S_1 = \begin{bmatrix} 43.3268 & 0 \\ 0 & 49.5577 \end{bmatrix}, \quad S_2 = \begin{bmatrix} 21.7583 & 0 \\ 0 & 9.7880 \end{bmatrix}$$

于是，保 H_∞ 性能的状态估计器的增益矩阵可以设计为

$$K = \begin{bmatrix} -0.8726 \\ 0.7710 \end{bmatrix}$$

且最优的 H_∞ 性能指标为 $\gamma_{\min} = 0.8991$。图 6.1～ 图 6.3 是当 $w(t) = 0$ 时的相关仿真结果。其中，图 6.1 和图 6.2 分别是真实状态 $x_1(t)$、$x_2(t)$ 和它们的估计状态 $\hat{x}_1(t)$、$\hat{x}_2(t)$ 的响应曲线；图 6.3 是误差信号 $e(t)$ 的响应曲线。从这些仿真结果可以看到，本章给出的定理 6.2 对时滞局部场神经网络的保 H_∞ 性能的状态估计器的设计是非常有效的。

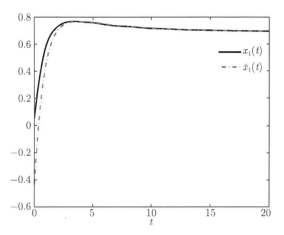

图 6.1　真实状态 $x_1(t)$ 与它的估计状态 $\hat{x}_1(t)$ 的响应曲线: H_∞ 的情形

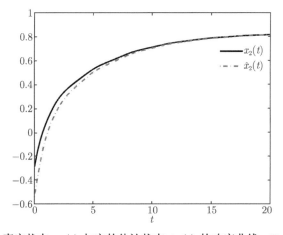

图 6.2　真实状态 $x_2(t)$ 与它的估计状态 $\hat{x}_2(t)$ 的响应曲线: H_∞ 的情形

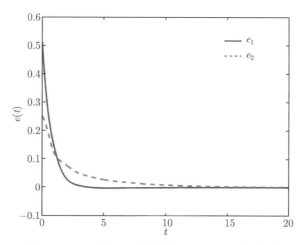

图 6.3 误差状态 $e(t)$ 的响应曲线: H_∞ 的情形

其次, 考虑该神经网络的保广义 H_2 性能的状态估计器的设计。通过求解线性矩阵不等式 $(6.42) \sim (6.43)$, 找到的一组可行解为

$$P = \begin{bmatrix} 146.9844 & 20.0611 \\ 20.0611 & 78.4412 \end{bmatrix}, \quad R = \begin{bmatrix} 121.2396 & 1.2011 \\ 1.2011 & 31.0090 \end{bmatrix}$$

$$Q = \begin{bmatrix} -121.2717 \\ 52.5477 \end{bmatrix}, \quad X_1 = \begin{bmatrix} -114.2096 & 5.0136 \\ 0.7343 & -29.8248 \end{bmatrix}$$

$$X_2 = \begin{bmatrix} 119.1981 & -0.9436 \\ 0.0247 & 30.4535 \end{bmatrix}, \quad X_3 = \begin{bmatrix} -1.7489 & -7.9061 \\ 1.1958 & -0.5405 \end{bmatrix}$$

$$X_4 = \begin{bmatrix} 1.6622 & 0.0366 \\ -0.6600 & -0.2506 \end{bmatrix}, \quad X_5 = 10^{-3} \times \begin{bmatrix} 0.1031 \\ -0.0445 \end{bmatrix}$$

$$S_1 = \begin{bmatrix} 166.4250 & 0 \\ 0 & 221.3466 \end{bmatrix}, \quad S_2 = \begin{bmatrix} 86.4228 & 0 \\ 0 & 37.9903 \end{bmatrix}$$

因此, 保广义 H_2 性能的状态估计器的增益矩阵 K 可以设计为

$$K = \begin{bmatrix} -0.9496 \\ 0.9128 \end{bmatrix}$$

且最优的广义 H_2 性能指标为 $\mu_{\min} = 0.1627$。相关的仿真结果如图 6.4~ 图 6.6 所示。其中, 图 6.4 和图 6.5 分别表示其真实状态 $x_1(t)$、$x_2(t)$ 和它们的估计状态 $\hat{x}_1(t)$、$\hat{x}_2(t)$ 的响应曲线; 图 6.6 是误差状态 $e(t)$ 的响应曲线。这些仿真结果同样进一步验证了定理 6.4 对时滞局部场神经网络的保广义 H_2 性能的状态估计器设计的可行性。

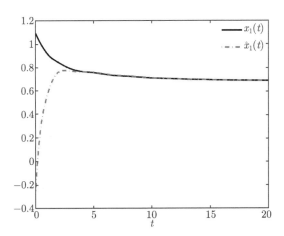

图 6.4　真实状态 $x_1(t)$ 与它的估计状态 $\hat{x}_1(t)$ 的响应曲线: 广义 H_2 的情形

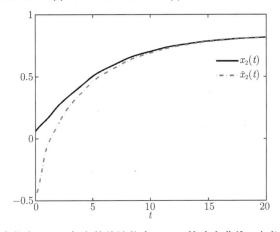

图 6.5　真实状态 $x_2(t)$ 与它的估计状态 $\hat{x}_2(t)$ 的响应曲线: 广义 H_2 的情形

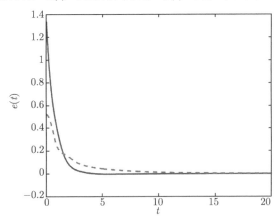

图 6.6　误差状态 $e(t)$ 的响应曲线: 广义 H_2 的情形

根据仿真结果，我们知道例 6.1 中的时滞局部场神经网络仅仅只有一个平衡点。但是，在诸如联想记忆和模式识别等实际应用中，通常都希望所设计的神经网络具有多个不同的平衡点，从而可以让不同的平衡点对应于不同的模式。因此，为了进一步说明 6.3 节给出的保性能状态估计结果的有效性，下面给出一个具有两个平衡点的时滞局部场神经网络的例子。通过这个例子，我们同样可以说明 6.3 节提出的依赖于时滞的方法对保 H_∞ 性能和保广义 H_2 性能的状态估计器设计的可行性。

例 6.2 考虑具有如下系数的时滞局部场神经网络 (N):

$$A = \begin{bmatrix} 1 & 0 & 0 \\ 0 & 1 & 0 \\ 0 & 0 & 1 \end{bmatrix}, \quad W_0 = \begin{bmatrix} 0 & 0 & 0 \\ 0 & 0 & 0 \\ 0 & 0 & 0 \end{bmatrix}$$

$$W_1 = \begin{bmatrix} 0.1 & 0 & -2 \\ 0 & -0.1 & 1 \\ -3 & -0.5 & 0 \end{bmatrix}, \quad B_1 = \begin{bmatrix} -0.1 \\ 0.1 \\ 0.1 \end{bmatrix}$$

$$C = \begin{bmatrix} 1, & 0, & 0 \end{bmatrix}, \quad D = \begin{bmatrix} 1, & 1, & 0 \end{bmatrix}$$

$$B_2 = 0.1, \quad H = \begin{bmatrix} 1 & -1 & 0 \\ 0 & -1 & 0 \\ 0 & 0 & 1 \end{bmatrix}, \quad J = \begin{bmatrix} 0.5 \\ -1 \\ -0.2 \end{bmatrix}$$

激励函数取为常用的 S 型函数 $f(x) = \tanh(x)$。显然，$L = I$。时滞为 $\tau = 0.1$。假设噪声信号为 $w(t) = \dfrac{1}{0.4 + 1.5t}$ $(t \geqslant 0)$。图 6.7 是该神经网络在相平面上的动力学行为。从中可以清晰地看到该时滞局部场神经网络具有两个稳定的平衡点。

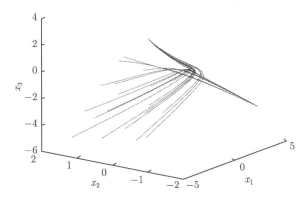

图 6.7 例 6.2 中的时滞局部场神经网络在相平面上的动力学行为

首先，我们考虑它的保 H_∞ 性能的状态估计器的设计。通过求解线性矩阵不等式 (6.34)，找到的一组可行解为

$$P = 10^3 \times \begin{bmatrix} 2.4052 & 4.6580 & -0.0093 \\ 4.6580 & 9.2153 & -0.0191 \\ -0.0093 & -0.0191 & 0.0229 \end{bmatrix}$$

$$R = 10^4 \times \begin{bmatrix} 0.2744 & 0.5357 & -0.0021 \\ 0.5357 & 1.0611 & -0.0042 \\ -0.0021 & -0.0042 & 0.0043 \end{bmatrix}$$

$$Q = \begin{bmatrix} 231.0483 \\ -38.3366 \\ -0.3996 \end{bmatrix}$$

$$X_1 = 10^5 \times \begin{bmatrix} -0.2744 & -0.5357 & 0.0021 \\ -0.5357 & -1.0612 & 0.0042 \\ 0.0021 & 0.0042 & -0.0043 \end{bmatrix}$$

$$X_2 = 10^5 \times \begin{bmatrix} 0.2744 & 0.5357 & -0.0021 \\ 0.5357 & 1.0612 & -0.0042 \\ -0.0021 & -0.0042 & 0.0043 \end{bmatrix}$$

$$X_3 = \begin{bmatrix} 0 & 0 & 0 \\ 0 & 0 & 0 \\ 0 & 0 & 0 \end{bmatrix}$$

$$X_4 = \begin{bmatrix} -0.0059 & -0.0246 & -0.0062 \\ -0.0117 & -0.0490 & -0.0124 \\ 0.0001 & 0.0003 & 0.0001 \end{bmatrix}$$

$$X_5 = \begin{bmatrix} 0.0303 \\ 0.0601 \\ -0.0006 \end{bmatrix}$$

$$S_1 = 10^{-3} \times \begin{bmatrix} 0.0395 & 0 & 0 \\ 0 & 0.1519 & 0 \\ 0 & 0 & 0.0007 \end{bmatrix}$$

$$S_2 = \begin{bmatrix} 222.7885 & 0 & 0 \\ 0 & 76.8294 & 0 \\ 0 & 0 & 20.7450 \end{bmatrix}$$

于是，保 H_∞ 性能的状态估计器的增益矩阵 K 可设计为

$$K = \begin{bmatrix} 4.9362 \\ -2.4995 \\ -0.0965 \end{bmatrix}$$

且此时最优的 H_∞ 性能指标为 $\gamma_{\min} = 6.9402$。图 6.8 是误差信号 $e(t)$ 对 20 个随机生成的初始条件的响应曲线。从这个仿真结果可以看出定理 6.2 对具有多个平衡点的时滞局部场神经网络的保 H_∞ 性能的状态估计器设计的有效性。

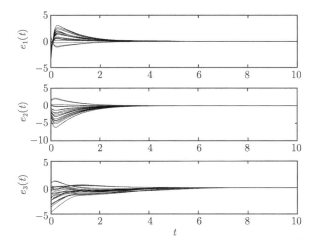

图 6.8 误差 $e(t)$ 的响应曲线：H_∞ 的情形

其次，我们考虑保广义 H_2 性能的状态估计器的设计。通过求解线性矩阵不等式 (6.42)~(6.43)，找到一组可行解

$$P = \begin{bmatrix} 77.4245 & 147.9520 & -0.6432 \\ 147.9520 & 290.4267 & -1.3073 \\ -0.6432 & -1.3073 & 0.9254 \end{bmatrix}$$

$$R = \begin{bmatrix} 90.8914 & 175.5865 & -1.2140 \\ 175.5865 & 345.3476 & -2.4704 \\ -1.2140 & -2.4704 & 1.7430 \end{bmatrix}$$

$$Q = \begin{bmatrix} 9.3769 \\ -1.5797 \\ -0.0265 \end{bmatrix}$$

$$X_1 = 10^3 \times \begin{bmatrix} -0.9089 & -1.7558 & 0.0121 \\ -1.7558 & -3.4534 & 0.0247 \\ 0.0121 & 0.0247 & -0.0174 \end{bmatrix}$$

$$X_2 = 10^3 \times \begin{bmatrix} 0.9089 & 1.7558 & -0.0121 \\ 1.7558 & 3.4534 & -0.0247 \\ -0.0121 & -0.0247 & 0.0174 \end{bmatrix}$$

$$X_3 = \begin{bmatrix} 0 & 0 & 0 \\ 0 & 0 & 0 \\ 0 & 0 & 0 \end{bmatrix}$$

$$X_4 = 10^{-3} \times \begin{bmatrix} -0.0521 & -0.0021 & 0.1825 \\ -0.0959 & -0.0055 & 0.3576 \\ -0.0011 & 0.0007 & -0.0021 \end{bmatrix}$$

$$X_5 = \begin{bmatrix} -0.0008 \\ -0.0017 \\ 0.0000 \end{bmatrix}$$

$$S_1 = 10^{-4} \times \begin{bmatrix} 0.0412 & 0 & 0 \\ 0 & 0.1520 & 0 \\ 0 & 0 & 0.0007 \end{bmatrix}$$

$$S_2 = \begin{bmatrix} 8.9716 & 0 & 0 \\ 0 & 3.1676 & 0 \\ 0 & 0 & 0.8679 \end{bmatrix}$$

从而, 保广义 H_2 性能的状态估计器的增益矩阵 K 可设计为

$$K = \begin{bmatrix} 4.9602 \\ -2.5330 \\ -0.1597 \end{bmatrix}$$

且此时最优的广义 H_2 性能指标为 $\mu_{\min} = 1.1163$。图 6.9 是误差信号 $e(t)$ 对 20 个随机生成的初始条件的响应曲线。这个仿真结果同样验证了定理 6.4 对具有多个平衡点的时滞局部场神经网络的保广义 H_2 性能的状态估计器设计的可行性。

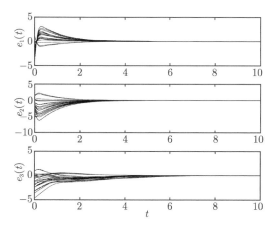

图 6.9 误差 $e(t)$ 的响应曲线: 广义 H_2 的情形

6.5 讨论与比较

在 6.3 节和 6.4 节中, 我们分别提出了依赖于时滞的方法处理时滞局部场神经网络的保 H_∞ 性能和保广义 H_2 性能的状态估计器的设计。通过利用一个积分不等式, 在得到的设计准则中引入了一些自由权矩阵, 详见定理 6.2 和定理 6.4。本节主要是为了进一步说明这种依赖于时滞的方法在状态估计器设计方面的优势。为此, 我们将先给出几个不依赖于时滞或者依赖于时滞但不含自由权矩阵的设计结果, 然后通过数值的例子对由这三种方法取得的结果进行比较。应该注意的是, 在不依赖时滞的设计方法中, 需要假设时变时滞是可导的, 且其导数的上界不能超过常数 1。

首先给出两个不依赖时滞的保性能状态估计器的设计结果。由于它们的证明过程与文献 [191] 中的相似, 故在此略去。

定理 6.5 (文献 [215]) 假设时变时滞 $\tau(t)$ 满足 $\tau(t) \leqslant \tau$ 以及 $\dot{\tau}(t) \leqslant \varsigma$, 其中 $\tau > 0$、$\varsigma < 1$。令 $\gamma > 0$ 是一个事先给定的扰动抑制常数, 则时滞局部场神经网络 (N) 的保 H_∞ 性能的状态估计问题是可解的, 如果存在实矩阵 $P > 0$、$R > 0$、Q 和两个对角矩阵 $S_1 > 0$、$S_2 > 0$, 满足下列线性矩阵不等式:

$$\begin{bmatrix} \Psi_1 & -QD & PW_0 & PW_1 & \Psi_2 & H^{\mathrm{T}} \\ * & \Psi_3 & 0 & 0 & 0 & 0 \\ * & * & -S_1 & 0 & 0 & 0 \\ * & * & * & -S_2 & 0 & 0 \\ * & * & * & * & -\gamma^2 I & 0 \\ * & * & * & * & * & -I \end{bmatrix} < 0 \qquad (6.44)$$

其中

$$\Psi_1 = -PA - A^{\mathrm{T}}P - QC - C^{\mathrm{T}}Q^{\mathrm{T}} + R + L^{\mathrm{T}}S_1 L$$

$$\Psi_2 = PB_1 - QB_2, \quad \Psi_3 = -(1-\varsigma)R + L^{\mathrm{T}}S_2 L$$

从而, 保 H_∞ 性能的状态估计器的增益矩阵可以设计为

$$K = P^{-1}Q$$

同样地, 由该定理可得到的最小的 H_∞ 性能指标 γ 可以通过求解如下的凸优化问题获得。

算法 6.3　$\min\limits_{P,R,Q,S_1,S_2} \gamma^2$, s.t. 线性矩阵不等式 (6.44)。

定理 6.6 (文献 [215])　假设时变时滞 $\tau(t)$ 满足 $\tau(t) \leqslant \tau$ 以及 $\dot{\tau}(t) \leqslant \varsigma$, 其中 $\tau > 0$、$\varsigma < 1$。令 $\mu > 0$ 是一个事先给定的扰动抑制常数, 则时滞局部场神经网络 (N) 的保广义 H_2 性能的状态估计问题是可解的, 如果存在实矩阵 $P > 0$、$R > 0$、Q 和两个对角矩阵 $S_1 > 0$、$S_2 > 0$, 使得线性矩阵不等式 (6.42) 和

$$\begin{bmatrix} \Psi_1 & -QD & PW_0 & PW_1 & \Psi_2 \\ * & \Psi_3 & 0 & 0 & 0 \\ * & * & -S_1 & 0 & 0 \\ * & * & * & -S_2 & 0 \\ * & * & * & * & -I \end{bmatrix} < 0 \qquad (6.45)$$

成立。从而, 保广义 H_2 性能的状态估计器的增益矩阵可以设计为

$$K = P^{-1}Q$$

由定理 6.6 可得到的最优广义 H_2 性能指标 μ 可以通过求解下面的凸优化问题获得。

算法 6.4　$\min\limits_{P,R,Q,S_1,S_2} \mu^2$, s.t. 线性矩阵不等式 (6.42)~(6.45)。

其次, 我们给出两个依赖于时滞但不含自由权矩阵的保 H_∞ 性能和保广义 H_2 性能的状态估计器设计结果, 即下面的两个定理。它们可以通过直接构造 Lyapunov 泛函

$$V_4(t) = e^{\mathrm{T}}(t)Pe(t) + \tau \int_{t-\tau}^{t} (s - t + \tau)\dot{e}^{\mathrm{T}}(s)R\dot{e}(s)\mathrm{d}s$$

并结合著名的 Jensen 不等式 [43] 而得到。这里将不再给出它们的详细证明。

定理 6.7 (文献 [215])　考虑时滞局部场神经网络 (N)。令 $\gamma > 0$ 为一个给定的扰动抑制常数, 则保 H_∞ 性能的状态估计器的设计问题是可解的, 如果存在实

矩阵 $P > 0$、$R > 0$、Q 和两个对角矩阵 $S_1 > 0$、$S_2 > 0$，满足下列线性矩阵不等式：

$$\begin{bmatrix} \Psi_4 & \Psi_5 & PW_0 & PW_1 & \Psi_2 & H^{\mathrm{T}} & \Psi_6 \\ * & \Psi_7 & 0 & 0 & 0 & 0 & -\tau D^{\mathrm{T}} Q^{\mathrm{T}} \\ * & * & -S_1 & 0 & 0 & 0 & \tau W_0^{\mathrm{T}} P \\ * & * & * & -S_2 & 0 & 0 & \tau W_1^{\mathrm{T}} P \\ * & * & * & * & -\gamma^2 I & 0 & \tau \Psi_2^{\mathrm{T}} \\ * & * & * & * & * & -I & 0 \\ * & * & * & * & * & * & -2P + R \end{bmatrix} < 0 \qquad (6.46)$$

其中

$$\Psi_4 = -PA - A^{\mathrm{T}} P - QC - C^{\mathrm{T}} Q^{\mathrm{T}} - R + L^{\mathrm{T}} S_1 L$$

$$\Psi_5 = -QD + R, \ \Psi_6 = -\tau A^{\mathrm{T}} P - \tau C^{\mathrm{T}} Q^{\mathrm{T}}$$

$$\Psi_7 = -R + L^{\mathrm{T}} S_2 L$$

从而，保 H_∞ 性能的状态估计器的增益矩阵可以设计为

$$K = P^{-1} Q$$

该定理中的最优 H_∞ 性能指标 γ 可以通过求解以下凸优化问题得到。

算法 6.5 $\min\limits_{P,R,Q,S_1,S_2} \gamma^2$, s.t. 线性矩阵不等式 (6.46)。

定理 6.8（文献 [215]） 考虑时滞局部场神经网络 (N)。令 $\mu > 0$ 是一个给定的扰动抑制常数，则保广义 H_2 性能的状态估计器的设计问题是可解的，如果存在实矩阵 $P > 0$、$R > 0$、Q 和两个对角矩阵 $S_1 > 0$、$S_2 > 0$，满足线性矩阵不等式 (6.42) 及

$$\begin{bmatrix} \Psi_4 & \Psi_5 & PW_0 & PW_1 & \Psi_2 & \Psi_6 \\ * & \Psi_7 & 0 & 0 & 0 & -\tau D^{\mathrm{T}} Q^{\mathrm{T}} \\ * & * & -S_1 & 0 & 0 & \tau W_0^{\mathrm{T}} P \\ * & * & * & -S_2 & 0 & \tau W_1^{\mathrm{T}} P \\ * & * & * & * & -I & \tau \Psi_2^{\mathrm{T}} \\ * & * & * & * & * & -2P + R \end{bmatrix} < 0 \qquad (6.47)$$

从而，保广义 H_2 性能的状态估计器的增益矩阵可以设计为

$$K = P^{-1} Q$$

上述定理中的最优广义 H_2 性能指标 μ 可以通过求解以下凸优化问题得到。

算法 6.6 $\min\limits_{P,R,Q,S_1,S_2} \mu^2$, s.t. **线性矩阵不等式** (6.42)~(6.47)。

下面通过一个具体的例子来比较上述得到的三种设计结果能取得的不同性能指标，并给出详细的数值计算结果。

例 6.3   考虑具有如下系数的时滞局部场神经网络 (N):

$$A = \begin{bmatrix} 1.5 & 0 \\ 0 & 1.9 \end{bmatrix}, \quad W_0 = \begin{bmatrix} 0.4 & -0.3 \\ -0.2 & 0.8 \end{bmatrix}$$

$$W_1 = \begin{bmatrix} 0.5 & -0.2 \\ -0.2 & 0 \end{bmatrix}, \quad B_1 = \begin{bmatrix} -0.4 \\ 0.4 \end{bmatrix}$$

$$C = [1, \quad 0], \quad D = [1, \quad 0]$$

$$B_2 = 0.4, \quad H = \begin{bmatrix} 1 & 1 \\ 1 & 1 \end{bmatrix}$$

假设激励函数和噪声信号都与例 6.1 中的相同，时变时滞为 $\tau(t) = 0.6 + 0.6\sin(1.5t)$。于是，我们容易得到 $\tau = 1.2$ 与 $\varsigma = 0.9$。表 6.1 中列出了由这三种不同方法所得到的最优 H_∞ 性能和广义 H_2 性能指标。从表 6.1 中可以看出，含自由权矩阵的依赖于时滞的方法 (即定理 6.2 和定理 6.4) 取得的最优 H_∞ 性能和广义 H_2 性能指标最小，然后是由不含自由权矩阵的依赖于时滞的方法得到的，由不依赖于时滞的方法获得的最优 H_∞ 性能和广义 H_2 性能指标最大。这和我们前面分析的由依赖于时滞的方法得到的结果的保守性要比不依赖于时滞的更弱的结论是相符合的。

表 6.1   由不同方法计算得到的最优 H_∞ 和广义 H_2 性能的比较

方法	最优 H_∞ 性能指标	最优广义 H_2 性能指标
不依赖于时滞的方法	$\gamma_{\min} = 4.0652$	$\mu_{\min} = 1.0001$
不含自由权矩阵的 依赖于时滞的方法	$\gamma_{\min} = 1.5995$	$\mu_{\min} = 0.9868$
含自由权矩阵的 依赖于时滞的方法	$\gamma_{\min} = 0.5712$	$\mu_{\min} = 0.4940$

6.6 本 章 小 结

本章详细地介绍了时滞局部场神经网络的保 H_∞ 性能和保广义 H_2 性能的状态估计器的设计。我们分别利用不依赖于时滞的方法、依赖于时滞但不含自由权矩阵的方法以及依赖于时滞且含自由权矩阵的方法得到了一些在实际中易于验证的设计条件。在此基础上，这两类保性能状态估计器的设计都可以通过求解对应的凸优化问题而得以实现。通过数值例子，我们发现本章提出的设计算法不仅适用于单个平衡点的时滞局部场神经网络，而且也能有效地应用于具有多个平衡点的情况。

此外, 结合一个具体的例子, 我们分析了这三种不同的方法在时滞局部场神经网络的保性能状态估计器实现方面的性能表现。通过数值计算发现由依赖于时滞且含自由权矩阵的方法所取得的性能指标最好, 其次是由依赖于时滞但不含自由权矩阵的方法得到的, 而由不依赖于时滞的方法所取得的效果最差。这也从一个方面说明了不依赖于时滞的方法的保守性比依赖于时滞的方法的保守性更强。

第二部分

时滞静态神经网络的状态估计

第7章 时滞静态神经网络的状态估计 (I)：依赖于时滞的设计方法

在前面几章中，我们详细地介绍了时滞局部场神经网络的状态估计问题。从本章开始，我们将要分析时滞静态神经网络的状态估计器的设计问题。

根据建模时所采用的基本变量的不同，递归神经网络可以分为两大类[35, 36]。

一类是静态神经网络模型。在这类递归神经网络中，人们采用神经元的状态作为基本变量来刻画神经网络的动力学演化规则。从数学上来讲，这类神经网络可以表示为如下的微分方程[1, 2]：

$$\dot{u}_i(t) = -a_i u_i(t) + f_i\Big(\sum_{j=1}^{n} w_{ij} u_j(t) + J_i\Big) \tag{7.1}$$

其中，$i = 1, 2, \cdots, n$，$u_i(t)$ 表示神经元 i 的状态，w_{ij} 是神经元 i 和 j 之间的连接权值，f_i 是神经元 i 的激励函数，J_i 是神经元 i 的外部输入。已经发现，静态神经网络在信号处理、组合优化、图像识别等领域已经取得了成功的应用，相关成果可参见文献 [19]、[32]~ [34]、[38]、[216]~ [219]。一些比较典型的静态神经网络模型包括盒中脑神经网络和投影神经网络等。

另一类就是前面分析的局部场神经网络。在这类递归神经网络中，神经元的局部场状态被用来作为基本变量描述其动力学的演化过程。与式 (7.1) 不同的是，局部场神经网络可以用下列微分方程表示为

$$\dot{v}_i(t) = -a_i v_i(t) + \sum_{j=1}^{n} w_{ij} f_j(v_j(t)) + J_i \tag{7.2}$$

一些著名的神经网络诸如 Hopfield 神经网络[6]、细胞神经网络[28]、双向联系记忆神经网络[31] 以及 Cohen-Grossberg 神经网络[25] 等都属于局部场神经网络的范畴。

直观地，从式 (7.1) 和式 (7.2) 可以看出，这两类递归神经网络是不一样的，从而不是等价的。换句话说就是这两类递归神经网络之间不能互相转化。从数学上容易验证，只有在某些特定的条件下，式 (7.1) 和式 (7.2) 才是等价的。比如，令 $A = \text{diag}(a_1, a_2, \cdots, a_n)$、$W = [w_{ij}]_{n \times n}$ 以及 $J = [J_1, J_2, \cdots, J_n]^T$。此时，可以证明，只有当神经元之间的连接权矩阵 W 可逆（即 $\det(W) \neq 0$）而且 $WA = AW$ 时，通过变换 $v(t) = Wu(t) + J$，静态神经网络 (7.1) 才能转化为局部场神经网络 (7.2)。

然而，这个前提条件并不总是成立的，有兴趣的读者可以参阅文献 [32]、[35]、[36]。因此，对时滞静态神经网络的研究也是非常必要的，并且具有重要的理论价值。与时滞局部场神经网络相比，目前对时滞静态神经网络的研究成果还比较少。近来，在文献 [115]、[220]~[228]中发表了一些关于时滞静态神经网络的稳定性分析方面的结果。比如，文献 [225]、[226] 提出了不依赖于时滞和依赖于时滞的方法具体地分析了时滞静态神经网络的平衡点的稳定性；文献 [228] 研究了不带时滞的静态神经网络的鲁棒稳定性；在文献 [224] 中，H. Wersing 等分析了这一类神经网络的多稳定性的问题。

与此同时，正如前面几章所讨论的，在一个规模相对较大的时滞递归神经网络中，人们通常都难以完全获知各神经元的状态信息。因此，非常有必要提出一些有效的算法来近似地估计各神经元的状态。这样，在一些实际的工程应用中，人们就可以直接用这些估计状态代替真实状态以达到预定的目标。在前面几章我们给出了一些可用于时滞局部场神经网络的状态估计器的设计算法。但是，由于这两类递归神经网络并不是等价的，因此这些设计算法都不能直接地用于时滞静态神经网络的状态估计。

正是基于这些考虑，在本章中，我们将讨论时滞静态神经网络的状态估计问题。已经知道，对时滞系统或者时滞神经网络的稳定性分析的一个热点问题是如何建立保守性更弱的稳定性判据。近年来，为了有效地减弱已有稳定性条件的保守性，人们已经成功地提出了多种不同的方法。这些方法包括描述系统方法、自由权矩阵方法、增广 Lyapubov 泛函方法以及时滞划分方法等。在一些已有工作的基础上[88,89,121,124]，本章将探讨如何提出改进的时滞划分方法来处理时滞静态神经网络的状态估计问题。具体地，通过有机结合一个积分不等式，我们将首先得到一个依赖于时滞的充分条件用于保证误差系统的平凡解的全局渐近稳定性。根据引理 1.3，这个充分条件可以表示为一个线性矩阵不等式。从而，如果能够找到线性矩阵不等式的一组可行解，则对时滞静态神经网络就可以很容易地设计一个合适的状态估计器。为了验证本章的结果，我们精心构造了一个具有多个平衡点的时滞静态神经网络。通过这个例子，可以清楚地看到本章得到的结果可以用于比较广泛的时滞静态神经网络。此外，我们的方法也可以用来分析时滞静态神经网络的全局渐近稳定性，并给出保守性更弱的稳定性判据。

7.1　问题的描述

考虑由 n 个神经元所组成的时滞静态神经网络

$$\dot{x}_i(t) = -a_i x_i(t) + f_i\Big(\sum_{j=1}^{n} w_{ij} x_j(t - \tau(t)) + J_i\Big) \tag{7.3}$$

其中, $i = 1, 2, \cdots, n$, $x_i(t) \in \mathbb{R}$ 是第 i 个神经元的状态, $f_i(x_i(t))$ 是神经元 i 的激励函数, $\tau(t)$ 是一个随时间连续变化的时滞, $a_i > 0$, w_{ij} 表示神经元 i 和神经元 j 之间的连接权值, J_i 是神经元 i 的外部输入。

令

$$x(t) = [x_1(t), x_2(t), \cdots, x_n(t)]^{\mathrm{T}}$$
$$f(x(t)) = [f_1(x_1(t)), f_2(x_2(t)), \ldots, f_n(x_n(t))]^{\mathrm{T}}$$
$$A = \mathrm{diag}(a_1, a_2, \cdots, a_n)$$
$$W = [w_{ij}]_{n \times n}$$
$$J = [J_1, J_2, \cdots, J_n]^{\mathrm{T}}$$

则上述的时滞静态神经网络可以写为以下更紧凑的形式:

$$\dot{x}(t) = -Ax(t) + f\big(Wx(t - \tau(t)) + J\big) \tag{7.4}$$

在本章中, 激励函数 $f(\cdot)$ 和时滞 $\tau(t)$ 分别满足以下两个假设。

假设 7.1 对任意的 $a \neq b \in \mathbb{R}$, 神经元的激励函数 $f(\cdot)$ 满足

$$0 \leqslant \frac{f_i(a) - f_i(b)}{a - b} \leqslant l_i \tag{7.5}$$

其中, l_i $(i = 1, 2, \cdots, n)$ 是已知的常数。记 $L = \mathrm{diag}(l_1, l_2, \cdots, l_n)$。

从假设 7.1 知, 激励函数是 Lipschitz 连续且单调非减的。这里的常数 l_i 其实就是 Lipschitz 常数。在神经网络理论中, 许多被广泛采纳的激励函数都能满足这个假设, 比如所谓的 S 型函数

$$\frac{|x + 1| - |x - 1|}{2}、\tanh(x)、\frac{1}{1 + \mathrm{e}^{-x}}$$

因此, 假设 7.1 是合理的。

假设 7.2 存在常数 $\tau > 0$ 和 μ 使得时变时滞 $\tau(t)$ 满足

$$0 \leqslant \tau(t) \leqslant \tau, \dot{\tau}(t) \leqslant \mu \tag{7.6}$$

其中, 时变时滞 $\tau(t)$ 的导数不要求是小于常数 1 的[125]。事实上, 在假设 7.2 中, 我们只要求时滞的导数是有上界的, 而这个上界 μ 是可以大于 1 的。因此, 本章讨论的时变时滞可以随时间发生快速变化。

一般来说, 神经网络的输出信号可以较容易地获得。于是, 可以利用网络的输出信号来讨论时滞静态神经网络 (7.4) 的状态估计问题。为此, 假设静态神经网络 (7.4) 的输出信号为

$$y(t) = Bx(t) + Cx(t - \tau(t)) \tag{7.7}$$

其中, $y(t) \in \mathbb{R}^m$ 是测量得到的输出信号, B 和 C 是两个具有合适维数的实矩阵。从式 (7.7) 知, 该神经网络的输出信号不仅依赖于神经元的当前状态, 而且依赖于延时的状态。

在实际中, 我们都会根据应用的需求事先选择好合适的激励函数 $f(\cdot)$, 因此, 在设计状态估计器的时候就可以利用 $f(\cdot)$ 的信息。于是, 对于时滞静态神经网络 (7.4), 设计的状态估计器为

$$\dot{\hat{x}}(t) = -A\hat{x}(t) + f(W\hat{x}(t-\tau(t)) + J) + K(y(t) - B\hat{x}(t) - C\hat{x}(t-\tau(t))) \tag{7.8}$$

其中, $\hat{x}(t)$ 是神经网络 (7.4) 的状态向量的估计, $K \in \mathbb{R}^{n \times m}$ 是待确定的状态估计器的增益矩阵。

令 $W_i = [w_{i1}, w_{i2}, \cdots, w_{in}]$ 为连接权矩阵 W 的第 i 个行向量, 且

$$g_i(W_i e(t-\tau(t))) = f_i(W_i x(t-\tau(t)) + J_i) - f_i(W_i \hat{x}(t-\tau(t)) + J_i)$$

$$g(We(t-\tau(t))) = [g_1(W_1 e(t-\tau(t))), g_2(W_2 e(t-\tau(t))) \ldots, g_n(W_n e(t-\tau(t)))]^{\mathrm{T}}$$

定义误差信号为 $e(t) = x(t) - \hat{x}(t)$。于是, 由式 (7.4)、式 (7.7) 和式 (7.8) 知, 误差系统可以表示为

$$\dot{e}(t) = -(A+KB)e(t) - KCe(t-\tau(t)) + g(We(t-\tau(t))) \tag{7.9}$$

由式 (7.5) 知, 对每一个 i, 有 $g_i(0) = 0$, 且当 $W_i e \neq 0$ 时, 有

$$0 \leqslant \frac{g_i(W_i e)}{W_i e} = \frac{f_i(W_i x + J_i) - f_i(W_i \hat{x} + J_i)}{W_i e} \leqslant l_i \tag{7.10}$$

7.2　状态估计器的设计

受文献 [88]、[89]、[121]、[124] 的启发, 本节将提出一个改进的时滞划分方法来处理时滞静态神经网络 (7.4) 的状态估计器的设计问题。首先, 将区间 $[t-\tau, t]$ 分成 k 等份, 然后利用 Jensen 不等式就容易得到一个更一般的积分不等式。它对本章的主要结果的推导起着非常重要的作用。和第 3 章的时滞划分方法相比, 虽然我们在这里只采用了一个划分, 但是通过结合引理 7.1, 这个时滞划分方法也可以用来处理时变时滞的情况, 从而可以分析时滞静态神经网络的状态估计问题。

引理 7.1 (文献 [229])　对给定的常数 $\tau > 0$ 以及任意的正定矩阵 $T_1 > 0$, 设 k 是一个正整数, 且令 $h = \tau/k$, 则对向量值函数 $e(t) \in \mathbb{R}^n$ 有

$$-h\int\limits_{t-\tau}^{t}\dot{e}^{\mathrm{T}}(s)T_1\dot{e}(s)\mathrm{d}s\leqslant\pi^{\mathrm{T}}(t)\begin{bmatrix}-T_1 & T_1 & 0 & \dots & 0 & 0 & 0\\ T_1 & -2T_1 & T_1 & \dots & 0 & 0 & 0\\ 0 & T_1 & -2T_1 & \dots & 0 & 0 & 0\\ \vdots & \vdots & \vdots & & \vdots & \vdots & \vdots\\ 0 & 0 & 0 & \dots & -2T_1 & T_1 & 0\\ 0 & 0 & 0 & \dots & T_1 & -2T_1 & T_1\\ 0 & 0 & 0 & \dots & 0 & T_1 & -T_1\end{bmatrix}\pi(t)$$

$$(7.11)$$

其中, $\pi(t)=\left[e^{\mathrm{T}}(t),e^{\mathrm{T}}(t-h),e^{\mathrm{T}}(t-2h),\cdots,e^{\mathrm{T}}(t-(k-1)h),e^{\mathrm{T}}(t-\tau)\right]^{\mathrm{T}}$。

证明 显然

$$-h\int\limits_{t-\tau}^{t}\dot{e}^{\mathrm{T}}(s)T_1\dot{e}(s)\mathrm{d}s=-h\int\limits_{t-h}^{t}\dot{e}^{\mathrm{T}}(s)T_1\dot{e}(s)\mathrm{d}s-h\int\limits_{t-2h}^{t-h}\dot{e}^{\mathrm{T}}(s)T_1\dot{e}(s)\mathrm{d}s$$

$$-\cdots$$

$$-h\int\limits_{t-(k-1)h}^{t-(k-2)h}\dot{e}^{\mathrm{T}}(s)T_1\dot{e}(s)\mathrm{d}s-h\int\limits_{t-\tau}^{t-(k-1)h}\dot{e}^{\mathrm{T}}(s)T_1\dot{e}(s)\mathrm{d}s$$

利用 Jensen 不等式 [43], 由上式可得

$$-h\int\limits_{t-\tau}^{t}\dot{e}^{\mathrm{T}}(s)T_1\dot{e}(s)\mathrm{d}s$$

$$\leqslant-\left(\int\limits_{t-h}^{t}\dot{e}(s)\mathrm{d}s\right)^{\mathrm{T}}T_1\int\limits_{t-h}^{t}\dot{e}(s)\mathrm{d}s-\left(\int\limits_{t-2h}^{t-h}\dot{e}(s)\mathrm{d}s\right)^{\mathrm{T}}T_1\int\limits_{t-2h}^{t-h}\dot{e}(s)\mathrm{d}s$$

$$-\cdots$$

$$-\left(\int\limits_{t-(k-1)h}^{t-(k-2)h}\dot{e}(s)\mathrm{d}s\right)^{\mathrm{T}}T_1\int\limits_{t-(k-1)h}^{t-(k-2)h}\dot{e}(s)\mathrm{d}s$$

$$-\left(\int\limits_{t-\tau}^{t-(k-1)h}\dot{e}(s)\mathrm{d}s\right)^{\mathrm{T}}T_1\int\limits_{t-\tau}^{t-(k-1)h}\dot{e}(s)\mathrm{d}s$$

$$=-(e(t)-e(t-h))^{\mathrm{T}}T_1(e(t)-e(t-h))$$

$$-(e(t-h)-e(t-2h))^{\mathrm{T}}T_1(e(t-h)-e(t-2h))$$

$$-\cdots$$

$$-(e(t-(k-2)h)-e(t-(k-1)h))^{\mathrm{T}}T_1(e(t-(k-2)h)-e(t-(k-1)h))$$

$$-(e(t-(k-1)h)-e(t-\tau))^{\mathrm{T}}T_1(e(t-(k-1)h)-e(t-\tau))$$

然后, 经过一些简单的运算就可以得到式 (7.11)。证毕。

于时, 我们有下面的定理。

定理 7.1 (文献 [229])　对于给定的常数 τ、μ、$0 < \alpha < 1$ 以及正整数 k, 令 $h = \tau/k$, 则误差系统 (7.9) 的平凡解 $e(t; 0) = 0$ 是全局渐近稳定的, 如果存在实矩阵 $P > 0$、$Q = \begin{bmatrix} Q_{11} & \cdots & Q_{1k} \\ \vdots & & \vdots \\ Q_{1k}^{\mathrm{T}} & \cdots & Q_{kk} \end{bmatrix} > 0$、$R_1 > 0$、$R_2 > 0$、$R_3 > 0$、$T_1 > 0$、$T_2 > 0$、$G$ 以及两个对角矩阵 $\Lambda = \mathrm{diag}(\lambda_1, \lambda_2, \cdots, \lambda_n)$、$\Gamma = \mathrm{diag}(\gamma_1, \gamma_2, \cdots, \gamma_n)$, 使得下列线性矩阵不等式成立:

$$
\begin{bmatrix}
\Sigma_{11} & \Sigma_{12} & Q_{13} & \cdots & Q_{1k} & 0 & \frac{1}{\alpha\tau}T_2 & -GC & W^{\mathrm{T}}L\Lambda & P & \Sigma_{1,k+6} \\
* & \Sigma_{22} & \Sigma_{23} & \cdots & \Sigma_{2k} & -Q_{1k} & 0 & 0 & 0 & 0 & 0 \\
* & * & \Sigma_{33} & \cdots & \Sigma_{3k} & -Q_{2k} & 0 & 0 & 0 & 0 & 0 \\
\vdots & \vdots & \vdots & & \vdots & \vdots & \vdots & \vdots & \vdots & \vdots & \vdots \\
* & * & * & \cdots & \Sigma_{kk} & \Sigma_{k,k+1} & 0 & 0 & 0 & 0 & 0 \\
* & * & * & \cdots & * & \Sigma_{k+1,k+1} & 0 & \frac{1}{\tau}T_2 & 0 & 0 & 0 \\
* & * & * & \cdots & * & * & \Sigma_{k+2,k+2} & \frac{1}{(1-\alpha)\tau}T_2 & 0 & 0 & 0 \\
* & * & * & \cdots & * & * & * & \Sigma_{k+3,k+3} & 0 & W^{\mathrm{T}}L\Gamma & -C^{\mathrm{T}}G^{\mathrm{T}} \\
* & * & * & \cdots & * & * & * & * & R_2 - 2\Lambda & 0 & 0 \\
* & * & * & \cdots & * & * & * & * & * & \Sigma_{k+5,k+5} & P \\
* & * & * & \cdots & * & * & * & * & * & * & \Sigma_{k+6,k+6}
\end{bmatrix} < 0 \tag{7.12}
$$

其中

$$
\Sigma_{11} = -PA - A^{\mathrm{T}}P - GB - B^{\mathrm{T}}G^{\mathrm{T}} + Q_{11} - T_1 - \frac{1}{\alpha\tau}T_2 + R_1 + R_3
$$

$$\Sigma_{12} = Q_{12} + T_1 \quad \Sigma_{1,k+6} = -A^T P - B^T G^T$$

$$\Sigma_{22} = Q_{22} - Q_{11} - 2T_1, \quad \Sigma_{23} = Q_{23} - Q_{12} + T_1$$

$$\Sigma_{2k} = Q_{2k} - Q_{1,k-1}, \quad \Sigma_{33} = Q_{33} - Q_{22} - 2T_1$$

$$\Sigma_{3k} = Q_{3k} - Q_{2,k-1}, \quad \Sigma_{kk} = Q_{kk} - Q_{k-1,k-1} - 2T_1$$

$$\Sigma_{k,k+1} = -Q_{k-1,k} + T_1, \quad \Sigma_{k+1,k+1} = -Q_{kk} - T_1 - \frac{1}{\tau}T_2$$

$$\Sigma_{k+2,k+2} = -\frac{1}{\alpha\tau}T_2 - \frac{1}{(1-\alpha)\tau}T_2 - (1 - \alpha\mu)R_3$$

$$\Sigma_{k+3,k+3} = -\frac{1}{(1-\alpha)\tau}T_2 - \frac{1}{\tau}T_2 - (1 - \mu)R_1$$

$$\Sigma_{k+5,k+5} = -(1-\mu)R_2 - 2\Gamma, \quad \Sigma_{k+6,k+6} = -2P + h\tau T_1 + \tau T_2$$

进而, 状态估计器 (7.8) 的增益矩阵 K 可以设计为

$$K = P^{-1}G \tag{7.13}$$

证明 令

$$\zeta_1(t) = \left[\begin{array}{ccccc} e^T(t), & e^T(t-h), & e^T(t-2h), & \cdots, & e^T(t-(k-1)h) \end{array} \right]^T$$

定义 Lyapunov 泛函

$$V(t) = V_1(t) + V_2(t) \tag{7.14}$$

其中

$$V_1(t) = e^T(t)Pe(t) + \int_{t-h}^{t} \zeta_1^T(s)Q\zeta_1(s)\mathrm{d}s + \int_{t-\tau(t)}^{t} e^T(s)R_1 e(s)\mathrm{d}s$$

$$+ \int_{t-\tau(t)}^{t} g^T(We(s))R_2 g(We(s))\mathrm{d}s + \int_{t-\alpha\tau(t)}^{t} e^T(s)R_3 e(s)\mathrm{d}s$$

$$V_2(t) = h\int_{-\tau}^{0}\int_{t+\theta}^{t} \dot{e}^T(s)T_1\dot{e}(s)\mathrm{d}s\mathrm{d}\theta + \int_{-\tau}^{0}\int_{t+\theta}^{t} \dot{e}^T(s)T_2\dot{e}(s)\mathrm{d}s\mathrm{d}\theta$$

注意到 $\dot{\tau}(t) \leqslant \mu$, 通过计算 $V_i(t)(i=1,2)$ 沿误差系统 (7.9) 的轨迹对时间 t 的导数可得

$$\dot{V}_1(t) = 2e^T(t)P\dot{e}(t) + \zeta_1^T(t)Q\zeta_1(t) - \zeta_1^T(t-h)Q\zeta_1(t-h) + e^T(t)R_1 e(t)$$

$$-(1-\dot{\tau}(t))e^T(t-\tau(t))R_1 e(t-\tau(t)) + g^T(We(t))R_2 g(We(t))$$

$$-(1-\dot{\tau}(t))g^T(We(t-\tau(t)))R_2 g(We(t-\tau(t))) + e^T(t)R_3 e(t)$$

$$-(1 - \alpha\dot{\tau}(t))e^{\mathrm{T}}(t - \alpha\tau(t))R_3 e(t - \alpha\tau(t))$$

$$\leqslant e^{\mathrm{T}}(t)(-P(A + KB) - (A + KB)^{\mathrm{T}}P + R_1 + R_3)e(t)$$

$$-2e^{\mathrm{T}}(t)PKCe(t - \tau(t)) + 2e^{\mathrm{T}}(t)Pg(We(t - \tau(t))) + \zeta_1^{\mathrm{T}}(t)Q\zeta_1(t)$$

$$-\zeta_1^{\mathrm{T}}(t - h)Q\zeta_1(t - h) - (1 - \mu)e^{\mathrm{T}}(t - \tau(t))R_1 e(t - \tau(t))$$

$$+g^{\mathrm{T}}(We(t))R_2 g(We(t)) - (1 - \mu)g^{\mathrm{T}}(We(t - \tau(t)))R_2 g(We(t - \tau(t)))$$

$$-(1 - \alpha\mu)e^{\mathrm{T}}(t - \alpha\tau(t))R_3 e(t - \alpha\tau(t)) \tag{7.15}$$

$$\dot{V}_2(t) = \tau\dot{e}^{\mathrm{T}}(t)(hT_1 + T_2)\dot{e}(t) - h\int_{t-\tau}^{t}\dot{e}^{\mathrm{T}}(s)T_1\dot{e}(s)\mathrm{d}s - \int_{t-\tau}^{t}\dot{e}^{\mathrm{T}}(s)T_2\dot{e}(s)\mathrm{d}s \tag{7.16}$$

因为 $0 < \alpha < 1$ 以及时滞 $\tau(t)$ 满足式 (7.6)，则由 Jensen 不等式不难推出

$$-\int_{t-\tau}^{t}\dot{e}^{\mathrm{T}}(s)T_2\dot{e}(s)\mathrm{d}s = -\int_{t-\alpha\tau(t)}^{t}\dot{e}^{\mathrm{T}}(s)T_2\dot{e}(s)\mathrm{d}s - \int_{t-\tau(t)}^{t-\alpha\tau(t)}\dot{e}^{\mathrm{T}}(s)T_2\dot{e}(s)\mathrm{d}s$$

$$-\int_{t-\tau}^{t-\tau(t)}\dot{e}^{\mathrm{T}}(s)T_2\dot{e}(s)\mathrm{d}s$$

$$\leqslant -\frac{1}{\alpha\tau}\left(\int_{t-\alpha\tau(t)}^{t}\dot{e}(s)\mathrm{d}s\right)^{\mathrm{T}}T_2\int_{t-\alpha\tau(t)}^{t}\dot{e}(s)\mathrm{d}s$$

$$-\frac{1}{(1-\alpha)\tau}\left(\int_{t-\tau(t)}^{t-\alpha\tau(t)}\dot{e}(s)\mathrm{d}s\right)^{\mathrm{T}}T_2\int_{t-\tau(t)}^{t-\alpha\tau(t)}\dot{e}(s)\mathrm{d}s$$

$$-\frac{1}{\tau}\left(\int_{t-\tau}^{t-\tau(t)}\dot{e}(s)\mathrm{d}s\right)^{\mathrm{T}}T_2\int_{t-\tau}^{t-\tau(t)}\dot{e}(s)\mathrm{d}s$$

$$= -\frac{1}{\alpha\tau}(e(t) - e(t - \alpha\tau(t)))^{\mathrm{T}}T_2(e(t) - e(t - \alpha\tau(t)))$$

$$-\frac{1}{(1-\alpha)\tau}(e(t - \alpha\tau(t)) - e(t - \tau(t)))^{\mathrm{T}}$$

$$\times T_2(e(t - \alpha\tau(t)) - e(t - \tau(t)))$$

$$-\frac{1}{\tau}(e(t - \tau(t)) - e(t - \tau))^{\mathrm{T}}T_2(e(t - \tau(t)) - e(t - \tau)) \tag{7.17}$$

根据式 (7.10)，对于任意的 $\Lambda = \mathrm{diag}(\lambda_1, \lambda_2, \cdots, \lambda_n) > 0$、$\Gamma = \mathrm{diag}(\gamma_1, \gamma_2, \cdots, \gamma_n) > 0$ 有

$$0 \leqslant -2\sum_{i=1}^{n}\lambda_i g_i(W_i e(t))[g_i(W_i e(t)) - l_i W_i e(t)]$$

$$= -2g^{\mathrm{T}}(We(t))\Lambda g(We(t)) + 2g^{\mathrm{T}}(We(t))\Lambda LWe(t) \tag{7.18}$$

$$0 \leqslant -2g^{\mathrm{T}}(We(t-\tau(t)))\Gamma g(We(t-\tau(t)))$$
$$+2g^{\mathrm{T}}(We(t-\tau(t)))\Gamma LWe(t-\tau(t)) \tag{7.19}$$

由引理 7.1 并结合式 (7.15)~ 式 (7.19) 可得

$$\dot{V}(t) \leqslant \zeta_2^{\mathrm{T}}(t)(\Omega_1 + \Omega_2^{\mathrm{T}}(h\tau T_1 + \tau T_2)\Omega_2)\zeta_2(t) \tag{7.20}$$

其中

$$\zeta_2(t) = \begin{bmatrix} e^{\mathrm{T}}(t), & e^{\mathrm{T}}(t-h), & e^{\mathrm{T}}(t-2h), & \cdots, & e^{\mathrm{T}}(t-(k-1)h), & e^{\mathrm{T}}(t-\tau), \end{bmatrix}$$
$$\begin{bmatrix} e^{\mathrm{T}}(t-\alpha\tau(t)), & e^{\mathrm{T}}(t-\tau(t)), & g^{\mathrm{T}}(We(t)), & g^{\mathrm{T}}(We(t-\tau(t))) \end{bmatrix}^{\mathrm{T}}$$

$$\Omega_1 = \begin{bmatrix} \Xi_{11} & \Sigma_{12} & Q_{13} & \cdots & Q_{1k} & 0 \\ * & \Sigma_{22} & \Sigma_{23} & \cdots & \Sigma_{2k} & -Q_{1k} \\ * & * & \Sigma_{33} & \cdots & \Sigma_{3k} & -Q_{2k} \\ \vdots & \vdots & \vdots & & \vdots & \vdots \\ * & * & * & \cdots & \Sigma_{kk} & \Sigma_{k,k+1} \\ * & * & * & \cdots & * & \Sigma_{k+1,k+1} \\ * & * & * & \cdots & * & * \\ * & * & * & \cdots & * & * \\ * & * & * & \cdots & * & * \\ * & * & * & \cdots & * & * \end{bmatrix}$$

$$\begin{bmatrix} \dfrac{1}{\alpha\tau}T_2 & -PKC & W^{\mathrm{T}}L\Lambda & P \\ 0 & 0 & 0 & 0 \\ 0 & 0 & 0 & 0 \\ \vdots & \vdots & \vdots & \vdots \\ 0 & 0 & 0 & 0 \\ 0 & \dfrac{1}{\tau}T_2 & 0 & 0 \\ \Sigma_{k+2,k+2} & \dfrac{1}{(1-\alpha)\tau}T_2 & 0 & 0 \\ * & \Sigma_{k+3,k+3} & 0 & W^{\mathrm{T}}L\Gamma \\ * & * & R_2 - 2\Lambda & 0 \\ * & * & * & \Sigma_{k+5,k+5} \end{bmatrix}$$

$$\Xi_{11} = -PA - A^{\mathrm{T}}P - PKB - B^{\mathrm{T}}K^{\mathrm{T}}P + Q_{11} - T_1 - \frac{1}{\alpha\tau}T_2 + R_1 + R_3$$

$$\Omega_2 = \left[\begin{array}{cccccccccc} -(A+KB), & 0, & 0, & \ldots, & 0, & 0, & 0, & -KC, & 0, & I \end{array} \right]$$

若 $\Omega_1 + \Omega_2^{\mathrm{T}}(h\tau T_1 + \tau T_2)\Omega_2 < 0$，则一定存在一个足够小的正数 $\varepsilon > 0$ 使得

$$\dot{V}(t) \leqslant \zeta_2^{\mathrm{T}}(t)(\Omega_1 + \Omega_2^{\mathrm{T}}(h\tau T_1 + \tau T_2)\Omega_2)\zeta_2(t) \leqslant -\varepsilon e^{\mathrm{T}}(t)e(t)$$

于是，根据 Lyapunov 稳定性理论知误差系统 (7.9) 的平凡解 $e(t;0) = 0$ 是全局渐近稳定的。所以，要证明定理 7.1，现在只需要证明

$$\Omega_1 + \Omega_2^{\mathrm{T}}(h\tau T_1 + \tau T_2)\Omega_2 < 0$$

记 $U = h\tau T_1 + \tau T_2 > 0$。由 Schur 补引理知

$$\Omega_1 + \Omega_2^{\mathrm{T}}(h\tau T_1 + \tau T_2)\Omega_2 < 0$$

等价于

$$\left[\begin{array}{cc} \Omega_1 & \Omega_2^{\mathrm{T}}U \\ * & -U \end{array} \right] < 0 \tag{7.21}$$

对于上式，分别左乘矩阵 $\mathrm{diag}(I, PU^{-1})$ 和右乘矩阵 $\mathrm{diag}(I, U^{-1}P)$ 得

$$\left[\begin{array}{cc} \Omega_1 & \Omega_2^{\mathrm{T}}P \\ * & -PU^{-1}P \end{array} \right] < 0 \tag{7.22}$$

另外，由 $P > 0$ 和 $U > 0$ 知

$$PU^{-1}P - 2P + U = (P-U)U^{-1}(P-U) \geqslant 0$$

即 $-PU^{-1}P \leqslant -2P + U$。注意到 $K = P^{-1}G$，不难得到线性矩阵不等式 (7.12) 保证了式 (7.22) 是成立的。故 $\Omega_1 + \Omega_2^{\mathrm{T}}(h\tau T_1 + \tau T_2)\Omega_2 < 0$，从而完成了定理的证明。

注释 7.1　在本节中，我们提出了一个改进的时滞划分方法。基于引理 7.1，这个时滞划分方法可以很容易地用于处理时滞静态神经网络的状态估计器的设计问题。从定理 7.1 知道，得到的设计准则是用线性矩阵不等式来表示的，因此可以借助于一些成熟的算法如内点算法[65] 来实现合适的状态估计器的设计。另外，还需要强调的是，随着对时滞划分的不断细化 (即 k 的增大)，定理 7.1 的设计准则的保守性也会进一步地减弱。后面将通过一个数值的例子来验证这一结论。

7.3　时滞静态神经网络的稳定性分析

近年来，时滞静态神经网络的稳定性分析得到了广泛的研究。根据是否利用了时滞的信息，稳定性判据可以分为不依赖于时滞和依赖于时滞两类。一般来讲，由于依赖于时滞的判据中有效地利用了时滞的相关信息，因此要比不依赖时滞的条件的保守性更弱，特别是当时滞很小的时候。因此，现有的时滞静态神经网络的稳定性判据多为依赖于时滞的。本章提出的改进的时滞划分方法同样可以用来分析时滞静态神经网络的稳定性。根据这个方法，我们可以得到一个保守性更弱的稳定性判据。

考虑时滞静态神经网络

$$\dot{x}(t) = -Ax(t) + f(Wx(t-\tau(t)) + J) \tag{7.23}$$

假设激励函数 $f(\cdot)$ 是有界的，则根据 Brouwer 不动点定理（fixed point theorem）知道该神经网络 (7.23) 至少有一个平衡点。不妨假设 $x^* = [x_1^*, x_2^*, \cdots, x_n^*]^{\mathrm{T}}$ 是它的平衡点。令 W_i 是连接权矩阵 W 的第 i 个行向量。作变换 $z(t) = x(t) - x^*$，则式 (7.23) 可改写为

$$\dot{z}(t) = -Az(t) + g(Wz(t-\tau(t))) \tag{7.24}$$

其中

$$g_i(W_i z(t-\tau(t))) = f_i(W_i z(t-\tau(t)) + W_i x^* + J_i) - f_i(W_i x^* + J_i)$$

$$g(Wz(t-\tau(t))) = \left[g_1(W_1 z(t-\tau(t))), g_2(W_2 z(t-\tau(t))), \cdots, g_n(W_n z(t-\tau(t))) \right]^{\mathrm{T}}$$

由式 (7.5) 知，对 $i = 1, 2, \cdots, n$ 以及 $W_i z \neq 0$ 有

$$g_i(0) = 0, 0 \leqslant \frac{g_i(W_i z)}{W_i z} \leqslant l_i \tag{7.25}$$

现在，我们有下面的定理。

定理 7.2（文献 [229]）　对于给定的常数 τ、μ、$0 < \alpha < 1$ 以及正整数 k，令 $h = \tau/k$，则时滞静态神经网络 (7.24) 的平凡解 $z(t; 0) = 0$ 是全局渐近稳定的，如果存在实矩阵 $P > 0$、$Q = \begin{bmatrix} Q_{11} & \cdots & Q_{1k} \\ \vdots & & \vdots \\ Q_{1k}^{\mathrm{T}} & \cdots & Q_{kk} \end{bmatrix} > 0$、$R_1 > 0$、$R_2 > 0$、$R_3 > 0$、$T_1 > 0$、$T_2 > 0$ 以及两个对角矩阵 $\Lambda = \mathrm{diag}(\lambda_1, \lambda_2, \cdots, \lambda_n)$、$\Gamma = \mathrm{diag}(\gamma_1, \gamma_2, \cdots, \gamma_n)$

满足下列线性矩阵不等式:

$$
\begin{bmatrix}
\Psi_{11} & \Psi_{12} & Q_{13} & \cdots & Q_{1k} & 0 & \frac{1}{\alpha\tau}T_2 & 0 \\
* & \Psi_{22} & \Psi_{23} & \cdots & \Psi_{2k} & -Q_{1k} & 0 & 0 \\
* & * & \Psi_{33} & \cdots & \Psi_{3k} & -Q_{2k} & 0 & 0 \\
\vdots & \vdots & \vdots & & \vdots & \vdots & \vdots & \vdots \\
* & * & * & \cdots & \Psi_{kk} & \Psi_{k,k+1} & 0 & 0 \\
* & * & * & \cdots & * & \Psi_{k+1,k+1} & 0 & \frac{1}{\tau}T_2 \\
* & * & * & \cdots & * & * & \Psi_{k+2,k+2} & \frac{1}{(1-\alpha)\tau}T_2 \\
* & * & * & \cdots & * & * & * & \Psi_{k+3,k+3} \\
* & * & * & \cdots & * & * & * & * \\
* & * & * & \cdots & * & * & * & * \\
* & * & * & \cdots & * & * & * & * \\
* & * & * & \cdots & * & * & * & *
\end{bmatrix}
$$

$$
\left.\begin{matrix}
W^{\mathrm{T}}L\Lambda & P & \Psi_{1,k+6} & \Psi_{1,k+7} \\
0 & 0 & 0 & 0 \\
0 & 0 & 0 & 0 \\
\vdots & \vdots & \vdots & \vdots \\
0 & 0 & 0 & 0 \\
0 & 0 & 0 & 0 \\
0 & 0 & 0 & 0 \\
0 & W^{\mathrm{T}}L\Gamma & 0 & 0 \\
R_2 - 2\Lambda & 0 & 0 & 0 \\
* & \Psi_{k+5,k+5} & \tau T_1 & \tau T_2 \\
* & * & -kT_1 & 0 \\
* & * & * & -\tau T_2
\end{matrix}\right] < 0 \tag{7.26}
$$

其中

$$\Psi_{11} = -PA - A^{\mathrm{T}}P + Q_{11} - T_1 - \frac{1}{\alpha\tau}T_2 + R_1 + R_3$$

$$\Psi_{12} = Q_{12} + T_1, \quad \Psi_{1,k+6} = -\tau A^{\mathrm{T}}T_1$$

$$\Psi_{1,k+7} = -\tau A^{\mathrm{T}}T_2, \quad \Psi_{22} = Q_{22} - Q_{11} - 2T_1$$

$$\Psi_{23} = Q_{23} - Q_{12} + T_1, \quad \Psi_{2k} = Q_{2k} - Q_{1,k-1}$$

$$\Psi_{33} = Q_{33} - Q_{22} - 2T_1, \quad \Psi_{3k} = Q_{3k} - Q_{2,k-1}$$

$$\Psi_{kk} = Q_{kk} - Q_{k-1,k-1} - 2T_1, \quad \Psi_{k,k+1} = -Q_{k-1,k} + T_1$$

$$\Psi_{k+1,k+1} = -Q_{kk} - T_1 - \frac{1}{\tau}T_2$$

$$\Psi_{k+2,k+2} = -\frac{1}{\alpha\tau}T_2 - \frac{1}{(1-\alpha)\tau}T_2 - (1-\alpha\mu)R_3$$

$$\Psi_{k+3,k+3} = -\frac{1}{(1-\alpha)\tau}T_2 - \frac{1}{\tau}T_2 - (1-\mu)R_1$$

$$\Psi_{k+5,k+5} = -(1-\mu)R_2 - 2\Gamma$$

证明 定义 Lyapunov 泛函

$$
\begin{aligned}
V(t) = {} & z^{\mathrm{T}}(t)Pz(t) + \int_{t-h}^{t} \xi_1^{\mathrm{T}}(s)Q\xi_1(s)\mathrm{d}s + \int_{t-\tau(t)}^{t} z^{\mathrm{T}}(s)R_1 z(s)\mathrm{d}s \\
& + \int_{t-\tau(t)}^{t} g^{\mathrm{T}}(Wz(s))R_2 g(Wz(s))\mathrm{d}s + \int_{t-\alpha\tau(t)}^{t} z^{\mathrm{T}}(s)R_3 z(s)\mathrm{d}s \\
& + h\int_{-\tau}^{0}\int_{t+\theta}^{t} \dot{z}^{\mathrm{T}}(s)T_1\dot{z}(s)\mathrm{d}s\mathrm{d}\theta + \int_{-\tau}^{0}\int_{t+\theta}^{t} \dot{z}^{\mathrm{T}}(s)T_2\dot{z}(s)\mathrm{d}s\mathrm{d}\theta
\end{aligned}
\tag{7.27}
$$

其中, $\xi_1(t) = \left[z^{\mathrm{T}}(t), z^{\mathrm{T}}(t-h), z^{\mathrm{T}}(t-2h), \cdots, z^{\mathrm{T}}(t-(k-1)h)\right]^{\mathrm{T}}$。

类似于定理 7.1 的证明, 我们可以得到

$$
\begin{aligned}
\dot{V}(t) \leqslant {} & z^{\mathrm{T}}(t)(-PA - A^{\mathrm{T}}P + R_1 + R_3)z(t) + 2z^{\mathrm{T}}(t)Pg(Wz(t-\tau(t))) \\
& + \xi_1^{\mathrm{T}}(t)Q\xi_1(t) - \xi_1^{\mathrm{T}}(t-h)Q\xi_1(t-h) - (1-\mu)z^{\mathrm{T}}(t-\tau(t))R_1 z(t-\tau(t)) \\
& + g^{\mathrm{T}}(Wz(t))R_2 g(Wz(t)) - (1-\mu)g^{\mathrm{T}}(Wz(t-\tau(t)))R_2 g(Wz(t-\tau(t))) \\
& - (1-\alpha\mu)z^{\mathrm{T}}(t-\alpha\tau(t))R_3 z(t-\alpha\tau(t)) + h\tau\dot{z}^{\mathrm{T}}(t)T_1\dot{z}(t) \\
& - h\int_{t-\tau}^{t} \dot{z}^{\mathrm{T}}(s)T_1\dot{z}(s)\mathrm{d}s + \tau\dot{z}^{\mathrm{T}}(t)T_2\dot{z}(t) \\
& - \frac{1}{\alpha\tau}(z(t) - z(t-\alpha\tau(t)))^{\mathrm{T}}T_2(z(t) - z(t-\alpha\tau(t))) \\
& - \frac{1}{(1-\alpha)\tau}(z(t-\alpha\tau(t)) - z(t-\tau(t)))^{\mathrm{T}}T_2(z(t-\alpha\tau(t)) - z(t-\tau(t))) \\
& - \frac{1}{\tau}(z(t-\tau(t)) - z(t-\tau))^{\mathrm{T}}T_2(z(t-\tau(t)) - z(t-\tau)) \\
& - 2g^{\mathrm{T}}(Wz(t))\Lambda g(Wz(t)) + 2g^{\mathrm{T}}(Wz(t))\Lambda LWz(t) \\
& - 2g^{\mathrm{T}}(Wz(t-\tau(t)))\Gamma g(Wz(t-\tau(t))) + 2g^{\mathrm{T}}(Wz(t-\tau(t)))\Gamma LWz(t-\tau(t)) \\
= {} & \xi_2^{\mathrm{T}}(t)(\Phi_1 + \Phi_2^{\mathrm{T}}(h\tau T_1 + \tau T_2)\Phi_2)\xi_2(t)
\end{aligned}
\tag{7.28}
$$

其中

$$\xi_2(t) = \Big[\ z^{\mathrm{T}}(t),\ \ z^{\mathrm{T}}(t-h),\ \ z^{\mathrm{T}}(t-2h),\ \ \cdots,\ \ z^{\mathrm{T}}(t-(k-1)h),\ \ z^{\mathrm{T}}(t-\tau),$$
$$z^{\mathrm{T}}(t-\alpha\tau(t)),\ \ z^{\mathrm{T}}(t-\tau(t)),\ \ g^{\mathrm{T}}(Wz(t)),\ \ g^{\mathrm{T}}(Wz(t-\tau(t)))\ \Big]^{\mathrm{T}}$$

$$\Phi_1 = \begin{bmatrix}
\Psi_{11} & \Psi_{12} & Q_{13} & \cdots & Q_{1k} & 0 & \dfrac{1}{\alpha\tau}T_2 & 0 & W^{\mathrm{T}}L\Lambda & P \\
* & \Psi_{22} & \Psi_{23} & \cdots & \Psi_{2k} & -Q_{1k} & 0 & 0 & 0 & 0 \\
* & * & \Psi_{33} & \cdots & \Psi_{3k} & -Q_{2k} & 0 & 0 & 0 & 0 \\
\vdots & \vdots & \vdots & & \vdots & \vdots & \vdots & \vdots & \vdots & \vdots \\
* & * & * & \cdots & \Psi_{kk} & \Psi_{k,k+1} & 0 & 0 & 0 & 0 \\
* & * & * & \cdots & * & \Psi_{k+1,k+1} & 0 & \dfrac{1}{\tau}T_2 & 0 & 0 \\
* & * & * & \cdots & * & * & \Psi_{k+2,k+2} & \dfrac{1}{(1-\alpha)\tau}T_2 & 0 & 0 \\
* & * & * & \cdots & * & * & * & \Psi_{k+3,k+3} & 0 & W^{\mathrm{T}}L\Gamma \\
* & * & * & \cdots & * & * & * & * & R_2-2\Lambda & 0 \\
* & * & * & \cdots & * & * & * & * & * & \Psi_{k+5,k+5}
\end{bmatrix}$$

$$\Phi_2 = \Big[\ -A,\ \ 0,\ \ 0,\ \ \cdots,\ \ 0,\ \ 0,\ \ 0,\ \ 0,\ \ 0,\ \ I\ \Big]$$

运用 Schur 补引理, 线性矩阵不等式 (7.26) 保证了

$$\Phi_1 + \Phi_2^{\mathrm{T}}(h\tau T_1 + \tau T_2)\Phi_2 < 0$$

从而, 一定能找到一个足够小的正数 $\varepsilon > 0$ 使得

$$\dot{V}(t) \leqslant -\varepsilon z^{\mathrm{T}}(t)z(t)$$

这样，由 Lyapunov 稳定性理论知，时滞静态神经网络 (7.24) 的平凡解 $z(t;0)=0$ 是全局渐近稳定的。证毕。

7.4 仿真示例

在此，我们通过两个例子来说明本章提出的方法的有效性，并与一些相关的结果进行比较。

例 7.1 令 $x(t)=[x_1(t),x_2(t),x_3(t)]^{\mathrm{T}}$。考虑具有如下系数的时滞静态神经网络 (7.4)：

$$A=\begin{bmatrix} 0.9 & 0 & 0 \\ 0 & 1.08 & 0 \\ 0 & 0 & 1.5 \end{bmatrix}, \quad W=\begin{bmatrix} 0.6 & -0.3 & -0.32 \\ 0 & 0.12 & 0.5 \\ -0.45 & 0.78 & 0.96 \end{bmatrix}$$

$$B=\begin{bmatrix} 1, & 0, & -1 \end{bmatrix}, \quad C=\begin{bmatrix} -1, & 0, & 2 \end{bmatrix}, \quad J=\begin{bmatrix} 0, & 0, & 0 \end{bmatrix}^{\mathrm{T}}$$

容易验证 $WA \neq AW$。因此，前面几章提出的关于时滞局部场神经网络的状态估计器的设计结果并不适用于本例。神经元的激励函数取为 $f(x)=\tanh(x)$，则有 $L=I$。假设时变时滞为 $\tau(t)=0.5+0.5\sin(2.4t)$，则容易得到 $\tau=1$ 以及 $\mu=1.2$。图 7.1 是该神经网络在相平面上的动力学行为。

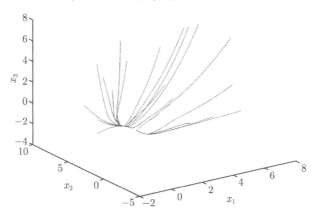

图 7.1 例 7.1 的神经网络在相平面上的动力学行为

显然，该时滞静态神经网络具有两个不同的平衡点。取 $\alpha=0.5$，$k=2$。通过求解线性矩阵不等式 (7.12)，找到一组可行解，即

$$P=\begin{bmatrix} 1.3192 & -0.0185 & 0.2272 \\ -0.0185 & 3.1049 & -0.2268 \\ 0.2272 & -0.2268 & 1.2131 \end{bmatrix}$$

$$Q_{11} = \begin{bmatrix} 0.3622 & -0.0538 & 0.1477 \\ -0.0538 & 2.2376 & -0.5219 \\ 0.1477 & -0.5219 & 0.8174 \end{bmatrix}$$

$$Q_{12} = \begin{bmatrix} -0.1565 & -0.2053 & -0.0268 \\ -0.1873 & -0.0075 & -0.1263 \\ 0.0018 & -0.1215 & 0.0053 \end{bmatrix}$$

$$Q_{22} = \begin{bmatrix} 0.4425 & -0.0387 & 0.1860 \\ -0.0387 & 2.0357 & -0.4323 \\ 0.1860 & -0.4323 & 0.7871 \end{bmatrix}$$

$$R_1 = \begin{bmatrix} 0.0216 & 0.0407 & 0.0046 \\ 0.0407 & 0.1186 & -0.0060 \\ 0.0046 & -0.0060 & 0.0078 \end{bmatrix}$$

$$R_2 = \begin{bmatrix} 0.0074 & 0.0056 & 0.0019 \\ 0.0056 & 0.0261 & -0.0034 \\ 0.0019 & -0.0034 & 0.0028 \end{bmatrix}$$

$$R_3 = \begin{bmatrix} 0.0813 & 0.1270 & 0.0486 \\ 0.1270 & 1.7246 & -0.5387 \\ 0.0486 & -0.5387 & 0.2835 \end{bmatrix}$$

$$T_1 = \begin{bmatrix} 0.6908 & 0.3083 & 0.2174 \\ 0.3083 & 0.2410 & 0.0866 \\ 0.2174 & 0.0866 & 0.0767 \end{bmatrix}$$

$$T_2 = \begin{bmatrix} 0.6254 & -0.1494 & -0.0869 \\ -0.1494 & 2.5606 & -0.1115 \\ -0.0869 & -0.1115 & 0.6830 \end{bmatrix}$$

$$\Lambda = \begin{bmatrix} 0.0118 & 0 & 0 \\ 0 & 0.0429 & 0 \\ 0 & 0 & 0.0043 \end{bmatrix}$$

$$\Gamma = \begin{bmatrix} 0.9213 & 0 & 0 \\ 0 & 1.5678 & 0 \\ 0 & 0 & 0.4749 \end{bmatrix}$$

$$G = \begin{bmatrix} -0.2532 \\ 0.3754 \\ 0.3194 \end{bmatrix}$$

因此, 状态估计器 (7.8) 的增益矩阵 K 可设计为

$$K = \begin{bmatrix} -0.2479 \\ 0.1440 \\ 0.3367 \end{bmatrix}$$

图 7.2~ 图 7.5 是对 20 个随机产生的初始条件的仿真结果。其中, 图 7.2~ 图 7.4 分别是该静态神经网络的真实状态 $x_1(t)$、$x_2(t)$、$x_3(t)$ 与它的估计状态 $\hat{x}_1(t)$、$\hat{x}_2(t)$、$\hat{x}_3(t)$ 之间的响应曲线; 图 7.5 是误差信号 $e(t)$ 的响应曲线。从这些仿真结果可以看出, 定理 7.1 对时滞静态神经网络的状态估计器的设计是可行的。

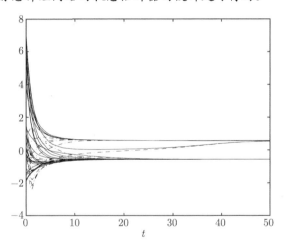

图 7.2 在 20 个随机生成的初始条件下真实状态 $x_1(t)$（实线）和估计状态 $\hat{x}_1(t)$（虚线）的响应曲线

最后, 通过一个例子来说明定理 7.2 相比于一些已有的结果在时滞静态神经网络的稳定性分析方面的优势。

例 7.2（文献 [226]） 令 $x(t) = [x_1(t), x_2(t), x_3(t)]^{\mathrm{T}}$。考虑具有如下系数的时滞静态神经网络 (7.23):

$$A = \begin{bmatrix} 7.3458 & 0 & 0 \\ 0 & 6.9987 & 0 \\ 0 & 0 & 5.5949 \end{bmatrix}$$

$$W = \begin{bmatrix} 13.6014 & -2.9616 & -0.6936 \\ 7.4736 & 21.6810 & 3.2100 \\ 0.7920 & -2.6334 & -20.1300 \end{bmatrix}$$

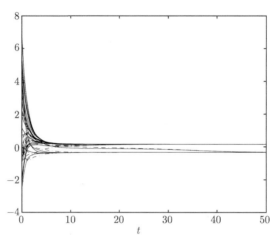

图 7.3　在 20 个随机生成的初始条件下真实状态 $x_2(t)$ (实线) 和估计状态 $\hat{x}_2(t)$ (虚线) 的
响应曲线

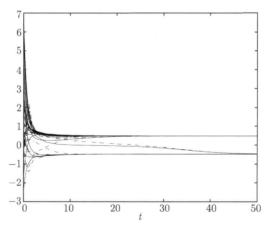

图 7.4　在 20 个随机生成的初始条件下真实状态 $x_3(t)$ (实线) 和估计状态 $\hat{x}_3(t)$ (虚线) 的
响应曲线

假设激励函数满足假设 7.1, 而且 $L = \mathrm{diag}(0.3680, 0.1795, 0.2876)$。同样, 我们可以验证 $WA \neq AW$。取 $\alpha = 0.5$。对不同的 μ, 通过求解线性矩阵不等式 (7.26), 可以得到保证该静态神经网络的平凡解是全局渐近稳定的最大允许的上界 τ。表 7.1 总结了不同方法得到的最大允许的上界 τ。这里, "—" 表示无可行解，即不能找到相应的线性矩阵不等式的可行解，因此无法判断例 7.2 的神经网络是否是稳定的。从表 7.1 可以看出，当 $k \geqslant 2$ 时，由定理 7.2 得到的最大允许上界要比文献 [222]、[225]、[226] 中的都大，而且随着 k 的增大，这个上界值也会越来越大。从而有效地说明了我们的结果的保守性比文献 [222]、[225]、[226] 中的都弱。

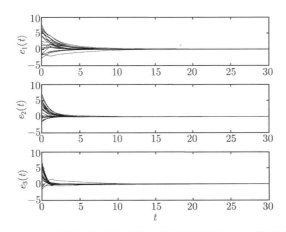

图 7.5　在 20 个随机生成的初始条件下误差信号 $e(t)$ 的响应曲线

表 7.1　对不同的 μ，由不同的方法得到的最大允许的时滞上界 τ 的比较

方法	$\mu = 0$	$\mu = 0.1$	$\mu = 0.3$	$\mu = 0.7$	$\mu = 0.9$	$\mu = 1.2$
文献 [222]	—	—	—	—	—	—
文献 [225]	1.3212	—	—	—	—	—
文献 [226]	1.3323	0.8245	0.5125	0.2461	0.2343	0.2313
定理 7.2 ($k = 1$)	1.3321	0.8244	0.5124	0.2485	0.2377	0.2340
定理 7.2 ($k = 2$)	1.3490	0.8334	0.5155	0.2485	0.2377	0.2340
定理 7.2 ($k = 3$)	1.3539	0.8359	0.5167	0.2485	0.2377	0.2340
定理 7.2 ($k = 4$)	1.3557	0.8368	0.5172	0.2485	0.2377	0.2340
定理 7.2 ($k = 5$)	1.3565	0.8372	0.5174	0.2485	0.2377	0.2340

7.5　本章小结

在本章中，我们介绍了一类时滞静态神经网络的状态估计问题。为了有效地解决这一问题，本章提出了一个改进的时滞划分方法。在利用积分不等式的基础上，首先给出了一个保证误差系统的平凡解是全局渐近稳定的充分条件。由于我们的条件是用线性矩阵不等式来表示的，因此在实际中可以非常容易地求解，从而有效地实现了状态估计器的设计。需要强调的是，随着对时滞划分的不断细化，本章得到的设计准则的保守性也会越来越弱。当然，所需要的计算量也会增大。此外，这个改进的时滞划分方法也被用于分析了时滞静态神经网络的全局渐近稳定性。最后，我们设计了两个数值例子来说明这种方法的有效性，并与一些已有的结果进行了比较。这些比较结果进一步表明了由改进的时滞划分方法建立的结果的保守性相对来讲会更弱。

第 8 章　时滞静态神经网络的状态估计 (II)：保性能状态估计的初步结果

在第 6 章中，我们系统地介绍了时滞局部场神经网络的保性能状态估计问题，得到了几个易于实现的设计结果。但是，正如第 7 章所分析的，静态神经网络和局部场神经网络并不等价，因此非常有必要讨论时滞静态神经网络的保性能状态估计器的设计问题。

和第 6 章一样，我们在本章将较详细地阐述时滞静态神经网络的两类保性能状态估计问题：一类是保 H_∞ 性能的状态估计，另一类就是所谓的保广义 H_2 性能的状态估计。为了有效地解决这两类保性能状态估计问题，我们将分别提出不依赖于时滞和依赖于时滞的方法。在依赖于时滞的方法中，Jensen 不等式和 S-procedure 技术 [63] 将被用来降低保性能状态估计器的设计结果的保守性。和第 6 章类似，也可以在依赖于时滞的设计准则中引入一些自由权矩阵。但是，我们在这里并没有这么处理。其原因就是为了减少在实现时所需要的计算量[230]。在不依赖于时滞和依赖于时滞的方法中，我们都能够得到用线性矩阵不等式表示的充分条件使得误差系统的平凡解是全局渐近稳定的。这样，保性能状态估计器的增益矩阵和最优性能指标就能通过求解对应的凸优化问题而同时得到。最后，将给出两个例子及相关的仿真结果说明本章介绍的结果对时滞静态神经网络的保性能状态估计器设计的可行性，并比较依赖于时滞和不依赖于时滞的两种方法在实际中取得的不同效果，从而更加突出依赖于时滞的结果的重要性。

8.1　问题的描述

考虑如下受噪声干扰的时滞静态神经网络：

$$(\Sigma_N): \quad \dot{x}(t) = -Ax(t) + f(Wx(t - \tau(t)) + J) + B_1 w(t) \tag{8.1}$$

$$y(t) = Cx(t) + Dx(t - \tau(t)) + B_2 w(t) \tag{8.2}$$

$$z(t) = Hx(t) \tag{8.3}$$

$$x(t) = \phi(t) \quad t \in [-\tau, 0] \tag{8.4}$$

其中，$x(t) = [x_1(t), x_2(t), \cdots, x_n(t)]^{\mathrm{T}} \in \mathbb{R}^n$ 是该神经网络的 n 个神经元的状态所组成的向量，$y(t) \in \mathbb{R}^m$ 是神经网络的输出信号，$z(t) \in \mathbb{R}^p$ 表示待估计的状态向量 $x(t)$

的线性组合, $w(t) \in \mathbb{R}^q$ 是 $L_2[0,\infty)$ 空间的噪声信号。A、W、B_1、B_2、C、D 和 H 是已知的具有适当维数的实矩阵。具体地, $A = \mathrm{diag}(a_1, a_2, \cdots, a_n) > 0$, $W = [w_{ij}]_{n \times n}$ 是神经元之间的连接权矩阵。$f(x(t)) = [f_1(x_1(t)),\ f_2(x_2(t)),\ \cdots,\ f_n(x_n(t))]^{\mathrm{T}}$ 是神经元的激励函数, $J = [J_1, J_2, \cdots, J_n]^{\mathrm{T}}$ 是作用于该神经网络的外部输入向量, 函数 $\tau(t)$ 是随时间连续变化的时滞, 且假设其上界为 $\tau > 0$。

本章目的主要是为时滞静态神经网络 (Σ_N) 设计一个合适的保性能状态估计器, 使得可以通过利用神经网络的输出信号完成对神经元状态的近似估计, 并进行性能分析。因此, 为了很好地实现对 $z(t)$ 的估计, 构造如下的全阶状态估计器:

$$(\Sigma_F):\ \dot{\hat{x}}(t) = -A\hat{x}(t) + f(W\hat{x}(t - \tau(t)) + J)$$
$$+ K(y(t) - C\hat{x}(t) - D\hat{x}(t - \tau(t))) \tag{8.5}$$
$$\hat{z}(t) = H\hat{x}(t) \tag{8.6}$$
$$\hat{x}(0) = 0 \tag{8.7}$$

其中, $\hat{x}(t) \in \mathbb{R}^n$, $\hat{z}(t) \in \mathbb{R}^p$, K 是待确定的增益矩阵。

定义误差信号分别为 $e(t) = x(t) - \hat{x}(t)$ 以及 $\bar{z}(t) = z(t) - \hat{z}(t)$。于是, 由系统 (Σ_N) 和 (Σ_F) 立刻可以得到误差信号应该满足的微分方程为

$$(\Sigma_E):\ \dot{e}(t) = -(A + KC)e(t) - KDe(t - \tau(t)) + \psi(We(t - \tau(t)))$$
$$+ (B_1 - KB_2)w(t) \tag{8.8}$$
$$\bar{z}(t) = He(t) \tag{8.9}$$

其中

$$\psi(We(t - \tau(t))) = f(Wx(t - \tau(t)) + J) - f(W\hat{x}(t - \tau(t)) + J)$$

下面分别给出时滞静态神经网络的保 H_∞ 性能和保广义 H_2 性能的状态估计问题的定义。

保 H_∞ 性能的状态估计问题   对于事先给定的 H_∞ 扰动抑制度 $\gamma > 0$, 设计一个合适的状态估计器 (Σ_F) 使得当 $w(t) \equiv 0$ 时误差系统 (8.8) 的平凡解 $e(t;0) = 0$ 是全局渐近稳定的; 且在零初始条件下, 对于任意非零的 $w(t) \in L_2[0,\infty)$ 有

$$\|\bar{z}(t)\|_2 < \gamma\|w(t)\|_2 \tag{8.10}$$

其中

$$\|\varphi(t)\|_2 = \sqrt{\int_0^\infty \varphi^{\mathrm{T}}(t)\varphi(t)\mathrm{d}t}$$

为了简单，我们称这种情况下的误差系统 (Σ_E) 是保 H_∞ 性能为 γ 的全局渐近稳定的。

保广义 H_2 性能的状态估计问题 对于事先给定的广义 H_2 扰动抑制度 $\rho > 0$，设计一个恰当的状态估计器 (Σ_F) 使得当 $w(t) \equiv 0$ 时误差系统 (8.8) 的平凡解 $e(t,0) = 0$ 是全局渐近稳定的；且在零初始条件下，对于任意非零的 $w(t) \in L_2[0,\infty)$ 有

$$\|\bar{z}(t)\|_\infty < \rho\|w(t)\|_2 \tag{8.11}$$

其中

$$\|\varphi\|_\infty = \sup_t \sqrt{\varphi^{\mathrm{T}}(t)\varphi(t)}$$

同样，我们称这种情况下的误差系统 (Σ_E) 是保广义 H_2 性能为 ρ 的全局渐近稳定的。

现在，分别对时变时滞 $\tau(t)$ 和激励函数 $f(\cdot)$ 做如下假设：

假设 8.1 存在常数 $\tau > 0$ 和 μ 使得时变时滞 $\tau(t)$ 满足

$$0 \leqslant \tau(t) \leqslant \tau, \dot{\tau}(t) \leqslant \mu \tag{8.12}$$

假设 8.2 神经元的激励函数 $f(\cdot)$ 满足

$$0 \leqslant \frac{f_i(u) - f_i(v)}{u - v} \leqslant l_i \tag{8.13}$$

其中，$u \neq v \in \mathbb{R}$，$l_i > 0$ $(i = 1, 2, \cdots, n)$ 被称之为Lipschitz常数。

8.2 时滞静态神经网络的保 H_∞ 性能的状态估计

本节主要分析时滞静态神经网络的保 H_∞ 性能的状态估计问题，并给出不依赖于时滞和依赖于时滞的两个设计准则。

8.2.1 不依赖于时滞的保 H_∞ 性能的状态估计

在此，我们先给出一个不依赖于时滞的充分条件使得误差系统 (Σ_E) 是保 H_∞ 性能为 γ 的全局渐近稳定的。由于在这个条件中不含有时滞的任何信息，因此可以应用到时滞任意大的情况。

定理 8.1 (文献 [231]) 假设时滞静态神经网络的状态估计器 (Σ_F) 的增益矩阵 K 已知。对于给定的常数 $\tau > 0$ 和 $\mu < 1$，则误差系统是保 H_∞ 性能为 γ 的全局渐近稳定的，如果存在实矩阵 $P > 0$、$Q > 0$、$R > 0$ 以及两个对角矩阵

$\Lambda = \mathrm{diag}(\lambda_1, \lambda_2, \cdots, \lambda_n) > 0$、$\Gamma = \mathrm{diag}(\gamma_1, \gamma_2, \cdots, \gamma_n) > 0$, 使得如下线性矩阵不等式成立:

$$
\begin{bmatrix}
\Phi_{11} & -PKD & W^{\mathrm{T}}L\Lambda & P & \Phi_{15} & H^{\mathrm{T}} \\
* & -(1-\mu)Q & 0 & W^{\mathrm{T}}L\Gamma & 0 & 0 \\
* & * & -2\Lambda + R & 0 & 0 & 0 \\
* & * & * & \Phi_{44} & 0 & 0 \\
* & * & * & * & -\gamma^2 I & 0 \\
* & * & * & * & * & -I
\end{bmatrix} < 0 \tag{8.14}
$$

其中

$$
L = \mathrm{diag}(l_1, l_2, \cdots, l_n)
$$

$$
\Phi_{11} = -PA - A^{\mathrm{T}}P - PKC - C^{\mathrm{T}}K^{\mathrm{T}}P + Q
$$

$$
\Phi_{15} = PB_1 - PKB_2, \quad \Phi_{44} = -(1-\mu)R - 2\Gamma
$$

证明　根据保 H_∞ 性能的状态估计问题的定义, 我们需要将定理 8.1 的证明分成两部分。首先证明不等式 (8.10) 是成立的, 然后证明当 $w(t) \equiv 0$ 时误差系统 (8.14) 的平凡解 $e(t; 0) = 0$ 是全局渐近稳定的。

(i) 定义 Lyapunov 泛函

$$
V_1(t) = e^{\mathrm{T}}(t)Pe(t) + \int_{t-\tau(t)}^{t} e^{\mathrm{T}}(s)Qe(s)\mathrm{d}s
$$

$$
+ \int_{t-\tau(t)}^{t} \psi^{\mathrm{T}}(We(s))R\psi(We(s))\mathrm{d}s \tag{8.15}
$$

显然, 在零初始条件下, $V_1(0) = 0$, 且对于任意的 $t > 0$ 有 $V_1(\infty) \geqslant 0$。令

$$
J_1(t) = \int_0^\infty \left(\bar{z}^{\mathrm{T}}(t)\bar{z}(t) - \gamma^2 w^{\mathrm{T}}(t)w(t) \right)\mathrm{d}t \tag{8.16}
$$

于是, 对于任意非零的 $w(t) \in L_2[0, \infty)$ 有

$$
J_1(t) \leqslant \int_0^\infty \left(\bar{z}^{\mathrm{T}}(t)\bar{z}(t) - \gamma^2 w^{\mathrm{T}}(t)w(t) \right)\mathrm{d}t + V_1(\infty) - V_1(0)
$$

$$
= \int_0^\infty \left(\bar{z}^{\mathrm{T}}(t)\bar{z}(t) - \gamma^2 w^{\mathrm{T}}(t)w(t) + \dot{V}_1(t) \right)\mathrm{d}t \tag{8.17}
$$

通过直接计算 $V_1(t)$ 沿误差系统 (8.8) 的轨迹对时间 t 的导数可得

$$
\begin{aligned}
\dot{V}_1(t) = {} & 2e^{\mathrm{T}}(t)P\dot{e}(t) + e^{\mathrm{T}}(t)Qe(t) - (1 - \dot{\tau}(t))e^{\mathrm{T}}(t - \tau(t))Qe(t - \tau(t)) \\
& + \psi^{\mathrm{T}}(We(t))R\psi(We(t)) - (1 - \dot{\tau}(t))\psi^{\mathrm{T}}(We(t - \tau(t)))R\psi(We(t - \tau(t))) \\
\leqslant {} & e^{\mathrm{T}}(t)\big(- P(A + KC) - (A + KC)^{\mathrm{T}}P + Q\big)e(t) - 2e^{\mathrm{T}}(t)PKDe(t - \tau(t)) \\
& + 2e^{\mathrm{T}}(t)P\psi(We(t - \tau(t))) + 2e^{\mathrm{T}}(t)P(B_1 - KB_2)w(t) \\
& - (1 - \mu)e^{\mathrm{T}}(t - \tau(t))Qe(t - \tau(t)) + \psi^{\mathrm{T}}(We(t))R\psi(We(t)) \\
& - (1 - \mu)\psi^{\mathrm{T}}(We(t - \tau(t)))R\psi(We(t - \tau(t)))
\end{aligned}
\tag{8.18}
$$

令 $W_i = [w_{i1}, w_{i2}, \cdots, w_{in}]$ 是矩阵 W 的第 i 个行向量。由于函数 $f(\cdot)$ 满足式 (8.13)，则对所有的 $i = 1, 2, \cdots, n$ 以及 $W_i e \neq 0$ 有

$$
0 \leqslant \frac{\psi_i(W_i e)}{W_i e} = \frac{f_i(W_i x + J_i) - f_i(W_i \hat{x} + J_i)}{W_i x - W_i \hat{x}} \leqslant l_i
\tag{8.19}
$$

于是，对于任意的正对角矩阵 $\Lambda = \mathrm{diag}(\lambda_1, \lambda_2, \cdots, \lambda_n)$ 和 $\Gamma = \mathrm{diag}(\gamma_1, \gamma_2, \cdots, \gamma_n)$，下列不等式：

$$
\begin{aligned}
0 \leqslant {} & -2\sum_{i=1}^{n} \lambda_i \psi_i(W_i e(t))\big(\psi_i(W_i e(t)) - l_i W_i e(t)\big) \\
= {} & -2\psi^{\mathrm{T}}(We(t))\Lambda\psi(We(t)) + 2\psi^{\mathrm{T}}(We(t))\Lambda L We(t)
\end{aligned}
\tag{8.20}
$$

$$
\begin{aligned}
0 \leqslant {} & -2\sum_{i=1}^{n} \gamma_i \psi_i(W_i e(t - \tau(t)))\big(\psi_i(W_i e(t - \tau(t))) - l_i W_i e(t - \tau(t))\big) \\
= {} & -2\psi^{\mathrm{T}}(We(t - \tau(t)))\Gamma\psi(We(t - \tau(t))) \\
& + 2\psi^{\mathrm{T}}(We(t - \tau(t)))\Gamma L We(t - \tau(t))
\end{aligned}
\tag{8.21}
$$

是成立的。结合式 (8.18)、式 (8.20) 和式 (8.21)，不难推出

$$
\begin{aligned}
\dot{V}_1(t) \leqslant {} & e^{\mathrm{T}}(t)\big(- P(A + KC) - (A + KC)^{\mathrm{T}}P + Q\big)e(t) \\
& - 2e^{\mathrm{T}}(t)PKDe(t - \tau(t)) + 2e^{\mathrm{T}}(t)P\psi(We(t - \tau(t))) \\
& + 2e^{\mathrm{T}}(t)P(B_1 - KB_2)w(t) - (1 - \mu)e^{\mathrm{T}}(t - \tau(t))Qe(t - \tau(t)) \\
& + \psi^{\mathrm{T}}(We(t))\big(- 2\Lambda + R\big)\psi(We(t)) \\
& + \psi^{\mathrm{T}}(We(t - \tau(t)))\big(- (1 - \mu)R - 2\Gamma\big)\psi(We(t - \tau(t))) \\
& + 2\psi^{\mathrm{T}}(We(t))\Lambda L We(t) + 2\psi^{\mathrm{T}}(We(t - \tau(t)))\Gamma L We(t - \tau(t))
\end{aligned}
\tag{8.22}
$$

利用 Schur 补引理, 由线性矩阵不等式 (8.14) 知

$$\Phi_1 = \begin{bmatrix} \Phi_{11} + H^{\mathrm{T}}H & -PKD & W^{\mathrm{T}}L\Lambda & P & \Phi_{15} \\ * & -(1-\mu)Q & 0 & W^{\mathrm{T}}L\Gamma & 0 \\ * & * & -2\Lambda + R & 0 & 0 \\ * & * & * & \Phi_{44} & 0 \\ * & * & * & * & -\gamma^2 I \end{bmatrix} < 0 \quad (8.23)$$

因此, 一定能找到一个足够小的数 $\varepsilon > 0$ 使得

$$\Phi_1 + \mathrm{diag}(0,0,0,0,\varepsilon I) \leqslant 0 \quad (8.24)$$

令 $\xi_1(t) = \begin{bmatrix} e^{\mathrm{T}}(t), & e^{\mathrm{T}}(t-\tau(t)), & \psi^{\mathrm{T}}(We(t)), & \psi^{\mathrm{T}}(We(t-\tau(t))), & w^{\mathrm{T}}(t) \end{bmatrix}^{\mathrm{T}}$, 则由式 (8.9) 和式 (8.22) 知, 对于任意的 $w(t) \neq 0$ 有

$$\begin{aligned} \bar{z}^{\mathrm{T}}(t)\bar{z}(t) - \gamma^2 w^{\mathrm{T}}(t)w(t) + \dot{V}_1(t) &\leqslant \xi_1^{\mathrm{T}}(t)\Phi_1\xi_1(t) \\ &\leqslant -\varepsilon w^{\mathrm{T}}(t)w(t) \\ &< 0 \end{aligned} \quad (8.25)$$

从而, 根据式 (8.17) 和式 (8.25) 得 $J_1(t) < 0$。故 $\|\bar{z}(t)\|_2 < \gamma\|w(t)\|_2$。

(ii) 当 $w(t) \equiv 0$ 时, 误差系统 (8.8) 可写为

$$\dot{e}(t) = -(A + KC)e(t) - KDe(t-\tau(t)) + \psi(We(t-\tau(t))) \quad (8.26)$$

由式 (8.14) 易得

$$\Phi_2 = \begin{bmatrix} \Phi_{11} & -PKD & W^{\mathrm{T}}L\Lambda & P \\ * & -(1-\mu)Q & 0 & W^{\mathrm{T}}L\Gamma \\ * & * & -2\Lambda + R & 0 \\ * & * & * & \Phi_{44} \end{bmatrix} < 0 \quad (8.27)$$

仍然考虑 Lyapunov 泛函 (8.15)。通过计算其沿系统 (8.26) 的轨迹对时间 t 的导数, 同样不难得到

$$\dot{V}_1(t) \leqslant \xi_2^{\mathrm{T}}(t)\Phi_2\xi_2(t) \quad (8.28)$$

其中

$$\xi_2(t) = \begin{bmatrix} e^{\mathrm{T}}(t), & e^{\mathrm{T}}(t-\tau(t)), & \psi^{\mathrm{T}}(We(t)), & \psi^{\mathrm{T}}(We(t-\tau(t))) \end{bmatrix}^{\mathrm{T}}$$

因此,由式 (8.27) 知对于任意的 $\xi(t)$ 有 $\dot{V}_1(t) \leqslant 0$。根据 Lyapunov 稳定性理论,误差系统 (8.26) 的平凡解 $e(t; 0) = 0$ 是全局渐近稳定的。证毕。

根据定理 8.1,我们立刻可以得到一个不依赖于时滞的保 H_∞ 性能的状态估计器的设计方案,即下面的定理。

定理 8.2 (文献 [231])　　对于给定的常数 $\tau > 0$ 和 $\mu < 1$,令 $\gamma > 0$ 是一个事先给定的扰动抑制度,则时滞静态神经网络 (Σ_N) 的保 H_∞ 性能的状态估计问题是可解的,如果存在实矩阵 $P > 0$、$Q > 0$、$R > 0$、G 和两个对角矩阵 $\Lambda = \mathrm{diag}(\lambda_1, \lambda_2, \cdots, \lambda_n) > 0$、$\Gamma = \mathrm{diag}(\gamma_1, \gamma_2, \cdots, \gamma_n) > 0$,使得线性矩阵不等式

$$\begin{bmatrix} \Psi_{11} & -GD & W^\mathrm{T}L\Lambda & P & \Psi_{15} & H^\mathrm{T} \\ * & -(1-\mu)Q & 0 & W^\mathrm{T}L\Gamma & 0 & 0 \\ * & * & -2\Lambda + R & 0 & 0 & 0 \\ * & * & * & \Psi_{44} & 0 & 0 \\ * & * & * & * & -\gamma^2 I & 0 \\ * & * & * & * & * & -I \end{bmatrix} < 0 \qquad (8.29)$$

成立。其中

$$\Psi_{11} = -PA - A^\mathrm{T}P - GC - C^\mathrm{T}G^\mathrm{T} + Q$$
$$\Psi_{15} = PB_1 - GB_2, \Psi_{44} = -(1-\mu)R - 2\Gamma$$

从而,状态估计器 (Σ_F) 的增益矩阵 K 可以设计为

$$K = P^{-1}G$$

证明　　注意到 $K = P^{-1}G$,因此定理 8.2 就是定理 8.1 的直接结果。证毕。

关于定理 8.2,需要指出的是,最优的 H_∞ 性能指标可以通过求解下面的凸优化问题获得[63, 65]。

算法 8.1　$\min\limits_{P,Q,R,G,\Lambda,\Gamma} \gamma^2$, s.t.线性矩阵不等式 (8.29)。

8.2.2 依赖于时滞的保 H_∞ 性能的状态估计

虽然不依赖于时滞的结果可用于时滞任意大的情况,但是不依赖于时滞的条件一般来说要比依赖于时滞的条件更加保守,特别是当时滞很小的时候。因此,除了上述结果之外,我们还非常有必要提出依赖于时滞的方法用于处理时滞静态神经网络 (Σ_N) 的保 H_∞ 性能的状态估计问题。在本小节中,通过结合 Jensen 不等式[43] 和 S-procedure 技术[63],我们可以得到下面的依赖于时滞的充分条件。需要说明的是,和定理 8.1 不同,在依赖于时滞的方法中,$\mu < 1$ 的假设不是必需的。

定理 8.3(文献 [231]) 假设状态估计器 (Σ_F) 的增益矩阵 K 已知。对于给定的 $\tau > 0$ 和 μ, 则误差系统 (Σ_F) 是保 H_∞ 性能为 γ 的全局渐近稳定的, 如果存在实矩阵 $P > 0$、$Q > 0$、$R > 0$、$S > 0$、$T > 0$ 和两个对角矩阵 $\Lambda = \mathrm{diag}(\lambda_1, \lambda_2, \cdots, \lambda_n) > 0$、$\Gamma = \mathrm{diag}(\gamma_1, \gamma_2, \cdots, \gamma_n) > 0$, 使得下列线性矩阵不等式成立:

$$
\begin{bmatrix}
\Omega_{11} & \Omega_{12} & 0 & W^{\mathrm{T}}L\Lambda & P & \Omega_{16} & \Omega_{17} & H^{\mathrm{T}} \\
* & \Omega_{22} & T & 0 & W^{\mathrm{T}}L\Gamma & 0 & -\tau D^{\mathrm{T}}K^{\mathrm{T}}T & 0 \\
* & * & -S-T & 0 & 0 & 0 & 0 & 0 \\
* & * & * & -2\Lambda + R & 0 & 0 & 0 & 0 \\
* & * & * & * & \Omega_{55} & 0 & \tau T & 0 \\
* & * & * & * & * & -\gamma^2 I & \Omega_{67} & 0 \\
* & * & * & * & * & * & -T & 0 \\
* & * & * & * & * & * & * & -I
\end{bmatrix} < 0 \quad (8.30)
$$

$$
\begin{bmatrix}
\bar{\Omega}_{11} & \bar{\Omega}_{12} & 0 & W^{\mathrm{T}}L\Lambda & P & \Omega_{16} & \Omega_{17} & H^{\mathrm{T}} \\
* & \Omega_{22} & 2T & 0 & W^{\mathrm{T}}L\Gamma & 0 & -\tau D^{\mathrm{T}}K^{\mathrm{T}}T & 0 \\
* & * & -S-2T & 0 & 0 & 0 & 0 & 0 \\
* & * & * & -2\Lambda + R & 0 & 0 & 0 & 0 \\
* & * & * & * & \Omega_{55} & 0 & \tau T & 0 \\
* & * & * & * & * & -\gamma^2 I & \Omega_{67} & 0 \\
* & * & * & * & * & * & -T & 0 \\
* & * & * & * & * & * & * & -I
\end{bmatrix} < 0 \quad (8.31)
$$

其中

$$\Omega_{11} = -PA - A^{\mathrm{T}}P - PKC - C^{\mathrm{T}}K^{\mathrm{T}}P + Q + S - 2T$$

$$\Omega_{12} = -PKD + 2T, \quad \Omega_{16} = PB_1 - PKB_2$$

$$\Omega_{17} = -\tau A^{\mathrm{T}}T - \tau C^{\mathrm{T}}K^{\mathrm{T}}T, \quad \Omega_{22} = -(1-\mu)Q - 3T$$

$$\Omega_{55} = -(1-\mu)R - 2\Gamma, \quad \Omega_{67} = \tau B_1^{\mathrm{T}}T - \tau B_2^{\mathrm{T}}K^{\mathrm{T}}T$$

$$\bar{\Omega}_{11} = -PA - A^{\mathrm{T}}P - PKC - C^{\mathrm{T}}K^{\mathrm{T}}P + Q + S - T, \quad \bar{\Omega}_{12} = -PKD + T$$

证明 和定理 8.1 一样, 该定理的证明也分为两部分。我们先证明不等式 (8.10)

是成立的。为此，考虑 Lyapunov 泛函

$$V_2(t) = e^{\mathrm{T}}(t)Pe(t) + \int_{t-\tau(t)}^{t} e^{\mathrm{T}}(s)Qe(s)\mathrm{d}s + \int_{t-\tau(t)}^{t} \psi^{\mathrm{T}}(We(s))R\psi(We(s))\mathrm{d}s$$
$$+ \int_{t-\tau}^{t} e^{\mathrm{T}}(s)Se(s)\mathrm{d}s + \tau \int_{-\tau}^{0} \int_{t+\theta}^{t} \dot{e}^{\mathrm{T}}(s)T\dot{e}(s)\mathrm{d}s\mathrm{d}\theta \tag{8.32}$$

则在零初始条件下有 $V_2(0) = 0$，而且对任意的 $t > 0$ 有 $V_2(\infty) \geqslant 0$。

定义

$$J_2(t) = \int_0^\infty \Big(\bar{z}^{\mathrm{T}}(t)\bar{z}(t) - \gamma^2 w^{\mathrm{T}}(t)w(t)\Big)\mathrm{d}t \tag{8.33}$$

于是，对于任意非零的 $w(t) \in L_2[0,\infty)$ 有

$$J_2(t) \leqslant \int_0^\infty \Big(\bar{z}^{\mathrm{T}}(t)\bar{z}(t) - \gamma^2 w^{\mathrm{T}}(t)w(t)\Big)\mathrm{d}t + V_2(\infty) - V_2(0)$$
$$= \int_0^\infty \Big(\bar{z}^{\mathrm{T}}(t)\bar{z}(t) - \gamma^2 w^{\mathrm{T}}(t)w(t) + \dot{V}_2(t)\Big)\mathrm{d}t \tag{8.34}$$

注意到式 (8.12)，计算 $V_2(t)$ 沿系统 (8.8) 的轨迹对时间 t 的导数可得

$$\dot{V}_2(t) = 2e^{\mathrm{T}}(t)P\dot{e}(t) + e^{\mathrm{T}}(t)Qe(t) - (1 - \dot{\tau}(t))e^{\mathrm{T}}(t - \tau(t))Qe(t - \tau(t))$$
$$+ \psi^{\mathrm{T}}(We(t))R\psi(We(t)) - (1 - \dot{\tau}(t))\psi^{\mathrm{T}}(We(t - \tau(t)))R\psi(We(t - \tau(t)))$$
$$+ e^{\mathrm{T}}(t)Se(t) - e^{\mathrm{T}}(t - \tau)Se(t - \tau)$$
$$+ \tau \int_{-\tau}^{0} \big(\dot{e}^{\mathrm{T}}(t)T\dot{e}(t) - \dot{e}^{\mathrm{T}}(t + \theta)T\dot{e}(t + \theta)\big)\mathrm{d}\theta$$
$$\leqslant e^{\mathrm{T}}(t)\big(-P(A + KC) - (A + KC)^{\mathrm{T}}P + Q + S\big)e(t)$$
$$- 2e^{\mathrm{T}}(t)PKDe(t - \tau(t)) + 2e^{\mathrm{T}}(t)P\psi(We(t - \tau(t)))$$
$$+ 2e^{\mathrm{T}}(t)P(B_1 - KB_2)w(t) - (1 - \mu)e^{\mathrm{T}}(t - \tau(t))Qe(t - \tau(t))$$
$$+ \psi^{\mathrm{T}}(We(t))R\psi(We(t)) - (1 - \mu)\psi^{\mathrm{T}}(We(t - \tau(t)))R\psi(We(t - \tau(t)))$$
$$- e^{\mathrm{T}}(t - \tau)Se(t - \tau) + \tau^2\dot{e}^{\mathrm{T}}(t)T\dot{e}(t) - \tau \int_{t-\tau}^{t} \dot{e}^{\mathrm{T}}(s)T\dot{e}(s)\mathrm{d}s \tag{8.35}$$

另一方面，由 Jensen 不等式易知

$$-\tau \int_{t-\tau}^{t} \dot{e}^{\mathrm{T}}(s)T\dot{e}(s)\mathrm{d}s = -\tau \int_{t-\tau(t)}^{t} \dot{e}^{\mathrm{T}}(s)T\dot{e}(s)\mathrm{d}s - \tau \int_{t-\tau}^{t-\tau(t)} \dot{e}^{\mathrm{T}}(s)T\dot{e}(s)\mathrm{d}s$$

$$= -\tau(t) \int_{t-\tau(t)}^{t} \dot{e}^{\mathrm{T}}(s)T\dot{e}(s)\mathrm{d}s - (\tau - \tau(t)) \int_{t-\tau(t)}^{t} \dot{e}^{\mathrm{T}}(s)T\dot{e}(s)\mathrm{d}s$$

$$-(\tau - \tau(t)) \int_{t-\tau}^{t-\tau(t)} \dot{e}^{\mathrm{T}}(s)T\dot{e}(s)\mathrm{d}s$$

$$-\tau(t) \int_{t-\tau}^{t-\tau(t)} \dot{e}^{\mathrm{T}}(s)T\dot{e}(s)\mathrm{d}s$$

$$\leqslant -\left(\int_{t-\tau(t)}^{t} \dot{e}(s)\mathrm{d}s \right)^{\mathrm{T}} T \left(\int_{t-\tau(t)}^{t} \dot{e}(s)\mathrm{d}s \right)$$

$$-\frac{\tau - \tau(t)}{\tau} \left(\int_{t-\tau(t)}^{t} \dot{e}(s)\mathrm{d}s \right)^{\mathrm{T}} T \left(\int_{t-\tau(t)}^{t} \dot{e}(s)\mathrm{d}s \right)$$

$$-\left(\int_{t-\tau}^{t-\tau(t)} \dot{e}(s)\mathrm{d}s \right)^{\mathrm{T}} T \left(\int_{t-\tau}^{t-\tau(t)} \dot{e}(s)\mathrm{d}s \right)$$

$$-\frac{\tau(t)}{\tau} \left(\int_{t-\tau}^{t-\tau(t)} \dot{e}(s)\mathrm{d}s \right)^{\mathrm{T}} T \left(\int_{t-\tau}^{t-\tau(t)} \dot{e}(s)\mathrm{d}s \right)$$

$$= -(e(t) - e(t - \tau(t)))^{\mathrm{T}}T(e(t) - e(t - \tau(t)))$$

$$-\frac{\tau - \tau(t)}{\tau}(e(t) - e(t - \tau(t)))^{\mathrm{T}}T(e(t) - e(t - \tau(t)))$$

$$-(e(t - \tau(t)) - e(t - \tau))^{\mathrm{T}}T(e(t - \tau(t)) - e(t - \tau))$$

$$-\frac{\tau(t)}{\tau}(e(t - \tau(t)) - e(t - \tau))^{\mathrm{T}}T(e(t - \tau(t)) - e(t - \tau))$$

$$\tag{8.36}$$

结合式 (8.9)、式 (8.20)、式 (8.21) 和式 (8.36),并经过一些简单处理,我们有

$$\bar{z}^{\mathrm{T}}(t)\bar{z}(t) - \gamma^2 w^{\mathrm{T}}(t)w(t) + \dot{V}_2(t) \leqslant \xi_3^{\mathrm{T}}(t)(\Omega_1 + \tau^2 \Omega_2^{\mathrm{T}}T\Omega_2$$
$$-\frac{\tau - \tau(t)}{\tau}\Omega_3^{\mathrm{T}}T\Omega_3 - \frac{\tau(t)}{\tau}\Omega_4^{\mathrm{T}}T\Omega_4)\xi_3(t) \quad (8.37)$$

其中

$$\xi_3(t) = \left[e^{\mathrm{T}}(t), e^{\mathrm{T}}(t - \tau(t)), e^{\mathrm{T}}(t - \tau), \psi^{\mathrm{T}}(We(t)), \psi^{\mathrm{T}}(We(t - \tau(t))), w^{\mathrm{T}}(t) \right]^{\mathrm{T}}$$

$$\Omega_1 = \begin{bmatrix} \bar{\Omega}_{11} + H^{\mathrm{T}}H & \bar{\Omega}_{12} & 0 & W^{\mathrm{T}}L\Lambda & P & \Omega_{16} \\ * & \bar{\Omega}_{22} & T & 0 & W^{\mathrm{T}}L\Gamma & 0 \\ * & * & -S-T & 0 & 0 & 0 \\ * & * & * & -2\Lambda + R & 0 & 0 \\ * & * & * & * & \Omega_{55} & 0 \\ * & * & * & * & * & -\gamma^2 I \end{bmatrix}$$

$$\bar{\Omega}_{22} = -(1-\mu)Q - 2T$$

$$\Omega_2 = \begin{bmatrix} -(A+KC), & -KD, & 0, & 0, & I, & B_1 - KB_2 \end{bmatrix}$$

$$\Omega_3 = \begin{bmatrix} I, & -I, & 0, & 0, & 0, & 0 \end{bmatrix}$$

$$\Omega_4 = \begin{bmatrix} 0, & I, & -I, & 0, & 0, & 0 \end{bmatrix}$$

又由式 (8.12) 知

$$0 \leqslant \frac{\tau - \tau(t)}{\tau} \leqslant 1, 0 \leqslant \frac{\tau(t)}{\tau} \leqslant 1, \frac{\tau - \tau(t)}{\tau} + \frac{\tau(t)}{\tau} = 1$$

于是, $[(\tau - \tau(t))/\tau]\Omega_3^{\mathrm{T}}T\Omega_3 + [\tau(t)/\tau]\Omega_4^{\mathrm{T}}T\Omega_4$ 就是矩阵 $\Omega_3^{\mathrm{T}}T\Omega_3$ 和 $\Omega_4^{\mathrm{T}}T\Omega_4$ 关于 $\tau(t)$ 的一个凸组合。因此, 由 S-procedure 技术[63, 232] 知道, 这一项可以很好地转化成两个边界线性矩阵不等式来处理: 一个是对应于 $\tau(t) = 0$ 时的 $\Omega_3^{\mathrm{T}}T\Omega_3$, 另一个是对应于 $\tau(t) = \tau$ 时的 $\Omega_4^{\mathrm{T}}T\Omega_4$。此外, 根据 Schur 补引理知, 线性矩阵不等式 (8.30) 和 (8.31) 隐含了

$$\Omega_1 + \tau^2\Omega_2^{\mathrm{T}}T\Omega_2 - \frac{\tau - \tau(t)}{\tau}\Omega_3^{\mathrm{T}}T\Omega_3 - \frac{\tau(t)}{\tau}\Omega_4^{\mathrm{T}}T\Omega_4 < 0$$

是成立的。所以, 由式 (8.37) 知, 对于任意非零的 $w(t) \neq 0$ 有

$$\bar{z}^{\mathrm{T}}(t)\bar{z}(t) - \gamma^2 w^{\mathrm{T}}(t)w(t) + \dot{V}_2(t) < 0$$

这就意味着 $J_2(t) < 0$, 即 $\|\bar{z}(t)\|_2 < \gamma\|w(t)\|_2$。

下面证明当 $w(t) \equiv 0$ 时误差系统 (8.8) 的平凡解 $e(t; 0) = 0$ 是全局渐近稳定的。当 $w(t) \equiv 0$ 时, 误差系统 (8.8) 可写为

$$\dot{e}(t) = -(A+KC)e(t) - KDe(t - \tau(t)) + \psi(We(t - \tau(t))) \tag{8.38}$$

显然, 由式 (8.30) 和式 (8.31) 知

$$\begin{bmatrix} \Omega_{11} & \Omega_{12} & 0 & W^{\mathrm{T}}L\Lambda & P & \Omega_{17} \\ * & \Omega_{22} & T & 0 & W^{\mathrm{T}}L\Gamma & -\tau D^{\mathrm{T}}K^{\mathrm{T}}T \\ * & * & -S-T & 0 & 0 & 0 \\ * & * & * & -2\Lambda+R & 0 & 0 \\ * & * & * & * & \Omega_{55} & \tau T \\ * & * & * & * & * & -T \end{bmatrix} < 0 \quad (8.39)$$

$$\begin{bmatrix} \bar{\Omega}_{11} & \bar{\Omega}_{12} & 0 & W^{\mathrm{T}}L\Lambda & P & \Omega_{17} \\ * & \Omega_{22} & 2T & 0 & W^{\mathrm{T}}L\Gamma & -\tau D^{\mathrm{T}}K^{\mathrm{T}}T \\ * & * & -S-2T & 0 & 0 & 0 \\ * & * & * & -2\Lambda+R & 0 & 0 \\ * & * & * & * & \Omega_{55} & \tau T \\ * & * & * & * & * & -T \end{bmatrix} < 0 \quad (8.40)$$

类似于式 (8.37) 的推导, 通过计算 $V_2(t)$ 沿系统 (8.38) 的轨迹对时间 t 的导数可得

$$\dot{V}_2(t) \leqslant \xi_4^{\mathrm{T}}(t) \left(\Omega_5 + \tau^2 \Omega_6^{\mathrm{T}} T \Omega_6 - \frac{\tau - \tau(t)}{\tau} \Omega_7^{\mathrm{T}} T \Omega_7 - \frac{\tau(t)}{\tau} \Omega_8^{\mathrm{T}} T \Omega_8 \right) \xi_4(t) \quad (8.41)$$

其中

$$\xi_4(t) = \left[\begin{array}{ccccc} e^{\mathrm{T}}(t), & e^{\mathrm{T}}(t-\tau(t)), & e^{\mathrm{T}}(t-\tau), & \psi^{\mathrm{T}}(We(t)), & \psi^{\mathrm{T}}(We(t-\tau(t))) \end{array} \right]^{\mathrm{T}}$$

$$\Omega_5 = \begin{bmatrix} \bar{\Omega}_{11} & \bar{\Omega}_{12} & 0 & W^{\mathrm{T}}L\Lambda & P \\ * & \bar{\Omega}_{22} & T & 0 & W^{\mathrm{T}}L\Gamma \\ * & * & -S-T & 0 & 0 \\ * & * & * & -2\Lambda+R & 0 \\ * & * & * & * & \Omega_{55} \end{bmatrix}$$

$$\Omega_6 = \left[\begin{array}{ccccc} -(A+KC), & -KD, & 0, & 0, & I \end{array} \right]$$

$$\Omega_7 = \left[\begin{array}{ccccc} I, & -I, & 0, & 0, & 0, \end{array} \right]$$

$$\Omega_8 = \left[\begin{array}{ccccc} 0, & I, & -I, & 0, & 0 \end{array} \right]$$

同样, 利用 S-procedure 技术可以证明, 当线性矩阵不等式 (8.39) 和 (8.40) 满足时

$$\Omega_5 + \tau^2 \Omega_6^{\mathrm{T}} T \Omega_6 - \frac{\tau - \tau(t)}{\tau} \Omega_7^{\mathrm{T}} T \Omega_7 - \frac{\tau(t)}{\tau} \Omega_8^{\mathrm{T}} T \Omega_8 < 0$$

是成立的。于是, 对于任意的 $\xi_4(t) \neq 0$ 有 $\dot{V}_2(t) < 0$。从而, 根据 Lyapunov 稳定性理论知, 系统 (8.38) 的平凡解 $e(t; 0) = 0$ 是全局渐近稳定的。证毕。

在定理 8.3 的基础上,我们就可以得到一个依赖于时滞的保 H_∞ 性能的状态估计器的设计准则。

定理 8.4 (文献 [231]) 考虑时滞静态神经网络 (Σ_N)。对于给定的常数 $\tau > 0$ 和 μ, 令 $\gamma > 0$ 是一个事先给定的扰动抑制度, 则时滞静态神经网络 (Σ_N) 的保 H_∞ 性能的状态估计问题是可解的, 如果存在实矩阵 $P > 0$、$Q > 0$、$R > 0$、$S > 0$、$T > 0$、G 以及两个对角矩阵 $\Lambda = \text{diag}(\lambda_1, \lambda_2, \cdots, \lambda_n) > 0$、$\Gamma = \text{diag}(\gamma_1, \gamma_2, \cdots, \gamma_n) > 0$, 满足下列线性矩阵不等式:

$$\begin{bmatrix} \Theta_{11} & \Theta_{12} & 0 & W^{\mathrm{T}}L\Lambda & P & \Theta_{16} & \Theta_{17} & H^{\mathrm{T}} \\ * & \Theta_{22} & T & 0 & W^{\mathrm{T}}L\Gamma & 0 & -\tau D^{\mathrm{T}}G^{\mathrm{T}} & 0 \\ * & * & -S-T & 0 & 0 & 0 & 0 & 0 \\ * & * & * & -2\Lambda+R & 0 & 0 & 0 & 0 \\ * & * & * & * & \Theta_{55} & 0 & \tau P & 0 \\ * & * & * & * & * & -\gamma^2 I & \Theta_{67} & 0 \\ * & * & * & * & * & * & -2P+T & 0 \\ * & * & * & * & * & * & * & -I \end{bmatrix} < 0 \quad (8.42)$$

$$\begin{bmatrix} \bar{\Theta}_{11} & \bar{\Theta}_{12} & 0 & W^{\mathrm{T}}L\Lambda & P & \Theta_{16} & \Theta_{17} & H^{\mathrm{T}} \\ * & \Theta_{22} & 2T & 0 & W^{\mathrm{T}}L\Gamma & 0 & -\tau D^{\mathrm{T}}G^{\mathrm{T}} & 0 \\ * & * & -S-2T & 0 & 0 & 0 & 0 & 0 \\ * & * & * & -2\Lambda+R & 0 & 0 & 0 & 0 \\ * & * & * & * & \Theta_{55} & 0 & \tau P & 0 \\ * & * & * & * & * & -\gamma^2 I & \Theta_{67} & 0 \\ * & * & * & * & * & * & -2P+T & 0 \\ * & * & * & * & * & * & * & -I \end{bmatrix} < 0 \quad (8.43)$$

其中

$$\Theta_{11} = -PA - A^{\mathrm{T}}P - GC - C^{\mathrm{T}}G^{\mathrm{T}} + Q + S - 2T$$

$$\Theta_{12} = -GD + 2T, \Theta_{16} = PB_1 - GB_2$$

$$\Theta_{17} = -\tau A^{\mathrm{T}}P - \tau C^{\mathrm{T}}G^{\mathrm{T}}, \Theta_{22} = -(1-\mu)Q - 3T$$

$$\Theta_{55} = -(1-\mu)R - 2\Gamma, \Theta_{67} = \tau B_1^{\mathrm{T}}P - \tau B_2^{\mathrm{T}}G^{\mathrm{T}}$$

$$\bar{\Theta}_{11} = -PA - A^{\mathrm{T}}P - GC - C^{\mathrm{T}}G^{\mathrm{T}} + Q + S - T$$

$$\bar{\Theta}_{12} = -GD + T$$

从而, 状态估计器 (Σ_F) 的增益矩阵 K 可设计为

$$K = P^{-1}G$$

证明　根据定理 8.3, 只需要证明线性矩阵不等式 (8.30) 和 (8.31) 仍然是成立的。

我们先证明式 (8.30) 的成立性。为此, 分别用矩阵 $\mathrm{diag}(I, I, I, I, I, I, PT^{-1}, I)$ 和它的转置左乘和右乘式 (8.30)。于是, 式 (8.30) 等价于

$$
\begin{bmatrix}
\Omega_{11} & \Omega_{12} & 0 & W^{\mathrm{T}}L\Lambda & P & \Omega_{16} & \tilde{\Omega}_{17} & H^{\mathrm{T}} \\
* & \Omega_{22} & T & 0 & W^{\mathrm{T}}L\Gamma & 0 & -\tau D^{\mathrm{T}}K^{\mathrm{T}}P & 0 \\
* & * & -S-T & 0 & 0 & 0 & 0 & 0 \\
* & * & * & -2\Lambda+R & 0 & 0 & 0 & 0 \\
* & * & * & * & \Omega_{55} & 0 & \tau P & 0 \\
* & * & * & * & * & -\gamma^2 I & \tilde{\Omega}_{67} & 0 \\
* & * & * & * & * & * & -PT^{-1}P & 0 \\
* & * & * & * & * & * & * & -I
\end{bmatrix} < 0 \quad (8.44)
$$

其中

$$
\tilde{\Omega}_{17} = -\tau A^{\mathrm{T}}P - \tau C^{\mathrm{T}}K^{\mathrm{T}}P, \tilde{\Omega}_{67} = \tau B_1^{\mathrm{T}}P - \tau B_2^{\mathrm{T}}K^{\mathrm{T}}P
$$

另外, 由于实矩阵 P 和 T 都是正定的, 则

$$
PT^{-1}P - 2P + T = (P-T)T^{-1}(P-T) \geqslant 0
$$

也就是 $-PT^{-1}P \leqslant -2P+T$。注意到 $K = P^{-1}G$, 容易知道线性矩阵不等式 (8.42) 保证了式 (8.44) 是成立的。因此, 线性矩阵不等式 (8.30) 也是成立的。类似地, 容易证明由线性矩阵不等式 (8.43) 可以推出式 (8.31) 是成立的。因此, 根据定理 8.3, 误差系统 (Σ_E) 是保 H_∞ 性能为 γ 的全局渐近稳定的。证毕。

现在对上述结果做几点说明。

注释 8.1　从该定理的证明过程可知, 通过利用 Jensen 不等式和 S-procedure 技术, 定理 8.4 提供了一个依赖于时滞的充分条件用于实现时滞静态神经网络 (Σ_N) 的保 H_∞ 性能的状态估计器的设计。近年来, 其中两个被广泛用于降低依赖于时滞的结果的保守性的方法分别是基于自由权矩阵的方法[80, 81, 122, 203] 和积分不等式的方法[205, 215]。另一方面, 求解线性矩阵不等式的计算复杂度是和决策变量的个数密切相关的。当线性矩阵不等式的行数一样时, 决策变量的个数越多, 所需要的计算量也越大。正是为了减少状态估计器的实现过程中所需要的计算量, 我们就没有在定理 8.4 中的线性矩阵不等式 (8.42) 和 (8.43) 中引入自由权矩阵。但这并不表示不能在线性矩阵不等式 (8.42) 和 (8.43) 中引入松弛矩阵。恰恰相反, 类似于第 6 章, 我们也可以非常容易地在保 H_∞ 性能的状态估计器的设计条件中引入自由权矩阵。这里就不再详细讨论了, 感兴趣的读者可以自行推导。

注释 8.2 和前面的不依赖于时滞的结果（即定理 8.2）相比较, 我们发现在依赖于时滞的结果中不再要求时变时滞 $\tau(t)$ 的导数的上界是严格小于 1 的。因此, 在依赖于时滞的方法中, 时变时滞可以是随时间发生快速变化的。甚至, 当时变时滞不可导或者其导数的上界未知时, 只要在线性矩阵不等式 (8.42) 和 (8.43) 中令 $Q = 0$ 和 $R = 0$, 容易验证定理 8.4 对时滞静态神经网络的保 H_∞ 性能的状态估计器的设计仍然是有效的。

注释 8.3 由于定理 8.4 中的条件是用线性矩阵不等式表示的, 因此由该定理保证的最优 H_∞ 性能指标 γ 就可以很容易地求得。事实上, 我们只需要借助于一些成熟的算法求解如下的凸优化问题

算法 8.2 $\min\limits_{P,Q,R,S,T,G,\Lambda,\Gamma} \gamma^2$, s.t. 线性矩阵不等式 (8.42) 和 (8.43)。

8.3 保广义 H_2 性能的状态估计器设计

在本节中, 我们将详细地讨论时滞静态神经网络 (Σ_N) 的保广义 H_2 性能的状态估计问题。和 8.2 节一样, 我们也分别提出不依赖于时滞和依赖于时滞的两种方法。

8.3.1 不依赖于时滞的保广义 H_2 性能的状态估计

首先, 我们给出一个不依赖于时滞的充分条件使得误差系统 (Σ_E) 是保广义 H_2 性能为 ρ 的全局渐近稳定的, 即下面的定理。

定理 8.5（文献 [231]） 假定状态估计器 (Σ_F) 的增益矩阵 K 已知。对于给定的 $\tau > 0$ 和 $\mu < 1$, 则误差系统 (Σ_E) 是保广义 H_2 性能为 ρ 的全局渐近稳定的, 如果存在实矩阵 $P > 0$、$Q > 0$、$R > 0$ 和两个对角矩阵 $\Lambda = \mathrm{diag}(\lambda_1, \lambda_2, \cdots, \lambda_n) > 0$、$\Gamma = \mathrm{diag}(\gamma_1, \gamma_2, \cdots, \gamma_n) > 0$, 使得下面的线性矩阵不等式成立:

$$\begin{bmatrix} \Upsilon_{11} & -PKD & W^{\mathrm{T}}L\Lambda & P & \Upsilon_{15} \\ * & -(1-\mu)Q & 0 & W^{\mathrm{T}}L\Gamma & 0 \\ * & * & -2\Lambda + R & 0 & 0 \\ * & * & * & \Upsilon_{44} & 0 \\ * & * & * & * & -I \end{bmatrix} < 0 \quad (8.45)$$

$$\begin{bmatrix} P & H^{\mathrm{T}} \\ * & \rho^2 I \end{bmatrix} > 0 \quad (8.46)$$

其中

$$\Upsilon_{11} = -PA - A^{\mathrm{T}}P - PKC - C^{\mathrm{T}}K^{\mathrm{T}}P + Q$$

$$\Upsilon_{15} = PB_1 - PKB_2, \Upsilon_{44} = -(1-\mu)R - 2\Gamma$$

证明   由线性矩阵不等式 (8.45) 可得

$$
\begin{bmatrix}
\varUpsilon_{11} & -PKD & W^{\mathrm{T}}L\varLambda & P \\
* & -(1-\mu)Q & 0 & W^{\mathrm{T}}L\varGamma \\
* & * & -2\varLambda + R & 0 \\
* & * & * & \varUpsilon_{44}
\end{bmatrix} < 0
\tag{8.47}
$$

根据定理 8.1 的证明过程中对误差系统的全局渐近稳定性的证明知, 当 $w(t) \equiv 0$ 时, 误差系统 (8.8) 的平凡解 $e(t;0) = 0$ 是全局渐近稳定的。因此, 要证明定理 8.5, 只需要证明不等式 (8.11) 是成立的。为此, 考虑如下 Lyapunov 泛函:

$$
\begin{aligned}
V_3(t) = {}& e^{\mathrm{T}}(t)Pe(t) + \int_{t-\tau(t)}^{t} e^{\mathrm{T}}(s)Qe(s)\mathrm{d}s \\
& + \int_{t-\tau(t)}^{t} \psi^{\mathrm{T}}(We(s))R\psi(We(s))\mathrm{d}s
\end{aligned}
\tag{8.48}
$$

显然, 在零初始条件下, $V_3(0) = 0$, 而且对 $t > 0$ 有 $V_3(t) \geqslant 0$。定义指标函数

$$
J_3(t) = V_3(t) - \int_0^t w^{\mathrm{T}}(s)w(s)\mathrm{d}s
\tag{8.49}
$$

于是, 对于任意非零的 $w(t) \in L_2[0,\infty)$, 有

$$
\begin{aligned}
J_3(t) & = V_3(t) - V_3(0) - \int_0^t w^{\mathrm{T}}(s)w(s)\mathrm{d}s \\
& = \int_0^t \left(\dot{V}_3(s) - w^{\mathrm{T}}(s)w(s) \right)\mathrm{d}s
\end{aligned}
\tag{8.50}
$$

类似于定理 8.1 的相关证明, 我们也容易证明当线性矩阵不等式 (8.45) 成立时, 对于任意非零的 $w(t)$ 有 $\dot{V}_3(t) - w^{\mathrm{T}}(t)w(t) < 0$。这就意味着 $J_3(t) < 0$。因此, 由式 (8.49) 知

$$
V_3(t) < \int_0^t w^{\mathrm{T}}(s)w(s)\mathrm{d}s
$$

另一方面, 由 Schur 补引理, 线性矩阵不等式 (8.46) 等价于

$$
\rho^2 P > H^{\mathrm{T}}H
\tag{8.51}
$$

于是, 由式 (8.9)、式 (8.48) 和式 (8.51) 知

$$\bar{z}^{\mathrm{T}}(t)\bar{z}(t) = e^{\mathrm{T}}(t)H^{\mathrm{T}}He(t)$$

$$\leqslant \rho^2 e^{\mathrm{T}}(t)Pe(t)$$

$$\leqslant \rho^2 V_3(t)$$

$$< \rho^2 \int_0^t w^{\mathrm{T}}(s)w(s)\mathrm{d}s$$

$$\leqslant \rho^2 \int_0^\infty w^{\mathrm{T}}(s)w(s)\mathrm{d}s \tag{8.52}$$

因此, 对上式取上确界可得 $\|\bar{z}(t)\|_\infty^2 < \rho^2\|w(t)\|_2^2$, 即 $\|\bar{z}(t)\|_\infty < \rho\|w(t)\|_2$。证毕。

在定理 8.5 的基础上, 我们就很容易得到一个不依赖于时滞的保广义 H_2 性能的状态估计器设计结果。

定理 8.6(文献 [231]) 考虑时滞静态神经网络 (Σ_N)。对于给定的常数 $\tau > 0$ 和 $\mu < 1$, 令 $\rho > 0$ 是一个事先给定的扰动抑制度, 则保广义 H_2 性能的状态估计问题是可解的, 如果存在实矩阵 $P > 0$、$Q > 0$、$R > 0$、G 以及 $\Lambda = \mathrm{diag}(\lambda_1, \lambda_2, \cdots, \lambda_n) > 0$、$\Gamma = \mathrm{diag}(\gamma_1, \gamma_2, \cdots, \gamma_n) > 0$, 满足下列线性矩阵不等式:

$$\begin{bmatrix} \Delta_{11} & -GD & W^{\mathrm{T}}L\Lambda & P & \Delta_{15} \\ * & -(1-\mu)Q & 0 & W^{\mathrm{T}}L\Gamma & 0 \\ * & * & -2\Lambda + R & 0 & 0 \\ * & * & * & \Delta_{44} & 0 \\ * & * & * & * & -I \end{bmatrix} < 0 \tag{8.53}$$

$$\begin{bmatrix} P & H^{\mathrm{T}} \\ * & \rho^2 I \end{bmatrix} > 0 \tag{8.54}$$

其中

$$\Delta_{11} = -PA - A^{\mathrm{T}}P - GC - C^{\mathrm{T}}G^{\mathrm{T}} + Q$$

$$\Delta_{15} = PB_1 - GB_2, \quad \Delta_{44} = -(1-\mu)R - 2\Gamma$$

从而, 状态估计器 (Σ_F) 的增益矩阵 K 可以设计为

$$K = P^{-1}G$$

证明 注意到 $K = P^{-1}G$, 则定理 8.6 就是定理 8.5 的直接结果。证毕。

由定理 8.6 可得到的最优的广义 H_2 性能指标 ρ 可以通过求解对应的凸优化问题得到[63,65]。

算法 8.3 $\min\limits_{P,Q,R,G,\Lambda,\Gamma} \rho^2$, s.t. **线性矩阵不等式** (8.53) 和 (8.54)。

8.3.2   依赖于时滞的保广义 H_2 性能的状态估计

通过结合 Jensen 不等式和 S-procedure 技术，我们可以得到一个依赖于时滞的保广义 H_2 性能的状态估计器设计准则。

定理 8.7 (文献 [231])   假设状态估计器 (Σ_F) 的增益矩阵 K 已知。对给定的常数 $\tau > 0$ 和 μ，则误差系统 (Σ_E) 是保广义 H_2 性能为 ρ 的全局渐近稳定的，如果存在实矩阵 $P > 0$、$Q > 0$、$R > 0$、$S > 0$、$T > 0$ 和两个对角矩阵 $\Lambda = \mathrm{diag}(\lambda_1, \lambda_2, \cdots, \lambda_n) > 0$、$\Gamma = \mathrm{diag}(\gamma_1, \gamma_2, \cdots, \gamma_n) > 0$，使得下列线性矩阵不等式成立:

$$
\begin{bmatrix}
\Xi_{11} & \Xi_{12} & 0 & W^{\mathrm{T}}L\Lambda & P & \Xi_{16} & \Xi_{17} \\
* & \Xi_{22} & T & 0 & W^{\mathrm{T}}L\Gamma & 0 & -\tau D^{\mathrm{T}}K^{\mathrm{T}}T \\
* & * & -S-T & 0 & 0 & 0 & 0 \\
* & * & * & -2\Lambda+R & 0 & 0 & 0 \\
* & * & * & * & \Xi_{55} & 0 & \tau T \\
* & * & * & * & * & -I & \Xi_{67} \\
* & * & * & * & * & * & -T
\end{bmatrix} < 0 \quad (8.55)
$$

$$
\begin{bmatrix}
\bar{\Xi}_{11} & \bar{\Xi}_{12} & 0 & W^{\mathrm{T}}L\Lambda & P & \Xi_{16} & \Xi_{17} \\
* & \Xi_{22} & 2T & 0 & W^{\mathrm{T}}L\Gamma & 0 & -\tau D^{\mathrm{T}}K^{\mathrm{T}}T \\
* & * & -S-2T & 0 & 0 & 0 & 0 \\
* & * & * & -2\Lambda+R & 0 & 0 & 0 \\
* & * & * & * & \Xi_{55} & 0 & \tau T \\
* & * & * & * & * & -I & \Xi_{67} \\
* & * & * & * & * & * & -T
\end{bmatrix} < 0 \quad (8.56)
$$

$$
\begin{bmatrix} P & H^{\mathrm{T}} \\ * & \rho^2 I \end{bmatrix} > 0 \quad (8.57)
$$

其中

$$\Xi_{11} = -PA - A^{\mathrm{T}}P - PKC - C^{\mathrm{T}}K^{\mathrm{T}}P + Q + S - 2T$$

$$\Xi_{12} = -PKD + 2T, \ \Xi_{16} = PB_1 - PKB_2$$

$$\Xi_{17} = -\tau A^{\mathrm{T}}T - \tau C^{\mathrm{T}}K^{\mathrm{T}}T, \ \Xi_{22} = -(1-\mu)Q - 3T$$

$$\Xi_{55} = -(1-\mu)R - 2\Gamma, \ \Xi_{67} = \tau B_1^{\mathrm{T}}T - \tau B_2^{\mathrm{T}}K^{\mathrm{T}}T$$

$$\bar{\Xi}_{11} = -PA - A^{\mathrm{T}}P - PKC - C^{\mathrm{T}}K^{\mathrm{T}}P + Q + S - T$$

$$\bar{\Xi}_{12} = -PKD + T$$

证明 首先，由线性矩阵不等式 (8.55) 和 (8.56) 知式 (8.39) 和式 (8.40) 也是成立的。因此，与定理 8.3 中全局渐近稳定性的证明完全一样，当 $w(t) \equiv 0$ 时，误差系统 (8.8) 的平凡解 $e(t; 0) = 0$ 在式 (8.55)~式 (8.56) 满足时是全局渐近稳定的。于是，要证明定理 8.7，只需要证明不等式 (8.11) 是成立的。为此，考虑 Lyapunov 泛函

$$
\begin{aligned}
V_4(t) = {}& e^{\mathrm{T}}(t)Pe(t) + \int_{t-\tau(t)}^{t} e^{\mathrm{T}}(s)Qe(s)\mathrm{d}s + \int_{t-\tau(t)}^{t} \psi^{\mathrm{T}}(We(s))R\psi(We(s))\mathrm{d}s \\
& + \int_{t-\tau}^{t} e^{\mathrm{T}}(s)Se(s)\mathrm{d}s + \tau \int_{-\tau}^{0}\int_{t+\theta}^{t} \dot{e}^{\mathrm{T}}(s)T\dot{e}(s)\mathrm{d}s\mathrm{d}\theta
\end{aligned} \tag{8.58}
$$

则在零初始条件下，$V_4(0) = 0$，而且对 $t > 0$ 有 $V_4(t) \geqslant 0$。定义

$$
J_4(t) = V_4(t) - \int_0^t w^{\mathrm{T}}(s)w(s)\mathrm{d}s \tag{8.59}
$$

于是，对于任意非零的 $w(t) \in L_2[0, \infty)$ 有

$$
\begin{aligned}
J_4(t) &= V_4(t) - V_4(0) - \int_0^t w^{\mathrm{T}}(s)w(s)\mathrm{d}s \\
&= \int_0^t \left(\dot{V}_4(s) - w^{\mathrm{T}}(s)w(s) \right)\mathrm{d}s
\end{aligned} \tag{8.60}
$$

此时，根据定理 8.3 和定理 8.5 的证明，不难推得

$$
\|\bar{z}(t)\|_{\infty} < \rho\|w(t)\|_2
$$

从而完成了定理的证明。

在此基础上，立刻可以得到一个依赖于时滞的保广义 H_2 性能的状态估计器设计准则。

定理 8.8（文献 [231]） 考虑时滞静态神经网络 (Σ_N)。对于给定的常数 $\tau > 0$ 和 μ，令 $\rho > 0$ 是一个事先给定的扰动抑制度，则保广义 H_2 性能的状态估计问题是可解的，如果存在实矩阵 $P > 0$、$Q > 0$、$R > 0$、$S > 0$、$T > 0$、G 以及两个对角矩阵 $\Lambda > 0$、$\Gamma > 0$，使得下述线性矩阵不等式成立：

$$
\begin{bmatrix}
\Pi_{11} & \Pi_{12} & 0 & W^{\mathrm{T}}L\Lambda & P & \Pi_{16} & \Pi_{17} \\
* & \Pi_{22} & T & 0 & W^{\mathrm{T}}L\Gamma & 0 & -\tau D^{\mathrm{T}}G^{\mathrm{T}} \\
* & * & -S-T & 0 & 0 & 0 & 0 \\
* & * & * & -2\Lambda+R & 0 & 0 & 0 \\
* & * & * & * & \Pi_{55} & 0 & \tau P \\
* & * & * & * & * & -I & \Pi_{67} \\
* & * & * & * & * & * & -2P+T
\end{bmatrix} < 0 \quad (8.61)
$$

$$
\begin{bmatrix}
\bar{\Pi}_{11} & \bar{\Pi}_{12} & 0 & W^{\mathrm{T}}L\Lambda & P & \Pi_{16} & \Pi_{17} \\
* & \Pi_{22} & 2T & 0 & W^{\mathrm{T}}L\Gamma & 0 & -\tau D^{\mathrm{T}}G^{\mathrm{T}} \\
* & * & -S-2T & 0 & 0 & 0 & 0 \\
* & * & * & -2\Lambda+R & 0 & 0 & 0 \\
* & * & * & * & \Pi_{55} & 0 & \tau P \\
* & * & * & * & * & -I & \Pi_{67} \\
* & * & * & * & * & * & -2P+T
\end{bmatrix} < 0 \quad (8.62)
$$

$$
\begin{bmatrix}
P & H^{\mathrm{T}} \\
* & \rho^2 I
\end{bmatrix} > 0 \quad (8.63)
$$

其中

$$
\Pi_{11} = -PA - A^{\mathrm{T}}P - GC - C^{\mathrm{T}}G^{\mathrm{T}} + Q + S - 2T
$$

$$
\Pi_{12} = -GD + 2T, \Pi_{16} = PB_1 - GB_2
$$

$$
\Pi_{17} = -\tau A^{\mathrm{T}}P - \tau C^{\mathrm{T}}G^{\mathrm{T}}, \Pi_{22} = -(1-\mu)Q - 3T
$$

$$
\Pi_{55} = -(1-\mu)R - 2\Gamma, \Pi_{67} = \tau B_1^{\mathrm{T}}P - \tau B_2^{\mathrm{T}}G^{\mathrm{T}}
$$

$$
\bar{\Pi}_{11} = -PA - A^{\mathrm{T}}P - GC - C^{\mathrm{T}}G^{\mathrm{T}} + Q + S - T
$$

$$
\bar{\Pi}_{12} = -GD + T
$$

进而, 状态估计器 (Σ_F) 的增益矩阵 K 可以设计为

$$
K = P^{-1}G
$$

证明　这个定理的证明和定理 8.4 的证明类似, 因此在此略去。证毕。

由定理 8.8 得到的最优的广义 H_2 性能指标 ρ 可以通过求解凸优化问题得到[63, 65]。

算法 8.4　$\displaystyle\min_{P,Q,R,S,T,G,\Lambda,\Gamma} \rho^2$, s.t. 线性矩阵不等式 (8.61)、(8.62) 和 (8.63)。

8.4 仿真示例

在本节中，首先给出一个具有两个平衡点的时滞静态神经网络来说明依赖于时滞的方法对保 H_∞ 性能和保广义 H_2 性能的状态估计器设计的可行性。然后，通过另一个例子来比较由不依赖于时滞和依赖于时滞的方法得到的保性能状态估计器的设计结果的不同性能表现，从而说明依赖于时滞的方法能取得相对更优的性能指标。

例 8.1 令 $x(t) = [x_1(t), x_2(t), x_3(t)]^{\mathrm{T}} \in \mathbb{R}^3$。考虑具有如下系数的时滞静态神经网络 (Σ_N)：

$$
A = \begin{bmatrix} 0.96 & 0 & 0 \\ 0 & 0.8 & 0 \\ 0 & 0 & 1.48 \end{bmatrix}, \quad W = \begin{bmatrix} 0.5 & 0.3 & -0.36 \\ 0.1 & 0.12 & 0.5 \\ -0.42 & 0.78 & 0.9 \end{bmatrix},
$$

$$
B_1 = \begin{bmatrix} 0.1 \\ 0.2 \\ 0.1 \end{bmatrix}, \quad C = \begin{bmatrix} 1, & 0, & -2, \end{bmatrix}, \quad D = \begin{bmatrix} 0.5, & 0, & -1 \end{bmatrix}
$$

$$
B_2 = -0.1 \quad H = \begin{bmatrix} 1 & 1 & 0 \\ 1 & 0 & -1 \\ 0 & 1 & 1 \end{bmatrix}, \quad J = \begin{bmatrix} 0 \\ 0 \\ 0 \end{bmatrix}
$$

神经元的激励函数取为 $f(x) = \tanh(x)$，则 $f(x)$ 满足假设 8.2，且 $L = I$。时变时滞为 $\tau(t) = 0.5 + 0.5\cos(2.4t)$。因此有 $\tau = 1$ 以及 $\mu = 1.2$。图 8.1 表示该时滞静态神经网络在相平面上的动力学行为。从中可以清晰地看到该神经网络具有两个稳定的平衡点。也就是说，在不同的初始条件下，该神经网络会收敛到不同的平衡点。此外，噪声信号假设为 $w(t) = \dfrac{1}{1+t}$ $(t > 0)$。可以验证，$w(t) \in L_2[0, \infty)$。

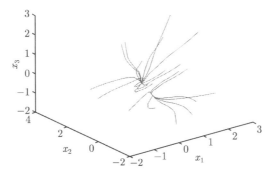

图 8.1 例 8.1 中的时滞静态神经网络在相平面上的动力学行为

首先考虑保 H_∞ 性能的状态估计器的设计。通过借助 Matlab 线性矩阵不等式工具箱实现算法 8.2, 找到的一组可行解为

$$P = \begin{bmatrix} 27.0438 & -9.2731 & -1.0124 \\ -9.2731 & 21.8080 & -4.1432 \\ -1.0124 & -4.1432 & 12.2388 \end{bmatrix}$$

$$Q = 10^{-3} \times \begin{bmatrix} 0.5701 & -0.4855 & 0.1363 \\ -0.4855 & 0.4153 & -0.1182 \\ 0.1363 & -0.1182 & 0.0369 \end{bmatrix}$$

$$R = 10^{-4} \times \begin{bmatrix} 0.0753 & -0.0438 & -0.0003 \\ -0.0438 & 0.1369 & -0.0348 \\ -0.0003 & -0.0348 & 0.0274 \end{bmatrix}$$

$$S = \begin{bmatrix} 14.0340 & -6.4285 & -2.3723 \\ -6.4285 & 8.5334 & 0.6666 \\ -2.3723 & 0.6666 & 6.2300 \end{bmatrix}$$

$$T = \begin{bmatrix} 22.5521 & -2.8078 & 0.1604 \\ -2.8078 & 15.0125 & -1.1961 \\ 0.1604 & -1.1961 & 4.6834 \end{bmatrix}$$

$$\Lambda = 10^{-4} \times \begin{bmatrix} 0.2703 & 0 & 0 \\ 0 & 0.4042 & 0 \\ 0 & 0 & 0.0911 \end{bmatrix}$$

$$\Gamma = \begin{bmatrix} 19.1901 & 0 & 0 \\ 0 & 19.2227 & 0 \\ 0 & 0 & 4.7163 \end{bmatrix}$$

$$G = \begin{bmatrix} 4.3326 \\ -3.9712 \\ -2.9210 \end{bmatrix}$$

于是, 保 H_∞ 性能的状态估计器的增益矩阵 K 可以设计为

$$K = \begin{bmatrix} 0.0782 \\ -0.2062 \\ -0.3020 \end{bmatrix}$$

且由该算法所得到的最优 H_∞ 性能指标为 $\gamma_{\min} = 1.6002$。图 8.2 给出了在 20 个随机生成的初始条件下误差信号 $e(t)$ 的响应曲线。从这些仿真结果也可以看出定理 8.4 对时滞静态神经网络的保 H_∞ 性能的状态估计器设计的有效性。

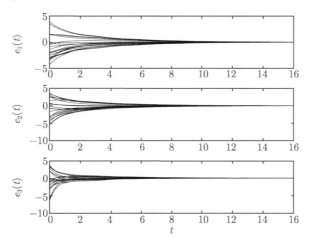

图 8.2 在 20 个随机生成的初始条件下误差信号 $e(t)$ 的响应曲线: H_∞ 的情形

其次，考虑保广义 H_2 性能的状态估计器的设计。通过求解算法 8.4，我们得到的一组可行解为

$$P = \begin{bmatrix} 21.1254 & -9.0427 & -1.6258 \\ -9.0427 & 17.6639 & -4.0031 \\ -1.6258 & -4.0031 & 12.3445 \end{bmatrix}$$

$$Q = \begin{bmatrix} 0.0011 & -0.0010 & 0.0003 \\ -0.0010 & 0.0009 & -0.0002 \\ 0.0003 & -0.0002 & 0.0001 \end{bmatrix}$$

$$R = 10^{-4} \times \begin{bmatrix} 0.1037 & -0.0865 & -0.0037 \\ -0.0865 & 0.2995 & -0.0733 \\ -0.0037 & -0.0733 & 0.0605 \end{bmatrix}$$

$$S = \begin{bmatrix} 12.7525 & -6.6341 & -3.1053 \\ -6.6341 & 8.4550 & 1.7404 \\ -3.1053 & 1.7404 & 6.6520 \end{bmatrix}$$

$$T = \begin{bmatrix} 16.5576 & -4.6921 & 0.2672 \\ -4.6921 & 12.1790 & -1.1756 \\ 0.2672 & -1.1756 & 3.9650 \end{bmatrix}$$

$$\varLambda = 10^{-4} \times \begin{bmatrix} 0.3523 & 0 & 0 \\ 0 & 0.8729 & 0 \\ 0 & 0 & 0.2063 \end{bmatrix}$$

$$\varGamma = \begin{bmatrix} 13.9189 & 0 & 0 \\ 0 & 18.9008 & 0 \\ 0 & 0 & 4.6685 \end{bmatrix}$$

$$G = \begin{bmatrix} 4.1831 \\ -3.5386 \\ -3.3666 \end{bmatrix}$$

于是, 保广义 H_2 性能的状态估计器的增益矩阵 K 可以设计为

$$K = \begin{bmatrix} 0.0674 \\ -0.2435 \\ -0.3428 \end{bmatrix}$$

且此时求得的最优广义 H_2 性能指标为 $\rho_{\min} = 0.6395$。在这种情况下, 图 8.3 给出了在 20 个随机生成的初始条件下误差信号 $e(t)$ 的响应曲线。图 8.3 的仿真结果同样说明了定理 8.8 对时滞静态神经网络的保广义 H_2 性能的状态估计器设计的有效性。

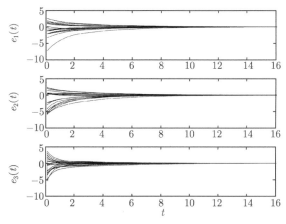

图 8.3　在 20 个随机生成的初始条件下误差信号 $e(t)$ 的响应曲线: 广义 H_2 的情形

　　下面给出一个例子来比较由不依赖于时滞和依赖于时滞的方法得到的结果在时滞静态神经网络的保性能状态估计器的设计方面取得的不同效果。

例 8.2 设 $x(t) = [x_1(t), x_2(t), x_3(t)]^{\mathrm{T}} \in \mathbb{R}^3$。考虑具有如下系数的时滞静态神经网络 (Σ_N):

$$A = \begin{bmatrix} 1.56 & 0 & 0 \\ 0 & 2.42 & 0 \\ 0 & 0 & 1.88 \end{bmatrix}, \quad W = \begin{bmatrix} -0.3 & 0.8 & -1.36 \\ 1.1 & 0.4 & -0.5 \\ 0.42 & 0 & -0.95 \end{bmatrix}$$

$$B_1 = \begin{bmatrix} 0.2 \\ 0.2 \\ 0.2 \end{bmatrix}, \quad C = \begin{bmatrix} 1, & 0, & 0 \end{bmatrix} \quad D = \begin{bmatrix} 2, & 0, & 0 \end{bmatrix}$$

$$B_2 = 0.4 \quad H = \begin{bmatrix} 1 & 0 & 0.5 \\ 1 & 0 & 1 \\ 0 & -1 & 1 \end{bmatrix} \quad L = \begin{bmatrix} 1 & 0 & 0 \\ 0 & 1 & 0 \\ 0 & 0 & 1 \end{bmatrix}$$

根据算法 8.1 和算法 8.2,对于给定的常数 τ 和 μ,可以分别计算出最优的 H_∞ 性能指标 $\gamma_{\min}$。在表 8.1 中,我们列出了当 τ 和 μ 取不同的值时由不依赖于时滞和依赖于时滞的方法所取得的 $\gamma_{\min}$ 的比较。这里,(a,b) 表示 $\tau = a$、$\mu = b$。比如,$(0.9, 0.3)$ 就表示 $\tau = 0.9$ 以及 $\mu = 0.3$。

表 8.1 对于给定的 τ 和 μ,不同的方法取得的最优 H_∞ 性能指标的比较

$\gamma_{\min}$	$(0.9, 0.3)$	$(0.9, 0.5)$	$(0.8, 0.6)$	$(0.8, 0.7)$	$(0.7, 0.9)$
算法 8.1	0.6363	0.7793	1.0146	3.2633	无可行解
算法 8.2	0.3404	0.3871	0.2756	0.2883	0.1506

又根据算法 8.3 和算法 8.4,对于给定的常数 τ 和 μ,我们也可以分别计算出最优的广义 H_2 性能指标 $\rho_{\min}$。其结果归纳于表 8.2。从这两个表格,我们都可以发现依赖于时滞的设计方法能取得比不依赖于时滞的方法更好的效果。这和实际情况也是一致的,即依赖于时滞的结果的保守性要比不依赖于时滞的更弱。

表 8.2 对于给定的 τ 和 μ,不同的方法取得的最优广义 H_2 性能指标的比较

$\rho_{\min}$	$(0.9, 0.3)$	$(0.9, 0.5)$	$(0.8, 0.6)$	$(0.8, 0.7)$	$(0.7, 0.9)$
算法 8.3	0.3133	0.4553	0.5239	0.9172	无可行解
算法 8.4	0.0739	0.2839	0.1085	0.2220	0.0868

8.5　本章小结

在本章中,我们比较详细地阐述了时滞静态神经网络的保 H_∞ 性能和保广义 H_2 性能的状态估计器的设计。针对这两类保性能状态估计问题,分别提出了不依

赖于时滞和依赖于时滞的两种方法, 得到了一些易于验证的保性能状态估计器的设计算法。特别地, 在依赖于时滞的方法中, 为了得到保守性更弱的保性能状态估计器的设计准则, 我们有机地将 Jensen 不等式和 S-procedure 技术结合起来。同时, 为了减少在实现的过程中所需要的计算量, 我们并没有在本章给出的设计准则中引入自由权矩阵。需要强调的是, 通过线性矩阵不等式技术, 我们将相关的状态估计器的设计问题成功地转化成求解对应的凸优化问题。这就使得我们的结果在工程上很容易实现, 因此具有很好的应用前景。最后, 给出了两个数值例子。其中, 具有两个平衡点的时滞静态神经网络的例子主要用于说明依赖于时滞的方法对这两类保性能状态估计器设计的可行性; 另一个例子主要用来比较不依赖于时滞和依赖于时滞的方法在保性能状态估计器的设计方面取得的不同效果, 从而直观地说明了依赖于时滞的方法要比不依赖于时滞的方法具有更好的优势。

第9章 时滞静态神经网络的状态估计 (III)：基于二阶积分不等式的保性能状态估计

在第 8 章中，我们比较系统地讨论了时滞静态神经网络的保 H_∞ 性能和保广义 H_2 性能的状态估计器的设计问题，分别提出了不依赖于时滞和依赖于时滞的两种方法。正如在前面所看到的，在性能表现方面，依赖于时滞的方法明显比不依赖于时滞的方法好很多。因此，提出不同的依赖于时滞的方法研究这一问题就显得非常有必要了。

在第 8 章中，为了得到依赖于时滞的设计算法，我们灵活地运用了 Jensen 不等式和 S-procedure 技术。与此同时，经过分析发现，在前面几章中所构造的 Lyaounov 泛函最多都只包含了二阶积分项，比如 $\int_{-\tau}^{0}\int_{t+\theta}^{t}\dot{e}^{\mathrm{T}}(s)T\dot{e}(s)\mathrm{d}s\mathrm{d}\theta$。于是，在沿系统的轨迹对时间的导数中就只会含有一阶积分项了。但是，在最近的文献 [233] 和文献 [234] 中提到，如果在 Lyapunov 泛函中恰当地引入更高阶的积分项（如三阶积分项，甚至四阶积分项等），可能会进一步降低已有的时滞线性系统的稳定性判据的保守性。这是因为在这种带高阶积分项的 Lyapunov 泛函的导数中会出现二阶积分项。于是，如果能很好地处理这个二阶积分项，那么得到的依赖于时滞的稳定性的判断条件的保守性就会更弱。

基于这些考虑，本章将继续分析时滞静态神经网络的保 H_∞ 性能和保广义 H_2 性能的状态估计问题。在构造合适的 Lyapunov 泛函时，我们将引入了高阶积分项

$$\int_{-\tau}^{0}\int_{t+\theta}^{t}\mathrm{e}^{\beta(s-\theta)}(s-t-\theta)\dot{e}^{\mathrm{T}}(s)T\dot{e}(s)\mathrm{d}s\mathrm{d}\theta$$

为了得到效果更好的保性能状态估计器的设计方案，我们将分别采用相互凸组合技术[235]（reciprocally convex combination）和改进的二阶积分不等式分别处理 Lyapunov 泛函沿系统轨迹的导数中出现的一阶积分项和二阶积分项。值得一提的是，这个改进的二阶积分不等式可以看作是自由权矩阵方法[120,210] 在二阶积分情况下的推广，同时也包含了文献 [234] 中的二阶积分不等式作为特例。在此基础上，可以得到一些依赖于时滞的充分条件使得误差系统是保 H_∞ 性能或保广义 H_2 性能的全局指数稳定的。和第 8 章一样，我们将利用线性矩阵不等式来表示这些充分条件，所以状态估计器的增益矩阵的设计和最优的性能指标可以同时通过求解相

应的凸优化问题而得到。最后，为了和一些已有的结果相比较，我们将给出两个数值例子用于说明本章提出的结果在保性能状态估计器设计方面的优势。

9.1　问题的描述

考虑受噪声干扰的时滞静态神经网络

$$
\begin{cases}
\dot{x}(t) = -Ax(t) + f(Wx(t - \tau(t)) + J) + B_1 w(t) & \text{(9.1a)} \\
y(t) = Cx(t) + Dx(t - \tau(t)) + B_2 w(t) & \text{(9.1b)} \\
z(t) = Hx(t) & \text{(9.1c)} \\
x(t) = \phi(t) \quad t \in [-\tau, 0] & \text{(9.1d)}
\end{cases}
$$

其中，n 表示神经元的个数，$x(t) = [x_1(t), x_2(t), \cdots, x_n(t)]^{\mathrm{T}} \in \mathbb{R}^n$ 是由神经元的状态信息所组成的向量，$y(t) \in \mathbb{R}^m$ 是网络的输出向量，$z(t) \in \mathbb{R}^p$ 是待估计的状态向量的线性组合，$w(t) \in \mathbb{R}^q$ 是作用于该神经网络的噪声信号。我们假设 $w(t)$ 属于 $L_2[0, \infty)$。A、W、B_1、B_2、C、D 和 H 是一些具有适当维数的已知的实矩阵。特别地，$A = \mathrm{diag}(a_1, a_2, \cdots, a_n) > 0$ 是一对角矩阵，$W = [w_1^{\mathrm{T}}, w_2^{\mathrm{T}}, \cdots, w_n^{\mathrm{T}}]^{\mathrm{T}}$ 表示神经元之间的连接权矩阵。向量值函数 $f(x(t)) = [f_1(x_1(t)),\ f_2(x_2(t)),\ \cdots,\ f_n(x_n(t))]^{\mathrm{T}}$ 表示神经元的激励函数，$J = [J_1, J_2, \cdots, J_n]^{\mathrm{T}}$ 是一外部输入向量，$\tau(t)$ 是该神经网络的随时间发生连续变化的时滞，$\phi(t)$ 是定义在 $[-\tau, 0]$ 上的初始条件。

对激励函数 $f(\cdot)$ 和时变时滞 $\tau(t)$ 分别作以下假设。

假设 9.1　*激励函数 $f_i(\cdot)$ 满足*

$$
l_i^- \leqslant \frac{f_i(a) - f_i(b)}{a - b} \leqslant l_i^+ \quad (\forall a \neq b \in \mathbb{R}) \tag{9.2}
$$

其中，l_i^- 和 l_i^+ 是已知的常数。

在这个假设中，我们不要求 l_i^- 和 l_i^+ 一定是正的。实际上，它们可以是正数，也可以是负数，甚至可以为零。因此，满足这一假设的激励函数要比满足所谓的 Lipschitz 连续条件的函数更加广泛，更具有一般性。

假设 9.2　*存在常数 $\tau > 0$ 和 $\mu \leqslant 1$ 使得时变时滞 $\tau(t)$ 满足*

$$
0 \leqslant \tau(t) \leqslant \tau, \dot{\tau}(t) \leqslant \mu \tag{9.3}
$$

对于上述时滞静态神经网络 (9.1)，构造的状态估计器为

$$
\begin{cases}
\dot{\hat{x}}(t) = -A\hat{x}(t) + f(W\hat{x}(t - \tau(t)) + J) & \\
\qquad + K(y(t) - C\hat{x}(t) - D\hat{x}(t - \tau(t))) & \text{(9.4a)} \\
\hat{z}(t) = H\hat{x}(t) & \text{(9.4b)} \\
\hat{x}(t) = 0 \quad t \in [-\tau, 0] & \text{(9.4c)}
\end{cases}
$$

其中，$\hat{x}(t) \in \mathbb{R}^n$，$\hat{z}(t) \in \mathbb{R}^p$，且 K 是待设计的增益矩阵。

定义误差信号分别为 $e(t) = x(t) - \hat{x}(t)$ 和 $\bar{z}(t) = z(t) - \hat{z}(t)$，则由式 (9.1) 和式 (9.4) 知，误差系统为

$$
\begin{cases}
\dot{e}(t) = -(A + KC)e(t) - KDe(t - \tau(t)) \\
\qquad\qquad + g(t - \tau(t)) + (B_1 - KB_2)w(t) & (9.5\text{a}) \\
\bar{z}(t) = He(t) & (9.5\text{b})
\end{cases}
$$

其中

$$g_i(t - \tau(t)) = f_i(w_i x(t - \tau(t)) + J_i) - f_i(w_i \hat{x}(t - \tau(t)) + J_i)$$

$$g(t - \tau(t)) = \Big[g_1(t - \tau(t)), g_2(t - \tau(t)), \cdots, g_n(t - \tau(t)) \Big]^{\mathrm{T}}$$

此时，由式 (9.2) 可得，对于任意非零的 $w_i e(t) \neq 0$ 有

$$l_i^- \leqslant \frac{g_i(t)}{w_i e(t)} \leqslant l_i^+ \tag{9.6}$$

在给出保性能状态估计器的设计要求之前，我们先定义平衡点的全局指数稳定性。

定义 9.1 当 $w(t) \equiv 0$ 时，误差系统 (9.5a) 的平凡解 $e(t;0) = 0$ 被称为全局指数稳定的，如果存在常数 $\alpha > 0$ 和 $\beta > 0$ 使得不等式

$$|e(t)|^2 \leqslant \alpha \mathrm{e}^{-\beta t} \sup_{-\tau \leqslant t \leqslant 0} (|\phi(t)|^2 + |\dot{\phi}(t)|^2) \tag{9.7}$$

对任意的初始条件 $\phi(t) \in \mathcal{C}^1([-\tau, 0]; \mathbb{R}^n)$ 都是成立的。这里，我们称 β 为指数衰减率。

虽然这里给出的全局指数稳定性的定义和第 6 章中的有点差异，但本质上是一样的。这是因为初始条件 $\phi(t)$ 是事先给定的，因此 $\dot{\phi}(t)$ 也是已知的，从而只会影响到系数 α，而与更为重要的指数衰减率 β 是无关的。

下面分别给出本章所讨论的保 H_∞ 性能和保广义 H_2 性能的状态估计问题的具体形式。

保 H_∞ 性能的状态估计问题 对于给定的常数 $\beta > 0$ 和 H_∞ 扰动抑制度 $\gamma > 0$，设计一个合适的状态估计器 (9.4) 使得：

(i) 当 $w(t) \equiv 0$ 时，误差系统 (9.5a) 的平凡解 $e(t;0) = 0$ 是指数衰减率为 β 的全局指数稳定的；

(ii) 在零初始条件下，对于任意非零的 $w(t) \in L_2[0, \infty)$ 有

$$\|\bar{z}(t)\|_2 < \gamma \|w(t)\|_2 \tag{9.8}$$

其中, $\|\psi(t)\|_2 = \sqrt{\int\limits_0^\infty \psi^{\mathrm{T}}(t)\psi(t)\mathrm{d}t}$。

保广义 H_2 性能的状态估计问题   对于给定的常数 $\beta > 0$ 和广义 H_2 扰动抑制度 $\gamma > 0$, 设计一个合适的状态估计器 (9.4) 使得:

(i) 当 $w(t) \equiv 0$ 时, 误差系统 (9.5a) 的平凡解 $e(t; 0) = 0$ 是指数衰减率为 β 的全局指数稳定的;

(ii) 在零初始条件下, 对于任意非零的 $w(t) \in L_2[0, \infty)$ 有

$$\|\bar{z}(t)\|_\infty < \rho\|w(t)\|_2 \tag{9.9}$$

其中, $\|\varphi\|_\infty = \sup_t \sqrt{\varphi^{\mathrm{T}}(t)\varphi(t)}$。

本章的目的是介绍一个基于二阶积分不等式的方法用于处理时滞静态神经网络的保 H_∞ 性能和保广义 H_2 性能的状态估计问题。为此, 先给出这个重要的二阶积分不等式。

引理 9.1(文献 [236])   对于给定的维数适当的实矩阵 $T > 0$ 和 M、常数 $\tau > 0$ 以及向量值函数 $\sigma(t)$ 和 $\xi(t)$, 我们有

$$-\int\limits_{-\tau}^0 \int\limits_{t+\theta}^t \sigma^{\mathrm{T}}(s)T\sigma(s)\mathrm{d}s\mathrm{d}\theta \leqslant \frac{1}{2}\tau^2\xi^{\mathrm{T}}(t)M^{\mathrm{T}}T^{-1}M\xi(t)$$

$$+ 2\xi^{\mathrm{T}}(t)M^{\mathrm{T}}\int\limits_{-\tau}^0 \int\limits_{t+\theta}^t \sigma(s)\mathrm{d}s\mathrm{d}\theta \tag{9.10}$$

证明   令 $\chi(s) = [\xi^{\mathrm{T}}(t), \sigma^{\mathrm{T}}(s)]^{\mathrm{T}}$。显然

$$\begin{bmatrix} I & -M^{\mathrm{T}}T^{-1} \\ 0 & I \end{bmatrix} \begin{bmatrix} M^{\mathrm{T}}T^{-1}M & M^{\mathrm{T}} \\ M & T \end{bmatrix}$$

$$\times \begin{bmatrix} I & -M^{\mathrm{T}}T^{-1} \\ 0 & I \end{bmatrix}^{\mathrm{T}} = \begin{bmatrix} 0 & 0 \\ 0 & T \end{bmatrix} \geqslant 0$$

于是

$$\int\limits_{-\tau}^0 \int\limits_{t+\theta}^t \chi^{\mathrm{T}}(s) \begin{bmatrix} M^{\mathrm{T}}T^{-1}M & M^{\mathrm{T}} \\ M & T \end{bmatrix} \chi(s)\mathrm{d}s\mathrm{d}\theta \geqslant 0$$

将上式展开, 不难得到式 (9.10)。证毕。

特别地, 当 $\sigma(t) = \dot{e}(t)$ 时, 引理 9.1 也可以通过利用牛顿–莱布尼茨公式获得。事实上, 对于任意的维数适当的实矩阵 M 有

$$2\xi^{\mathrm{T}}(t)M^{\mathrm{T}}\left(\tau e(t) - \int\limits_{t-\tau}^t e(s)ds - \int\limits_{-\tau}^0 \int\limits_{t+\theta}^t \dot{e}(s)\mathrm{d}s\mathrm{d}\theta\right) \equiv 0$$

因此

$$-\int_{-\tau}^{0}\int_{t+\theta}^{t}\dot{e}^{\mathrm{T}}(s)T\dot{e}(s)\mathrm{d}s\mathrm{d}\theta=-\int_{-\tau}^{0}\int_{t+\theta}^{t}\dot{e}^{\mathrm{T}}(s)T\dot{e}(s)\mathrm{d}s\mathrm{d}\theta$$

$$+2\xi^{\mathrm{T}}(t)M^{\mathrm{T}}\Big(\tau e(t)-\int_{t-\tau}^{t}e(s)\mathrm{d}s-\int_{-\tau}^{0}\int_{t+\theta}^{t}\dot{e}(s)\mathrm{d}s\mathrm{d}\theta\Big)$$

$$=\frac{\tau^2}{2}\xi^{\mathrm{T}}(t)M^{\mathrm{T}}T^{-1}M\xi(t)+2\xi^{\mathrm{T}}(t)M^{\mathrm{T}}\Big(\tau e(t)-\int_{t-\tau}^{t}e(s)\mathrm{d}s\Big)$$

$$-\int_{-\tau}^{0}\int_{t+\theta}^{t}(\xi^{\mathrm{T}}(t)M^{\mathrm{T}}+\dot{e}^{\mathrm{T}}(s)T)T^{-1}(M\xi(t)+T\dot{e}(s))\mathrm{d}s\mathrm{d}\theta$$

显然, 对于 $T>0$, 上式的最后一项是非正的。从而, 式 (9.10) 是成立的。

关于这个引理, 我们给出一点说明。

注释 9.1 值得一提的是, 引理 9.1 是文献 [210] 中的一阶积分不等式 (即文献 [210] 的引理 2) 和文献 [120] 中的自由权矩阵技术在二阶积分情况下的推广。另一方面, 当 $\tau_1=0$ 以及 $\tau_2=\tau$ 时, 文献 [234] 中的引理 1 的第二个不等式就是我们的一个特例。可以证明, 当 $\xi(t)=\Big[e^{\mathrm{T}}(t),\int_{t-\tau}^{t}e^{\mathrm{T}}(s)\mathrm{d}s\Big]^{\mathrm{T}}$ 和 $M=\Big[-(2/\tau)T,(2/\tau^2)T\Big]$ 时, 式 (9.10) 就和文献 [234] 中引理 1 的第二个不等式完全相同。所以, 完全有理由相信在引理 9.1 的基础上得到的依赖于时滞的设计准则将会有更好的表现。

9.2 基于二阶积分不等式的保 H_∞ 性能的状态估计

9.2.1 依赖于时滞的保 H_∞ 性能的设计准则

记

$$\beta_1=\frac{\tau(\mathrm{e}^{\beta\tau}-1)}{\beta},\beta_2=\frac{\beta\tau\mathrm{e}^{\beta\tau}-\mathrm{e}^{\beta\tau}+1}{\beta^2}$$
$$L^-=\mathrm{diag}(l_1^-,l_2^-,\cdots,l_n^-),L^+=\mathrm{diag}(l_1^+,l_2^+,\cdots,l_n^+)$$

我们有下面的定理。

定理 9.1 (文献 [236]) 考虑时滞静态神经网络(9.1)。对于给定的常数 $\tau>0$, μ、$\beta>0$ 以及扰动抑制度 $\gamma>0$, 则保 H_∞ 性能的状态估计问题是可解的, 如果存在实矩阵 $P>0$、$Q_1=\begin{bmatrix}Q_{11}&Q_{12}\\ *&Q_{13}\end{bmatrix}>0$、$Q_2>0$、$R>0$、$S>0$、$T>0$、$M_i$ $(i=1,2,\cdots\cdots,7)$、X、G、$\varLambda_1=\mathrm{diag}(\lambda_{11},\lambda_{12},\cdots,\lambda_{1n})>0$、$\varLambda_2=$

$\mathrm{diag}(\lambda_{21}, \lambda_{22}, \cdots, \lambda_{2n}) > 0$, 使得下列线性矩阵不等式成立:

$$\begin{bmatrix} R & X \\ * & R \end{bmatrix} \geqslant 0 \tag{9.11}$$

$$\begin{bmatrix} \Omega_1 & \tau\Omega_2^{\mathrm{T}} & \tau\Omega_3^{\mathrm{T}} \\ * & -2T & 0 \\ * & * & \Omega_4 \end{bmatrix} < 0 \tag{9.12}$$

其中

$$\Omega_1 = \begin{bmatrix} \Omega_{11} & \Omega_{12} & \Omega_{13} & \Omega_{14} & \Omega_{15} & \Omega_{16} & \Omega_{17} \\ * & \Omega_{22} & \Omega_{23} & -M_2^{\mathrm{T}} & 0 & \Omega_{26} & 0 \\ * & * & \Omega_{33} & -M_3^{\mathrm{T}} & 0 & 0 & 0 \\ * & * & * & \Omega_{44} & -M_5 & -M_6 & -M_7 \\ * & * & * & * & \Omega_{55} & 0 & 0 \\ * & * & * & * & * & \Omega_{66} & 0 \\ * & * & * & * & * & * & -\gamma^2 I \end{bmatrix}$$

$$\Omega_2 = \begin{bmatrix} M_1, & M_2, & M_3, & M_4, & M_5, & M_6, & M_7 \end{bmatrix}$$

$$\Omega_3 = \begin{bmatrix} -PA - GC, & -GD, & 0, & 0, & 0, & P, & PB_1, -GB_2 \end{bmatrix}$$

$$\Omega_4 = -2P + \frac{\beta_1}{\tau^2}R + \frac{\beta_2}{\tau^2}T$$

$$\Omega_{11} = -PA - A^{\mathrm{T}}P + \beta P - GC - C^{\mathrm{T}}G^{\mathrm{T}} + e^{\beta\tau}Q_{11} + e^{\beta\tau}Q_2 - R$$
$$\qquad + \beta_1 S + \tau M_1 + \tau M_1^{\mathrm{T}} - 2W^{\mathrm{T}}L^-\Lambda_1 L^+ W + H^{\mathrm{T}}H$$

$$\Omega_{12} = -GD + R - X^{\mathrm{T}} + \tau M_2 \quad \Omega_{13} = X^{\mathrm{T}} + \tau M_3$$

$$\Omega_{14} = -M_1^{\mathrm{T}} + \tau M_4, \quad \Omega_{15} = e^{\beta\tau}Q_{12} + \tau M_5 + W^{\mathrm{T}}(L^- + L^+)\Lambda_1$$

$$\Omega_{16} = P + \tau M_6, \quad \Omega_{17} = PB_1 - GB_2 + \tau M_7$$

$$\Omega_{22} = -(1 - \mu)Q_{11} - 2R + X + X^{\mathrm{T}} - 2W^{\mathrm{T}}L^-\Lambda_2 L^+ W$$

$$\Omega_{23} = R - X^{\mathrm{T}}, \quad \Omega_{26} = -(1 - \mu)Q_{12} + W^{\mathrm{T}}(L^- + L^+)\Lambda_2$$

$$\Omega_{33} = -Q_2 - R, \quad \Omega_{44} = -S - M_4 - M_4^{\mathrm{T}}$$

$$\Omega_{55} = e^{\beta\tau}Q_{13} - 2\Lambda_1, \quad \Omega_{66} = -(1 - \mu)Q_{13} - 2\Lambda_2$$

从而, 状态估计器 (9.5) 的增益矩阵 K 可设计为

$$K = P^{-1}G \tag{9.13}$$

证明 先证明当线性矩阵不等式 (9.11) 和 (9.12) 满足时, 不等式 (9.8) 成立。令 $\zeta(t) = \left[e^{\mathrm{T}}(t), g^{\mathrm{T}}(t) \right]^{\mathrm{T}}$。定义 Lyapunov 泛函

$$V(e(t)) = \sum_{i=1}^{4} V_i(e(t)) \tag{9.14}$$

其中

$$V_1(e(t)) = \mathrm{e}^{\beta t} e^{\mathrm{T}}(t) P e(t)$$

$$V_2(e(t)) = \int_{t-\tau(t)}^{t} \mathrm{e}^{\beta(s+\tau)} \zeta^{\mathrm{T}}(s) Q_1 \zeta(s) \mathrm{d}s$$

$$+ \int_{t-\tau}^{t} \mathrm{e}^{\beta(s+\tau)} e^{\mathrm{T}}(s) Q_2 e(s) \mathrm{d}s$$

$$V_3(e(t)) = \tau \int_{-\tau}^{0} \int_{t+\theta}^{t} \mathrm{e}^{\beta(s-\theta)} \dot{e}^{\mathrm{T}}(s) R \dot{e}(s) \mathrm{d}s \mathrm{d}\theta$$

$$+ \tau \int_{-\tau}^{0} \int_{t+\theta}^{t} \mathrm{e}^{\beta(s-\theta)} e^{\mathrm{T}}(s) S e(s) \mathrm{d}s \mathrm{d}\theta$$

$$V_4(e(t)) = \int_{-\tau}^{0} \int_{t+\theta}^{t} \mathrm{e}^{\beta(s-\theta)} (s-t-\theta) \dot{e}^{\mathrm{T}}(s) T \dot{e}(s) \mathrm{d}s \mathrm{d}\theta$$

注意到时滞 $\tau(t)$ 满足假设 9.2, 求各 $V_i(e(t))$ 沿误差系统 (9.5a) 的轨迹对时间 t 的导数可得

$$\begin{aligned}
\dot{V}_1(e(t)) = \mathrm{e}^{\beta t} \Big(& e^{\mathrm{T}}(t)(\beta P - PA - A^{\mathrm{T}} P - PKC - C^{\mathrm{T}} K^{\mathrm{T}} P) e(t) \\
& - 2 e^{\mathrm{T}}(t) PKD e(t-\tau(t)) + 2 e^{\mathrm{T}}(t) P g(t-\tau(t)) \\
& + 2 e^{\mathrm{T}}(t) P(B_1 - KB_2) w(t) \Big)
\end{aligned} \tag{9.15}$$

$$\begin{aligned}
\dot{V}_2(e(t)) \leqslant \mathrm{e}^{\beta t} \Big(& \mathrm{e}^{\beta\tau} \zeta^{\mathrm{T}}(t) Q_1 \zeta(t) + \mathrm{e}^{\beta\tau} e^{\mathrm{T}}(t) Q_2 e(t) \\
& - (1-\mu) \zeta^{\mathrm{T}}(t-\tau(t)) Q_1 \zeta(t-\tau(t)) \\
& - e^{\mathrm{T}}(t-\tau) Q_2 e(t-\tau) \Big)
\end{aligned} \tag{9.16}$$

$$\dot{V}_3(e(t)) = \mathrm{e}^{\beta t} \Big(\beta_1 \dot{e}^{\mathrm{T}}(t) R \dot{e}(t) - \tau \int_{t-\tau}^{t} \dot{e}^{\mathrm{T}}(s) R \dot{e}(s) \mathrm{d}s$$

$$+\beta_1 e^{\mathrm{T}}(t)Se(t) - \tau \int_{t-\tau}^{t} e^{\mathrm{T}}(s)Se(s)\mathrm{d}s\Big) \tag{9.17}$$

$$\dot{V}_4(e(t)) \leqslant \mathrm{e}^{\beta t}\Big(\beta_2 \dot{e}^{\mathrm{T}}(t)T\dot{e}(t) - \int_{-\tau}^{0}\int_{t+\theta}^{t} \dot{e}^{\mathrm{T}}(s)T\dot{e}(s)\mathrm{d}s\mathrm{d}\theta\Big) \tag{9.18}$$

又由式 (9.6) 知，对于任意的正对角矩阵 $\Lambda_1 = \mathrm{diag}(\lambda_{11}, \lambda_{12}, \cdots, \lambda_{1n}) > 0$ 和 $\Lambda_2 = \mathrm{diag}(\lambda_{21}, \lambda_{22}, \cdots, \lambda_{2n}) > 0$ 有

$$0 \leqslant -2\mathrm{e}^{\beta t}\sum_{i=1}^{n}\lambda_{1i}(g_i(t) - l_i^{-}w_i e(t))(g_i(t) - l_i^{+}w_i e(t))$$
$$= \mathrm{e}^{\beta t}\big(-2g^{\mathrm{T}}(t)\Lambda_1 g(t) + 2e^{\mathrm{T}}(t)W^{\mathrm{T}}(L^{-}+L^{+})\Lambda_1 g(t)$$
$$-2e^{\mathrm{T}}(t)W^{\mathrm{T}}L^{-}\Lambda_1 L^{+}We(t)\big) \tag{9.19}$$
$$0 \leqslant \mathrm{e}^{\beta t}\big(-2g^{\mathrm{T}}(t-\tau(t))\Lambda_2 g(t-\tau(t))$$
$$+2e^{\mathrm{T}}(t-\tau(t))W^{\mathrm{T}}(L^{-}+L^{+})\Lambda_2 g(t-\tau(t))$$
$$-2e^{\mathrm{T}}(t-\tau(t))W^{\mathrm{T}}L^{-}\Lambda_2 L^{+}We(t-\tau(t)))\big) \tag{9.20}$$

令 $\eta(t) = \Big[e^{\mathrm{T}}(t-\tau(t)) - e^{\mathrm{T}}(t-\tau), e^{\mathrm{T}}(t) - e^{\mathrm{T}}(t-\tau(t))\Big]^{\mathrm{T}}$。因为 $\begin{bmatrix} R & X \\ * & R \end{bmatrix} \geqslant 0$，则由 Jensen 不等式 [43] 和相互凸组合技术 [235]，可以推出

$$-\tau \int_{t-\tau}^{t} \dot{e}^{\mathrm{T}}(s)R\dot{e}(s)\mathrm{d}s = -\tau\int_{t-\tau}^{t-\tau(t)}\dot{e}^{\mathrm{T}}(s)R\dot{e}(s)\mathrm{d}s - \tau\int_{t-\tau(t)}^{t}\dot{e}^{\mathrm{T}}(s)R\dot{e}(s)\mathrm{d}s$$
$$\leqslant -\eta^{\mathrm{T}}(t)\begin{bmatrix} R & X \\ * & R \end{bmatrix}\eta(t) \tag{9.21}$$

再次利用 Jensen 不等式得

$$-\tau\int_{t-\tau}^{t} e^{\mathrm{T}}(s)Se(s)\mathrm{d}s \leqslant -\int_{t-\tau}^{t}e^{\mathrm{T}}(s)\mathrm{d}s S\int_{t-\tau}^{t}e(s)\mathrm{d}s \tag{9.22}$$

令

$$\xi(t) = \Big[e^{\mathrm{T}}(t),\ e^{\mathrm{T}}(t-\tau(t)),\ e^{\mathrm{T}}(t-\tau),\ \int_{t-\tau}^{t}e^{\mathrm{T}}(s)\mathrm{d}s,\ g^{\mathrm{T}}(t),\ g^{\mathrm{T}}(t-\tau(t)),\ w^{\mathrm{T}}(t)\Big]^{\mathrm{T}}$$

$M = \Omega_2$ 以及 $\sigma(s) = \dot{e}(s)$，则

$$-\int_{-\tau}^{0}\int_{t+\theta}^{t}\dot{e}^{\mathrm{T}}(s)T\dot{e}(s)\mathrm{d}s\mathrm{d}\theta \leqslant \frac{1}{2}\tau^2\xi^{\mathrm{T}}(t)\Omega_2^{\mathrm{T}}T^{-1}\Omega_2\xi(t)$$
$$+2\xi^{\mathrm{T}}(t)\Omega_2^{\mathrm{T}}\Big(\tau e(t) - \int_{t-\tau}^{t}e(s)\mathrm{d}s\Big) \tag{9.23}$$

另外, 对于正定矩阵 P、R 和 T, 有

$$\left(P - \frac{\beta_1}{\tau^2}R - \frac{\beta_2}{\tau^2}T\right)\left(\frac{\beta_1}{\tau^2}R + \frac{\beta_2}{\tau^2}T\right)^{-1}\left(P - \frac{\beta_1}{\tau^2}R - \frac{\beta_2}{\tau^2}T\right) \geqslant 0$$

因此, $-P\left(\dfrac{\beta_1}{\tau^2}R + \dfrac{\beta_2}{\tau^2}T\right)^{-1}P \leqslant -2P + \dfrac{\beta_1}{\tau^2}R + \dfrac{\beta_2}{\tau^2}T$。于是, 由线性矩阵不等式 (9.12) 得

$$\begin{bmatrix} \Omega_1 & \tau\Omega_2^{\mathrm{T}} & \tau\Omega_3^{\mathrm{T}} \\ * & -2T & 0 \\ * & * & -P\left(\dfrac{\beta_1}{\tau^2}R + \dfrac{\beta_2}{\tau^2}T\right)^{-1}P \end{bmatrix} < 0 \tag{9.24}$$

现在, 分别用矩阵 $\mathrm{diag}\left(I, I, \left(\dfrac{\beta_1}{\tau^2}R + \dfrac{\beta_2}{\tau^2}T\right)P^{-1}\right)$ 和它的转置左乘和右乘式 (9.24), 并且注意到 $K = P^{-1}G$ 得

$$\begin{bmatrix} \bar{\Omega}_1 & \tau\Omega_2^{\mathrm{T}} & \bar{\Omega}_3^{\mathrm{T}}\left(\dfrac{\beta_1}{\tau}R + \dfrac{\beta_2}{\tau}T\right) \\ * & -2T & 0 \\ * & * & -\dfrac{\beta_1}{\tau^2}R - \dfrac{\beta_2}{\tau^2}T \end{bmatrix} < 0 \tag{9.25}$$

其中, $\bar{\Omega}_1$ 是将 Ω_1 中的 G 用 PK 替代所得到的, 且

$$\bar{\Omega}_3 = \begin{bmatrix} -A - KC, & -KD, & 0, & 0, & 0, & I, & B_1, & -KB_2 \end{bmatrix}$$

由 Schur 补引理, 式 (9.25) 等价于

$$\Omega = \bar{\Omega}_1 + \frac{1}{2}\tau^2\Omega_2^{\mathrm{T}}T^{-1}\Omega_2 + \bar{\Omega}_3^{\mathrm{T}}(\beta_1 R + \beta_2 T)\bar{\Omega}_3 < 0 \tag{9.26}$$

令 $\beta \to 0$, 上式仍然成立。结合式 (9.15)$\sim$ 式 (9.23), 对于任意的 $\xi(t) \neq 0$ 有

$$\bar{z}^{\mathrm{T}}(t)\bar{z}(t) - \gamma^2 w^{\mathrm{T}}(t)w(t) + \dot{V}(e(t)) \leqslant \xi^{\mathrm{T}}(t)\Omega\xi(t) < 0 \tag{9.27}$$

另一方面, 由式 (9.14) 知, 在零初始条件下, $V(e(t))|_{t=0} = 0$, 且对 $t > 0$ 有 $V(e(t)) \geqslant 0$。定义

$$\mathcal{J}(t) = \int_0^\infty \left(\bar{z}^{\mathrm{T}}(t)\bar{z}(t) - \gamma^2 w^{\mathrm{T}}(t)w(t)\right)\mathrm{d}t \tag{9.28}$$

则对于任意非零的 $w(t) \in L_2[0, \infty)$，由式 (9.27) 可得

$$
\begin{aligned}
\mathcal{J}(t) &\leqslant \int_0^\infty \left(\bar{z}^{\mathrm{T}}(t)\bar{z}(t) - \gamma^2 w^{\mathrm{T}}(t)w(t) \right) \mathrm{d}t \\
&\quad + V(e(t))|_{t \to \infty} - V(e(t))|_{t=0} \\
&= \int_0^\infty \left(\bar{z}^{\mathrm{T}}(t)\bar{z}(t) - \gamma^2 w^{\mathrm{T}}(t)w(t) + \dot{V}(e(t)) \right) \mathrm{d}t \\
&< 0
\end{aligned}
\tag{9.29}
$$

故 $\|\bar{z}(t)\|_2 < \gamma \|w(t)\|_2$。

下面来证明当 $w(t) \equiv 0$ 时误差系统 (9.5a) 的平凡解 $e(t; 0) = 0$ 是指数衰减率为 β 的全局指数稳定的。仍然考虑 Lyapunov 泛函 (9.14)。直接计算其沿误差系统 (9.5a) 的轨迹对时间 t 的导数，不难推出

$$
\dot{V}(e(t)) \leqslant \pi^{\mathrm{T}}(t)\left(\tilde{\Omega}_1 + \frac{1}{2}\tau^2 \tilde{\Omega}_2^{\mathrm{T}} T^{-1} \tilde{\Omega}_2 + \tilde{\Omega}_3^{\mathrm{T}}(\beta_1 R + \beta_2 T)\tilde{\Omega}_3 \right)\pi(t)
\tag{9.30}
$$

其中，$\pi(t) = \left[e^{\mathrm{T}}(t),\ e^{\mathrm{T}}(t - \tau(t)),\ e^{\mathrm{T}}(t - \tau),\ \int_{t-\tau}^t e^{\mathrm{T}}(s)\mathrm{d}s,\ g^{\mathrm{T}}(t),\ g^{\mathrm{T}}(t - \tau(t)) \right]^{\mathrm{T}}$，$\tilde{\Omega}_1$ 是删除 $\bar{\Omega}_1$ 的最后 q 行和 q 列并且去掉 Ω_{11} 中的 $H^{\mathrm{T}}H$ 得到的矩阵，这里 q 是噪声信号 $w(t)$ 的维数，以及

$$
\tilde{\Omega}_2 = \left[\begin{array}{cccccc} M_1, & M_2, & M_3, & M_4, & M_5, & M_6 \end{array} \right]
$$

$$
\tilde{\Omega}_3 = \left[\begin{array}{cccccc} -A - KC, & -KD, & 0, & 0, & 0, & I \end{array} \right]
$$

由 Schur 补引理和式 (9.12) 可得

$$
\tilde{\Omega}_1 + \frac{1}{2}\tau^2 \tilde{\Omega}_2^{\mathrm{T}} T^{-1} \tilde{\Omega}_2 + \tilde{\Omega}_3^{\mathrm{T}}(\beta_1 R + \beta_2 T)\tilde{\Omega}_3 < 0
$$

因此，由式 (9.30) 知，对于任意的 $\pi(t)$ 有 $\dot{V}(e(t)) \leqslant 0$。于是，类似于第 6 章中的相关证明，我们同样可以证明误差系统 (9.5a) 的平凡解 $e(t; 0) = 0$ 是指数衰减率为 β 的全局指数稳定的。证毕。

注释 9.2   从定理的证明过程可以看到，相互凸组合技术[235] 和引理 9.1 中的二阶积分不等式分别被用于处理了Lyapunov 泛函沿误差系统的轨迹的导数中出现的积分项 $-\tau \int_{t-\tau}^t \dot{e}^{\mathrm{T}}(s)R\dot{e}(s)\mathrm{d}s$ 和 $-\int_{-\tau}^0 \int_{t+\theta}^t \dot{e}^{\mathrm{T}}(s)T\dot{e}(s)\mathrm{d}s\mathrm{d}\theta$。从而，在定理 9.1 中的依赖于时滞的设计条件中引入了一些自由权矩阵。这么处理的原因就是为了得到保守性更弱的结果。在 9.2.2 节中，我们将给出一个数值例子。通过这个例子，我们会发现定理 9.1 能取得比一些已有的结果相对更好的效果。

注释 9.3 利用微积分的知识,容易证明对于 $\beta > 0$ 而言,函数 β_1、β_2、$e^{\beta\tau}Q_1$ 以及 $e^{\beta\tau}Q_2$ 都是关于指数衰减率 β 严格单调递增的。于是,线性矩阵不等式 (9.12) 的左边也是关于 β 严格单调递增的。这就意味着定理 9.1 可允许的最大指数衰减率可以通过求解线性矩阵不等式 (9.11) 和 (9.12) 得到。

注释 9.4 定理 9.1 中的最优 H_∞ 性能指标 $\gamma_{\min}$ 可以通过求解下列的凸优化问题实现。

算法 9.1 $\min_{P,Q_1,Q_2,R,S,T,M_i,X,G,\Gamma_1,\Gamma_2} \gamma^2$, s.t. 线性矩阵不等式 (9.11) 和 (9.12)。

9.2.2 仿真示例

令 $x(t) = [x_1(t), x_2(t), x_3(t)]^{\mathrm{T}} \in \mathbb{R}^3$。考虑具有如下系数的时滞静态神经网络 (9.1):

$$A = \mathrm{diag}(1.06, 1.42, 0.88), \quad L^- = 0 \quad L^+ = I$$

$$W = \begin{bmatrix} -0.32 & 0.85 & -1.36 \\ 1.10 & 0.41 & -0.50 \\ 0.42 & 0.82 & -0.95 \end{bmatrix}, \quad H = \begin{bmatrix} 1 & 0 & 0.5 \\ 1 & 0 & 1 \\ 0 & -1 & 1 \end{bmatrix}$$

$$B_1 = \begin{bmatrix} 0.2, & 0.2, & 0.2 \end{bmatrix}^{\mathrm{T}}, \quad B_2 = \begin{bmatrix} 0.4, & -0.3 \end{bmatrix}^{\mathrm{T}}$$

$$C = \begin{bmatrix} 1 & 0.5 & 0 \\ 0 & -0.5 & 0.6 \end{bmatrix}, \quad D = \begin{bmatrix} 0 & 1 & 0.2 \\ 0 & 0 & 0.5 \end{bmatrix}$$

为了和文献 [231] 中的结果进行比较,令定理 9.1 中的 $\beta \to 0$。于是,对于给定的常数 τ 和 μ,由不同的方法计算得到的最优 H_∞ 性能指标 $\gamma_{\min}$ 都可以求解相应的凸优化问题而得到。在表 9.1 中给出了由定理 9.1 和文献 [231] 中的定理 4(也是依赖于时滞的结果)得到的不同的 $\gamma_{\min}$ 的比较。特别地,当 $\tau = 1$ 和 $\mu = 1$ 时,文献 [231] 中定理 4 的线性矩阵不等式没有可行解。但是,由本章的定理 9.1,状态估计器的增益矩阵 K 可以设计为

$$K = \begin{bmatrix} 0.2415 & -0.6356 \\ 0.3284 & -0.3326 \\ 0.2993 & -0.1849 \end{bmatrix}$$

且得到的最优 H_∞ 性能指标为 $\gamma_{\min} = 1.1796$。此外,我们发现文献 [231] 中的不依赖于时滞的设计条件只对 $\mu \leqslant 0.215$ 的情形是有效的。因此,从表 9.1 可以清楚地看到本章提出的方法能取得更加好的效果。为了给出仿真结果,分别取 $f(x) = \tanh(x)$、$\tau(t) = 0.5 + 0.5\cos(2t)$ 和 $J = [1.6, -3.2, -0.5]^{\mathrm{T}}$。图 9.1 是误差信

号 $e(t)$ 在 20 个随机生成的初始条件下的响应曲线。这也进一步验证了本章的方法对时滞静态神经网络的保 H_∞ 性能的状态估计器设计的可行性。

表 9.1   对不同的 (τ, μ), 由不同的方法取得的最优 H_∞ 性能指标 $\gamma_{\min}$ 的比较

方法	$(0.8, 0.6)$	$(0.9, 0.8)$	$(1, 0.5)$	$(1.1, 0.4)$	$(1, 1)$
定理 4 [231]	0.4631	0.8121	1.2142	3.5467	无可行解
定理 9.1	0.3868	0.4704	0.7594	1.9420	1.1796

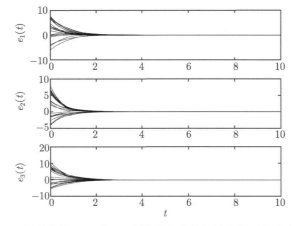

图 9.1   误差信号 $e(t)$ 在 20 个随机生成的初始条件下的响应曲线

9.3   基于二阶积分不等式的保广义 H_2 性能的状态估计

下面开始讨论怎样利用引理 9.1 中的二阶积分不等式来处理时滞静态神经网络的保广义 H_2 性能的状态估计问题? 首先, 我们将得到一个依赖于时滞的设计方案。然后, 通过一个具体的例子来说明这个结果在保广义 H_2 性能的状态估计器设计上的优势。

9.3.1   依赖于时滞的保广义 H_2 性能的设计准则

在这一部分, 为了简单, 假设激励函数 $f(\cdot)$ 满足

$$0 \leqslant \frac{f_i(u) - f_i(v)}{u - v} \leqslant l_i \quad (\forall u \neq v \in \mathbb{R}) \tag{9.31}$$

从式 (9.2) 可知, 激励函数是单调非减的。记 $L = \mathrm{diag}(l_1, l_2, \cdots, l_n) > 0$。实际上, 本小节的结果可以很容易地推广至满足假设 9.1 的激励函数。

定理 9.2 (文献 [237])   考虑时滞静态神经网络 (9.1)。对于给定的常数 $\tau > 0$, μ、$\beta > 0$ 以及扰动抑制度 $\rho > 0$, 则保广义 H_2 性能的状态估计问题是可解的, 如果

存在实矩阵 $P > 0$、$Q_1 = \begin{bmatrix} Q_{11} & Q_{12} \\ * & Q_{13} \end{bmatrix} > 0$, $Q_2 = \begin{bmatrix} Q_{21} & Q_{22} \\ * & Q_{23} \end{bmatrix} > 0$、$R > 0$、$S > 0$、$T > 0$、$X$、$G$、$M_i$ $(i = 1, 2, \cdots, 8)$ 和三个对角矩阵 $\Lambda > 0$、$\Gamma > 0$、$\Sigma > 0$, 使得下列线性矩阵不等式成立:

$$
\begin{bmatrix}
\Xi & \tau M^{\mathrm{T}} & \Pi \\
* & -2T & 0 \\
* & * & -2P + \tau \bar{\beta}_1 R + \bar{\beta}_2 T
\end{bmatrix} < 0 \tag{9.32}
$$

$$
\begin{bmatrix}
P & H^{\mathrm{T}} \\
* & \rho^2 I
\end{bmatrix} > 0 \tag{9.33}
$$

$$
\begin{bmatrix}
R & X \\
* & R
\end{bmatrix} \geqslant 0 \tag{9.34}
$$

其中

$$
\Xi = \begin{bmatrix}
\Xi_{11} & \Xi_{12} & X^{\mathrm{T}} + \tau M_3 & \Xi_{14} & \Xi_{15} & \tau M_6 & -M_1^{\mathrm{T}} + \tau M_7 & \Xi_{18} \\
* & \Xi_{22} & R - X^{\mathrm{T}} & \Xi_{24} & 0 & 0 & -M_2^{\mathrm{T}} & 0 \\
* & * & -Q_{21} - R & 0 & 0 & \Xi_{36} & -M_3^{\mathrm{T}} & 0 \\
* & * & * & \Xi_{44} & 0 & 0 & -M_4^{\mathrm{T}} & 0 \\
* & * & * & * & \Xi_{55} & 0 & -M_5^{\mathrm{T}} & 0 \\
* & * & * & * & * & \Xi_{66} & -M_6^{\mathrm{T}} & 0 \\
* & * & * & * & * & * & -M_7 - M_7^{\mathrm{T}} - S & -M_8 \\
* & * & * & * & * & * & * & -I
\end{bmatrix}
$$

$$
\Xi_{11} = \beta P - PA - A^{\mathrm{T}} P - GC - C^{\mathrm{T}} G^{\mathrm{T}} + e^{\beta\tau} Q_{11} + e^{\beta\tau} Q_{21} - R
$$
$$
+ \tau M_1 + \tau M_1^{\mathrm{T}} + \tau \bar{\beta}_1 S \quad \Xi_{12} = -GD + R - X^{\mathrm{T}} + \tau M_2
$$

$$
\Xi_{14} = P + \tau M_4 \quad \Xi_{15} = e^{\beta\tau} Q_{12} + e^{\beta\tau} Q_{22} + \tau M_5 + W^{\mathrm{T}} L \Lambda
$$

$$
\Xi_{18} = PB_1 - GB_2 + \tau M_8, \quad \Xi_{22} = \bar{\mu} Q_{11} - 2R + X + X^{\mathrm{T}}
$$

$$
\Xi_{24} = \bar{\mu} Q_{12} + W^{\mathrm{T}} L \Gamma \quad \Xi_{36} = -Q_{22} + W^{\mathrm{T}} L \Sigma
$$

$$
\Xi_{44} = \bar{\mu} Q_{13} - 2\Gamma, \quad \Xi_{55} = e^{\beta\tau} Q_{13} + e^{\beta\tau} Q_{23} - 2\Lambda
$$

$$
\Xi_{66} = -Q_{23} - 2\Sigma \quad M = \begin{bmatrix} M_1, & M_2, & M_3, & M_4, & M_5, & M_6, & M_7, & M_8 \end{bmatrix}
$$

$$
\Pi = \begin{bmatrix} -PA - GC, & -GD, & 0, & P, & 0, & 0, & 0, & PB_1, & -GB_2 \end{bmatrix}^{\mathrm{T}}
$$

$$\bar{\beta}_1 = \frac{e^{\beta\tau}-1}{\beta}, \quad \bar{\beta}_2 = \frac{e^{\beta\tau}-\beta\tau-1}{\beta^2}, \quad \bar{\mu} = \begin{cases} -(1-\mu), & \text{若 } \mu \leqslant 1 \\ -(1-\mu), e^{\beta\tau} & \text{若 } \mu > 1 \end{cases}$$

从而，状态估计器 (9.4) 的增益矩阵 K 可设计为

$$K = P^{-1}G$$

证明 先证明当 $w(t) \equiv 0$ 时，误差系统 (9.5a) 的平凡解 $e(t;0) = 0$ 是指数衰减率为 β 的全局指数稳定的。当 $w(t) \equiv 0$ 时，误差系统 (9.5a) 可写为

$$\dot{e}(t) = -(A+KC)e(t) - KDe(t-\tau(t)) + \psi(t-\tau(t)) \tag{9.35}$$

令 $\eta(t) = \begin{bmatrix} e^{\mathrm{T}}(t), g^{\mathrm{T}}(t) \end{bmatrix}^{\mathrm{T}}$。构造如下的 Lyapunov 泛函：

$$\begin{aligned}
V(e(t)) = {}& e^{\beta t}e^{\mathrm{T}}(t)Pe(t) + \int_{t-\tau(t)}^{t} e^{\beta(s+\tau)}\eta^{\mathrm{T}}(s)Q_1\eta(s)\mathrm{d}s \\
& + \int_{t-\tau}^{t} e^{\beta(s+\tau)}\eta^{\mathrm{T}}(s)Q_2\eta(s)\mathrm{d}s \\
& + \tau\int_{-\tau}^{0}\int_{t+\theta}^{t} e^{\beta(s-\theta)}\dot{e}^{\mathrm{T}}(s)R\dot{e}(s)\mathrm{d}s\mathrm{d}\theta \\
& + \tau\int_{-\tau}^{0}\int_{t+\theta}^{t} e^{\beta(s-\theta)}e^{\mathrm{T}}(s)Se(s)\mathrm{d}s\mathrm{d}\theta \\
& + \int_{-\tau}^{0}\int_{\theta}^{0}\int_{t+\beta}^{t} e^{\beta(s-\beta)}\dot{e}^{\mathrm{T}}(s)T\dot{e}(s)\mathrm{d}s\mathrm{d}\beta\mathrm{d}\theta
\end{aligned} \tag{9.36}$$

通过直接计算 $V(e(t))$ 沿系统 (9.35) 的轨迹对时间 t 的导数可得

$$\begin{aligned}
\dot{V}(e(t)) \leqslant {}& e^{\beta t}\Big\{ e^{\mathrm{T}}(t)(\beta P - P(A+KC) - (A+KC)^{\mathrm{T}}P + \tau\bar{\beta}_1 S)e(t) \\
& - 2e^{\mathrm{T}}(t)PKDe(t-\tau(t)) + 2e^{\mathrm{T}}(t)Pg(t-\tau(t)) \\
& + e^{\beta\tau}\eta^{\mathrm{T}}(t)(Q_1+Q_2)\eta(t) + \bar{\mu}\eta^{\mathrm{T}}(t-\tau(t))Q_1\eta(t-\tau(t)) \\
& - \eta^{\mathrm{T}}(t-\tau)Q_2\eta(t-\tau) + \dot{e}^{\mathrm{T}}(t)(\tau\bar{\beta}_1 R + \bar{\beta}_2 T)\dot{e}(t) \\
& - \tau\int_{t-\tau}^{t} \dot{e}^{\mathrm{T}}(s)R\dot{e}(s)\mathrm{d}s - \tau\int_{t-\tau}^{t} e^{\mathrm{T}}(s)Se(s)\mathrm{d}s \\
& - \int_{-\tau}^{0}\int_{t+\theta}^{t} \dot{e}^{\mathrm{T}}(s)T\dot{e}(s)\mathrm{d}s\mathrm{d}\theta \Big\}
\end{aligned} \tag{9.37}$$

根据相互凸组合技术[235] 和式 (9.34) 知

$$-\tau \int_{t-\tau}^{t} \dot{e}^{\mathrm{T}}(s)R\dot{e}(s)\mathrm{d}s = -\tau \int_{t-\tau}^{t-\tau(t)} \dot{e}^{\mathrm{T}}(s)R\dot{e}(s)\mathrm{d}s - \tau \int_{t-\tau(t)}^{t} \dot{e}^{\mathrm{T}}(s)R\dot{e}(s)\mathrm{d}s$$

$$\leqslant -\pi^{\mathrm{T}}(t) \begin{bmatrix} R & X \\ * & R \end{bmatrix} \pi(t) \tag{9.38}$$

其中，$\pi(t) = \left[e^{\mathrm{T}}(t-\tau(t)) - e^{\mathrm{T}}(t-\tau), e^{\mathrm{T}}(t) - e^{\mathrm{T}}(t-\tau(t)) \right]^{\mathrm{T}}$。

令引理 9.1 中的

$$\xi(t) = \left[e^{\mathrm{T}}(t), e^{\mathrm{T}}(t-\tau(t)), e^{\mathrm{T}}(t-\tau), g^{\mathrm{T}}(t-\tau(t)), g^{\mathrm{T}}(t), g^{\mathrm{T}}(t-\tau), \int_{t-\tau}^{t} e^{\mathrm{T}}(s)\mathrm{d}s \right]^{\mathrm{T}}$$

$$M = \left[M_1, \ M_2, \ M_3, \ M_4, \ M_5, \ M_6, \ M_7 \right]$$

$$\sigma(s) = \dot{e}(s)$$

则由引理 9.1 可得

$$-\int_{-\tau}^{0} \int_{t+\theta}^{t} \dot{e}^{\mathrm{T}}(s)T\dot{e}(s)\mathrm{d}s\mathrm{d}\theta \leqslant \frac{1}{2}\tau^2 \xi^{\mathrm{T}}(t)M^{\mathrm{T}}T^{-1}M\xi(t)$$

$$+2\xi^{\mathrm{T}}(t)M^{\mathrm{T}}\left(\tau e(t) - \int_{t-\tau}^{t} e(s)\mathrm{d}s \right) \tag{9.39}$$

又由式 (9.31) 知，对于任意的对角矩阵 $\Lambda > 0$、$\Gamma > 0$ 和 $\Sigma > 0$ 有

$$-2g^{\mathrm{T}}(t)\Lambda g(t) + 2g^{\mathrm{T}}(t)\Lambda LWe(t) \geqslant 0 \tag{9.40}$$

$$-2g^{\mathrm{T}}(t-\tau(t))\Gamma g(t-\tau(t)) + 2g^{\mathrm{T}}(t-\tau(t))\Gamma LWe(t-\tau(t)) \geqslant 0 \tag{9.41}$$

$$-2g^{\mathrm{T}}(t-\tau)\Sigma g(t-\tau) + 2g^{\mathrm{T}}(t-\tau)\Sigma LWe(t-\tau) \geqslant 0 \tag{9.42}$$

结合式 (9.37)~ 式 (9.42)，不难推出

$$\dot{V}(e(t)) \leqslant e^{\beta t}\xi^{\mathrm{T}}(t)\left(\Omega_1 + \Omega_2^{\mathrm{T}}(\tau\bar{\beta}_1 R + \bar{\beta}_2 T)\Omega_2 + \frac{1}{2}\tau^2 N^{\mathrm{T}}T^{-1}N \right)\xi(t) \tag{9.43}$$

其中

$$\Omega_1 = \begin{bmatrix} \Omega_{11} & \Omega_{12} & X^{\mathrm{T}} + \tau M_3 & \Xi_{14} & \Xi_{15} & \tau M_6 & -M_1^{\mathrm{T}} + \tau M_7 \\ * & \Xi_{22} & R - X^{\mathrm{T}} & \Xi_{24} & 0 & 0 & -M_2^{\mathrm{T}} \\ * & * & -Q_{21} - R & 0 & 0 & \Xi_{36} & -M_3^{\mathrm{T}} \\ * & * & * & \Xi_{44} & 0 & 0 & -M_4^{\mathrm{T}} \\ * & * & * & * & \Xi_{55} & 0 & -M_5^{\mathrm{T}} \\ * & * & * & * & * & \Xi_{66} & -M_6^{\mathrm{T}} \\ * & * & * & * & * & * & -M_7 - M_7^{\mathrm{T}} - S \end{bmatrix}$$

$$\Omega_{11} = \beta P - PA - A^{\mathrm{T}}P - PKC - C^{\mathrm{T}}K^{\mathrm{T}}P + e^{\beta\tau}Q_{11} + e^{\beta\tau}Q_{21} - R$$
$$+\tau M_1 + \tau M_1^{\mathrm{T}} + \tau\bar\beta_1 S, \quad \Omega_{12} = -PKD + R - X^{\mathrm{T}} + \tau M_2$$
$$\Omega_2 = \begin{bmatrix} -A - KC, & -KD, & 0, & I, & 0, & 0, & 0 \end{bmatrix}$$

由 Schur 补引理知,$\Omega_1 + \Omega_2^{\mathrm{T}}(\tau\bar\beta_1 R + \bar\beta_2 T)\Omega_2 + \frac{1}{2}\tau^2 N^{\mathrm{T}}T^{-1}N < 0$ 等价于

$$\begin{bmatrix} \Omega_1 & \tau N^{\mathrm{T}} & \Omega_2^{\mathrm{T}}(\tau\bar\beta_1 R + \bar\beta_2 T) \\ * & -2T & 0 \\ * & * & -(\tau\bar\beta_1 R + \bar\beta_2 T) \end{bmatrix} < 0 \tag{9.44}$$

分别用矩阵 $\mathrm{diag}(I, I, P(\tau\bar\beta_1 R + \bar\beta_2 T)^{-1})$ 和它的转置左乘和右乘式 (9.44) 得

$$\begin{bmatrix} \Omega_1 & \tau N^{\mathrm{T}} & \Omega_2^{\mathrm{T}}P \\ * & -2T & 0 \\ * & * & -P(\tau\bar\beta_1 R + \bar\beta_2 T)^{-1}P \end{bmatrix} < 0 \tag{9.45}$$

又对于正定矩阵 P、R 和 T 有

$$(P - (\tau\bar\beta_1 R + \bar\beta_2 T))(\tau\bar\beta_1 R + \bar\beta_2 T)^{-1}(P - (\tau\bar\beta_1 R + \bar\beta_2 T)) \geqslant 0$$

于是

$$-P(\tau\bar\beta_1 R + \bar\beta_2 T)^{-1}P \leqslant -2P + (\tau\bar\beta_1 R + \bar\beta_2 T)$$

注意到 $K = P^{-1}G$, 则由线性矩阵不等式 (9.32) 知式 (9.45) 是成立的, 即

$$\Omega_1 + \Omega_2^{\mathrm{T}}(\tau\bar\beta_1 R + \bar\beta_2 T)\Omega_2 + \frac{1}{2}\tau^2 N^{\mathrm{T}}T^{-1}N < 0$$

因此, 对于任意的 $\xi(t) \neq 0$ 有 $\dot V(e(t)) < 0$。另一方面, 对 $t > 0$ 有 $V(e(t)) \leqslant V(e(0))$。结合式 (9.36) 得

$$\lambda_{\min}(P)e^{\beta t}|e(t)|^2 \leqslant V(e(t)) \leqslant V(e(0)) \leqslant \alpha_1\|\phi\|^2 + \alpha_2\|\dot\phi\|^2 \tag{9.46}$$

其中

$$\alpha_1 = \lambda_{\max}(P) + \bar\beta_1\big(\lambda_{\max}(Q_1) + \lambda_{\max}(Q_2)\big)\big(1 + \max_{i=1,2,\cdots,n}\{l_i^2\}\big) + \tau\bar\beta_2\lambda_{\max}(S)$$

$$\alpha_2 = \tau\bar\beta_2\lambda_{\max}(R) + \frac{2e^{\beta\tau} - \beta^2\tau^2 - 2\beta\tau - 2}{2\beta^3}\lambda_{\max}(T)$$

令 $\alpha = \max\{\alpha_1, \alpha_2\}$。由式 (9.46) 得

$$|e(t)|^2 \leqslant \frac{\alpha}{\lambda_{\min}(P)} \mathrm{e}^{-\beta t}(\|\phi\|^2 + \|\dot{\phi}\|^2)$$

根据定义 9.1，误差系统 (9.34) 的平凡解 $e(t;0) = 0$ 是全局指数稳定的，且指数衰减率为 β。

现在，我们证明在零初始条件下，不等式 (9.9) 对于任意非零的 $w(t) \in L_2[0,\infty)$ 是成立的。容易验证，对 $\tau > 0$ 和 $\beta > 0$ 有 $\tau^2 - \tau\bar{\beta}_1 < 0$ 以及 $\tau^2/2 - \bar{\beta}_2 < 0$。定义

$$\Psi = \begin{bmatrix} \bar{\Psi} & 0 & 0 \\ 0 & 0 & 0 \\ 0 & 0 & (\tau^2 - \tau\bar{\beta}_1)R + (\frac{\tau^2}{2} - \bar{\beta}_2)T \end{bmatrix}$$

其中

$$\bar{\Psi} = \begin{bmatrix} \bar{\Psi}_{11} & 0 & 0 & 0 & \bar{\Psi}_{15} & 0 & 0 & 0 \\ * & \bar{\Psi}_{22} & 0 & \bar{\Psi}_{24} & 0 & 0 & 0 & 0 \\ * & * & 0 & 0 & 0 & 0 & 0 & 0 \\ * & * & * & \bar{\Psi}_{44} & 0 & 0 & 0 & 0 \\ * & * & * & * & \bar{\Psi}_{55} & 0 & 0 & 0 \\ * & * & * & * & * & 0 & 0 & 0 \\ * & * & * & * & * & * & 0 & 0 \\ * & * & * & * & * & * & * & 0 \end{bmatrix}$$

$$\bar{\Psi}_{11} = -\beta P + (1 - \mathrm{e}^{\beta\tau})Q_{11} + (1 - \mathrm{e}^{\beta\tau})Q_{21} + (\tau^2 - \tau\bar{\beta}_1)S$$

$$\bar{\Psi}_{15} = (1 - \mathrm{e}^{\beta\tau})Q_{12} + (1 - \mathrm{e}^{\beta\tau})Q_{22}, \quad \bar{\Psi}_{22} = [-\bar{\mu} - (1 - \mu)]Q_{11}$$

$$\bar{\Psi}_{24} = [-\bar{\mu} - (1 - \mu)]Q_{12}, \quad \bar{\Psi}_{44} = [-\bar{\mu} - (1 - \mu)]Q_{13}$$

$$\bar{\Psi}_{55} = (1 - \mathrm{e}^{\beta\tau})Q_{13} + (1 - \mathrm{e}^{\beta\tau})Q_{23}$$

由于矩阵 P、Q_1、Q_2、R、S 和 T 都是正定的，则 $\Psi \leqslant 0$。因此，由式 (9.32) 得

$$\begin{bmatrix} \bar{\Xi} & \tau M^{\mathrm{T}} & \Pi \\ * & -2T & 0 \\ * & * & -2P + \tau^2 R + \frac{\tau^2}{2}T \end{bmatrix} = \begin{bmatrix} \Xi & \tau M^{\mathrm{T}} & \Pi \\ * & -2T & 0 \\ * & * & -2P + \tau\bar{\beta}_1 R + \bar{\beta}_2 T \end{bmatrix} + \Psi$$
$$< 0 \tag{9.47}$$

其中

$$
\bar{\Xi} = \begin{bmatrix}
\bar{\Xi}_{11} & \Xi_{12} & X^{\mathrm{T}}+\tau M_3 & \Xi_{14} & \bar{\Xi}_{15} & \tau M_6 & -M_1^{\mathrm{T}}+\tau M_7 & \Xi_{18} \\
* & \bar{\Xi}_{22} & R-X^{\mathrm{T}} & \bar{\Xi}_{24} & 0 & 0 & -M_2^{\mathrm{T}} & 0 \\
* & * & -Q_{21}-R & 0 & 0 & \Xi_{36} & -M_3^{\mathrm{T}} & 0 \\
* & * & * & \bar{\Xi}_{44} & 0 & 0 & -M_4^{\mathrm{T}} & 0 \\
* & * & * & * & \bar{\Xi}_{55} & 0 & -M_5^{\mathrm{T}} & 0 \\
* & * & * & * & * & \Xi_{66} & -M_6^{\mathrm{T}} & 0 \\
* & * & * & * & * & * & -M_7-M_7^{\mathrm{T}}-S & -M_8 \\
* & * & * & * & * & * & * & -I
\end{bmatrix}
$$

$$M = \begin{bmatrix} M_1, & M_2, & M_3, & M_4, & M_5, & M_6, & M_7, & M_8 \end{bmatrix}$$

$$\bar{\Xi}_{11} = -PA - A^{\mathrm{T}}P - GC - C^{\mathrm{T}}G^{\mathrm{T}} + Q_{11} + Q_{21} - R + \tau M_1 + \tau M_1^{\mathrm{T}} + \tau^2 S$$

$$\bar{\Xi}_{15} = Q_{12} + Q_{22} + \tau M_5 + W^{\mathrm{T}}L\Lambda, \quad \bar{\Xi}_{22} = -(1-\mu)Q_{11} - 2R + X + X^{\mathrm{T}}$$

$$\bar{\Xi}_{24} = -(1-\mu)Q_{12} + W^{\mathrm{T}}L\Gamma, \quad \bar{\Xi}_{44} = -(1-\mu)Q_{13} - 2\Gamma$$

$$\bar{\Xi}_{55} = Q_{13} + Q_{23} - 2\Lambda$$

考虑 Lyapunov 泛函

$$V(e(t)) = e^{\mathrm{T}}(t)Pe(t) + \int_{t-\tau(t)}^{t} \eta^{\mathrm{T}}(s)Q_1\eta(s)\mathrm{d}s + \int_{t-\tau}^{t} \eta^{\mathrm{T}}(s)Q_2\eta(s)\mathrm{d}s$$

$$+ \tau\int_{-\tau}^{0}\int_{t+\theta}^{t} \dot{e}^{\mathrm{T}}(s)R\dot{e}(s)\mathrm{d}s\mathrm{d}\theta + \tau\int_{-\tau}^{0}\int_{t+\theta}^{t} e^{\mathrm{T}}(s)Se(s)\mathrm{d}s\mathrm{d}\theta$$

$$+ \int_{-\tau}^{0}\int_{\theta}^{0}\int_{t+\beta}^{t} \dot{e}^{\mathrm{T}}(s)T\dot{e}(s)\mathrm{d}s\mathrm{d}\beta\mathrm{d}\theta \tag{9.48}$$

显然, 在零初始条件下, $V(e(t))|_{t=0} = 0$, 且对 $t > 0$ 有 $V(e(t)) \geqslant 0$。定义

$$\mathcal{J}(t) = V(e(t)) - \int_0^t w^{\mathrm{T}}(s)w(s)\mathrm{d}s \tag{9.49}$$

于是, 对于任意非零的 $w(t)$ 有

$$\mathcal{J}(t) = V(e(t)) - V(e(t))|_{t=0} - \int_0^t w^{\mathrm{T}}(s)w(s)\mathrm{d}s$$

$$= \int_0^t (\dot{V}(e(s)) - w^{\mathrm{T}}(s)w(s))\mathrm{d}s \tag{9.50}$$

类似于式 (9.43) 的证明, 我们也可以推出线性矩阵不等式 (9.34) 和 (9.47) 保证了

$$\dot{V}(e(t)) - w^{\mathrm{T}}(t)w(t) < 0$$

因此, $\mathcal{J}(t) < 0$。根据式 (9.49) 知, 对于任意非零的 $w(t)$ 有

$$V(e(t)) < \int_0^t w^{\mathrm{T}}(s)w(s)\mathrm{d}s$$

另一方面, 由线性矩阵不等式 (9.33) 知 $\rho^2 P > H^{\mathrm{T}}H$。从而有

$$
\begin{aligned}
\bar{z}^{\mathrm{T}}(t)\bar{z}(t) &= e^{\mathrm{T}}(t)H^{\mathrm{T}}He(t) \\
&\leqslant \rho^2 e^{\mathrm{T}}(t)Pe(t) \\
&\leqslant \rho^2 V(e(t)) \\
&< \rho^2 \int_0^t w^{\mathrm{T}}(s)w(s)\mathrm{d}s \\
&\leqslant \rho^2 \int_0^\infty w^{\mathrm{T}}(s)w(s)\mathrm{d}s
\end{aligned}
\tag{9.51}
$$

对上式两端关于 $t > 0$ 取上确界有 $\|\bar{z}(t)\|_\infty^2 < \rho^2\|w(t)\|_2^2$。因此, 式 (9.9) 是成立的。证毕。

需要说明的是, 定理 9.2 中的最优广义 H_2 性能指标 $\rho_{\min}$ 能够通过求解如下的凸优化问题获得。

算法 9.2 $\displaystyle\min_{P,Q_1,Q_2,R,S,T,\Lambda,\Gamma,\Sigma,X,G,M_i} \rho^2$, s.t. 线性矩阵不等式 (9.32)~(9.34)。

9.3.2 仿真示例

令 $x(t) = [x_1(t), x_2(t), x_3(t)]^{\mathrm{T}} \in \mathbb{R}^3$。考虑具有如下系数的时滞静态神经网络 (9.1):

$$
A = \mathrm{diag}(1.06, 1.42, 0.88), \quad W = \begin{bmatrix} -0.32 & 0.85 & -1.36 \\ 1.10 & 0.41 & -0.50 \\ 0.42 & 0.82 & -0.95 \end{bmatrix}
$$

$$
H = \begin{bmatrix} 1 & 0 & 0.5 \\ 1 & 0 & 1 \\ 0 & -1 & 1 \end{bmatrix}, \quad B_1 = \begin{bmatrix} 0.2, & 0.2, & 0.2 \end{bmatrix}^{\mathrm{T}}
$$

$$
B_2 = \begin{bmatrix} 0.4 & -0.3 \end{bmatrix}^{\mathrm{T}}, \quad C = \begin{bmatrix} 1 & 0.5 & 0 \\ 0 & -0.5 & 0.6 \end{bmatrix}
$$

$$D = \begin{bmatrix} 0 & 1 & 0.2 \\ 0 & 0 & 0.5 \end{bmatrix}, \quad J = \begin{bmatrix} 1.56, & -0.97, & 0.32 \end{bmatrix}^{\mathrm{T}}$$

激励函数取为 $f(x) = \tan h(x)$，则 $f(x)$ 满足式 (9.31)，且 $L = I$。假设时滞为 $\tau(t) = 0.5 + 0.5\sin(2t)$，则有 $\tau = 1$ 和 $\mu = 1$。假设噪声信号为 $w(t) = 0.05\mathrm{e}^{-0.01t}\cos(0.3t)$。为了与文献 [231] 的相关结果进行比较，令 β 趋于零。对于这个例子，我们发现文献 [231] 的定理 6 和定理 8 中的线性矩阵不等式都没有可行解，从而也不能实现保广义 H_2 性能的状态估计器的设计。但是，通过求解线性矩阵不等式 (9.32)~(9.34)，状态估计器的增益矩阵 K 可以设计为

$$K = \begin{bmatrix} 0.2465 & -0.5868 \\ 0.2562 & -0.3657 \\ 0.2884 & -0.2145 \end{bmatrix}$$

且得到的最优广义 H_2 性能指标为 $\rho_{\min} = 0.4463$。图 9.2 是误差信号 $e(t)$ 对 20 个随机生成的初始条件下的响应曲线。这个仿真结果进一步说明了定理 9.2 对时滞静态神经网络的保广义 H_2 性能的状态估计器设计的可行性。

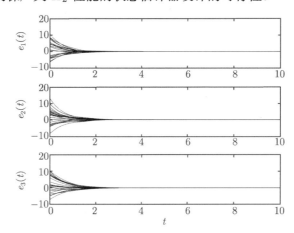

图 9.2   误差信号 $e(t)$ 在 20 个随机生成的初始条件下的响应曲线：广义 H_2 的情形

9.4   本 章 小 结

在本章中，我们进一步分析了时滞静态神经网络的保 H_∞ 性能和保广义 H_2 性能的状态估计器的设计问题。受一些已有方法的启发，为了得到性能更好的依赖于时滞的状态估计器的设计准则，我们构造了一个含高阶积分项的 Lyapunov 泛函，然后利用相互凸组合技术和二阶积分不等式分别处理了 Lyapunov 泛函沿误差

系统的轨迹的导数中出现的一阶积分项和二阶积分项。这样，需要设计的状态估计器的增益矩阵和最优性能指标就可以通过求解相应的凸优化问题完成。另一方面，我们还证明了用于表示状态估计器的设计结果的线性矩阵不等式关于指数衰减率是严格单调递增的。这就意味着最大允许的误差系统的指数衰减率同样可以很容易地通过求解线性矩阵不等式获得。最后，我们给出了两个具体的例子，来说明本章给出的结果对时滞静态神经网络的保性能状态估计器设计的可行性以及相比于一些已有结果的优势。

第10章 时滞静态神经网络的状态估计 (IV)：Arcak 型状态估计器设计

第 8、9 章分析了时滞静态神经网络的保性能状态估计问题，给出了一些依赖于时滞和不依赖于时滞的设计结果。根据这些结果，保性能状态估计器的设计可以通过求解相应的凸优化问题来实现。但是，需要注意的是，在这些结果中，所设计的状态估计器都是所谓的 Luenberger 型的，即只有一个增益矩阵需要确定。最近，自动控制领域的著名学者 M. Arcak 和 P. Kokotovic 对非线性系统提出了一类不同于 Luenberger 型的观测器[238]，后来被称为 Arcak 型观测器[239]。在这一类观测器中就需要考虑两个增益矩阵的设计。因此，相对来讲要比 Luenberger 型的更一般。目前，Arcak 型观测器已经被成功地用于了混沌系统的研究中[240,241]。

另一方面，正如文献 [242]~ 文献 [245] 所述，激励函数的一些参数如增益（gain）和幅值（amplitude）对神经网络的学习和泛化能力（generalization capability）有着非常重要的影响。不妨来看一个简单的例子。在神经网络的设计中，双曲正切函数 $\tanh(\alpha x)$ 是一类常用的激励函数，其中 α 被称为是增益。显然，如图 10.1 所示，α 的取值会影响 $\tanh(\alpha x)$ 的激活区域（active area）的变化（这里，激活区域指的是使函数值发生较快变化的 x 的取值范围）。

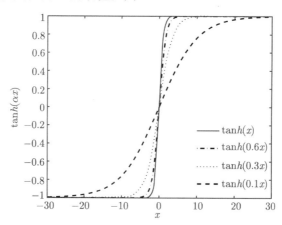

图 10.1 双曲正切函数 $\tanh(\alpha x)$ 随 α 变化的曲线

这样，很自然地会问激励函数的参数是否会对保性能状态估计器的设计产生影响呢？或者说是否可以通过改变激励函数的某些参数使得所设计的保性能状态估计器能取得更好的效果呢？这就是本章所要考虑的问题。经过分析发现，受文献 [238] 和文献 [240] 的启发，可以通过在激励函数中引入额外的控制项来有效地改变激励函数的增益和幅值，从而影响激励函数的激活区域。因此，对时滞静态神经网络，为了分析激励函数对状态估计器的影响效应，可以考虑为它设计 Arcak 型保性能状态估计器。本章将以保广义 H_2 性能的状态估计器的设计为例进行介绍。

10.1 问题的描述

已经知道，在递归神经网络的硬件实现过程中，由于所采用的电子元器件的物理特性，在神经网络的一些重要参数中常常会出现偏差。因此，在建模的时候，就需要考虑这些偏差。在实际中，人们没有必要也不太可能完全知道这些偏差的准确信息。在这种情况下，可以将它们看作干扰噪声来处理。为此，考虑如下带噪声干扰的时滞静态神经网络：

$$\dot{x}(t) = -Ax(t) + f\Big(Wx(t-\tau(t)) + J\Big) + B_1 w(t) \tag{10.1}$$

$$y(t) = Cx(t) + Dx(t-\tau(t)) + B_2 w(t) \tag{10.2}$$

$$z(t) = Hx(t) \tag{10.3}$$

$$x(t) = \phi(t) \quad t \in [-\tau, 0] \tag{10.4}$$

其中，n 是神经元的个数，$x(t) = [x_1(t), x_2(t), \cdots, x_n(t)]^{\mathrm{T}} \in \mathbb{R}^n$ 是该静态神经网络的状态向量，$w(t) \in \mathbb{R}^q$ 是属于 $L_2[0,\infty)$ 空间的噪声信号，$y(t) \in \mathbb{R}^m$ 是网络的输出信号。$z(t) \in \mathbb{R}^p$ 是待估计的状态向量的线性组合。A、W、B_1、B_2、C、D 和 H 是一些已知的实矩阵，且具有兼容的维数。特别地，A 是一个对角线元素为正的对角矩阵，W 是延时的连接权矩阵。$J = [J_1, J_2, \cdots, J_n]^{\mathrm{T}}$ 是该神经网络的一个外部输入，$f(x(t)) = [f_1(x_1(t)), f_2(x_2(t)), \cdots, f_n(x_n(t))]^{\mathrm{T}}$ 是连续的激励函数，函数 $\tau(t)$ 表示一个连续的时变时滞，$\phi(t)$ 是定义在区间 $[-\tau, 0]$ 上的初始条件。

分别对激励函数 $f(\cdot)$ 和时变时滞 $\tau(t)$ 作两个假设。

假设 10.1 对于每一个 $i = 1, 2, \cdots, n$ 和任意的 $a \neq b \in \mathbb{R}$，$f_i(\cdot)$ 满足

$$0 \leqslant \frac{f_i(a) - f_i(b)}{a - b} \leqslant l_i \tag{10.5}$$

其中，l_i 是一个已知的实数，被称为是激励函数 $f_i(\cdot)$ 的增益。记 $L = \mathrm{diag}(l_1, l_2, \cdots, l_n)$。

假设 10.2 存在常数 $\tau > 0$ 和 μ 使得

$$0 \leqslant \tau(t) \leqslant \tau, \dot{\tau}(t) \leqslant \mu \tag{10.6}$$

正如在前面分析的, 本章的目的是对上述的时滞静态神经网络 (10.1)~(10.4) 设计一个合适的 Arcak 型状态估计器, 讨论激励函数的参数对保广义 H_2 性能分析的影响. 于是, 对该时滞静态神经网络, 构造具有以下形式的 Arcak 型状态估计器:

$$\dot{\hat{x}}(t) = -A\hat{x}(t) + f\Big(W\hat{x}(t-\tau(t)) + J$$
$$+K_1(y(t)-\hat{y}(t))\Big) + K_2(y(t)-\hat{y}(t)) \tag{10.7}$$

$$\hat{y}(t) = C\hat{x}(t) + D\hat{x}(t-\tau(t)) \tag{10.8}$$

$$\hat{z}(t) = H\hat{x}(t) \tag{10.9}$$

$$\hat{x}(t) = 0, \quad t \in [-\tau, 0] \tag{10.10}$$

其中, $\hat{x}(t) \in \mathbb{R}^n$, $\hat{y}(t) \in \mathbb{R}^m$, $\hat{z}(t) \in \mathbb{R}^p$, 以及 K_1 与 K_2 是待确定的增益矩阵.

注释 10.1　近年来, 对时滞递归神经网络的状态估计理论的研究受到了越来越多的关注, 取得了一系列很好的成果. 需要指出的是, 在大多数的结果中 (如文献 [93]、[120]、[189]、[191]、[203]、[231]、[246] 等), 所涉及到的状态估计器都是 Luenberger 型的, 即只需要确定一个增益矩阵 K_2. 但是, 在 Arcak 型状态估计器 (10.7)~(10.10) 中, 有两个增益矩阵 K_1 和 K_2 是需要确定的. 从这一点上来看, Arcak 型状态估计器要比 Luenberger 型的更一般, 即后者是前者 $K_1 = 0$ 的情况. 特别地, 可以看到, 在激励函数的域中引入了一个额外的控制项 $K_1(y(t)-\hat{y}(t))$. 通过这一项, 我们可以有效地调整激励函数的参数, 从而在保广义 H_2 性能的分析中获得更好的效果.

定义误差信号分别为 $e(t) = x(t) - \hat{x}(t)$ 和 $\bar{z}(t) = z(t) - \hat{z}(t)$. 于是, 根据式 (10.1)~ 式 (10.4) 以及式 (10.7)~ 式 (10.10) 容易得到误差信号满足

$$\dot{e}(t) = -(A+K_2C)e(t) - K_2De(t-\tau(t))$$
$$+g(t) + (B_1-K_2B_2)w(t) \tag{10.11}$$

$$\bar{z}(t) = He(t) \tag{10.12}$$

其中

$$g(t) = f\Big(Wx(t-\tau(t)) + J\Big) - f\Big(W\hat{x}(t-\tau(t)) + J + K_1(y(t)-\hat{y}(t))\Big)$$

令

$$\|\varphi(t)\|_\infty = \sup_t \sqrt{\varphi^{\mathrm{T}}(t)\varphi(t)}$$

$$\|\varphi(t)\|_2 = \sqrt{\int_0^\infty \varphi^{\mathrm{T}}(t)\varphi(t)\mathrm{d}t}$$

本章所讨论的保广义 H_2 性能的状态估计问题定义如下：对于时滞静态神经网络 (10.1)~(10.4) 以及给定的扰动抑制度 $\rho > 0$，设计合适的增益矩阵 K_1 和 K_2 使得：

(i) 当 $w(t) \equiv 0$ 时，误差系统 (10.11) 的平凡解 $e(t; 0) = 0$ 是全局渐近稳定的；

(ii) 在零初始条件下，不等式

$$\|\bar{z}(t)\|_\infty < \rho \|w(t)\|_2 \tag{10.13}$$

对任意非零的噪声信号 $w(t) \in L_2[0, \infty)$ 都是成立的。

为了方便，定义

$$\xi(t) = \left[e^{\mathrm{T}}(t),\ e^{\mathrm{T}}(t - \tau(t)),\ e^{\mathrm{T}}(t - \tau),\ \int_{t-\tau}^{t} e^{\mathrm{T}}(s)\mathrm{d}s,\ g^{\mathrm{T}}(t),\ w^{\mathrm{T}}(t) \right]^{\mathrm{T}}$$

$$\mathcal{I}_1 = \begin{bmatrix} 0 & I & -I & 0 & 0 & 0 \\ I & -I & 0 & 0 & 0 & 0 \end{bmatrix}$$

$$\mathcal{I}_2 = \begin{bmatrix} \tau I, & 0, & 0, & -I, & 0, & 0 \end{bmatrix}$$

下面，我们给出两个非常有用的引理。

引理 10.1（文献 [235]）　对于给定的满足 $\begin{bmatrix} S & N \\ N^{\mathrm{T}} & S \end{bmatrix} \geqslant 0$ 的实矩阵 S 和 N，以及误差信号 $e(t)$，下列不等式成立：

$$-\tau \int_{t-\tau}^{t} \dot{e}^{\mathrm{T}}(s)S\dot{e}(s)\mathrm{d}s \leqslant -\xi^{\mathrm{T}}(t)\mathcal{I}_1^{\mathrm{T}} \begin{bmatrix} S & N \\ * & S \end{bmatrix} \mathcal{I}_1 \xi(t)$$

证明　由于 $0 \leqslant \tau(t) \leqslant \tau$，显然有

$$-\tau \int_{t-\tau}^{t} \dot{e}^{\mathrm{T}}(s)S\dot{e}(s)\mathrm{d}s = -\tau \int_{t-\tau}^{t-\tau(t)} \dot{e}^{\mathrm{T}}(s)S\dot{e}(s)\mathrm{d}s - \tau \int_{t-\tau(t)}^{t} \dot{e}^{\mathrm{T}}(s)S\dot{e}(s)\mathrm{d}s$$

于是，根据引理 1.2 以及相互凸组合技术[235] 容易得到该引理的结论。证毕。

引理 10.2（文献 [246]）　对于给定的常数 $\tau > 0$、实对称正定矩阵 $T > 0$ 和 M_i $(i = 1, 2, \cdots, 6)$，以及上述 $\xi(t)$ 有

$$-2 \int_{-\tau}^{0} \int_{t+\theta}^{t} \dot{e}^{\mathrm{T}}(s)T\dot{e}(s)\mathrm{d}s\mathrm{d}\theta \leqslant \xi^{\mathrm{T}}(t)\Big(\tau^2 M^{\mathrm{T}}T^{-1}M + 2M^{\mathrm{T}}\mathcal{I}_2 + 2\mathcal{I}_2^{\mathrm{T}}M\Big)\xi(t)$$

其中，$M = \begin{bmatrix} M_1, & M_2, & M_3, & M_4, & M_5, & M_6 \end{bmatrix}$。

证明   对于给定的实矩阵 $T > 0$ 和 M，容易验证

$$
\begin{bmatrix} I & 0 \\ -M^{\mathrm{T}}T^{-1} & I \end{bmatrix} \begin{bmatrix} T & M \\ M^{\mathrm{T}} & M^{\mathrm{T}}T^{-1}M \end{bmatrix} \begin{bmatrix} I & 0 \\ -M^{\mathrm{T}}T^{-1} & I \end{bmatrix}^{\mathrm{T}} = \begin{bmatrix} T & 0 \\ 0 & 0 \end{bmatrix}
$$

于是 $\begin{bmatrix} T & M \\ M^{\mathrm{T}} & M^{\mathrm{T}}T^{-1}M \end{bmatrix} \geqslant 0$。这就意味着

$$
\begin{aligned}
0 \leqslant\ & 2 \int_{-\tau}^{0} \int_{t+\theta}^{t} \begin{bmatrix} \dot{e}(s) \\ \xi(t) \end{bmatrix}^{\mathrm{T}} \begin{bmatrix} T & M \\ M^{\mathrm{T}} & M^{\mathrm{T}}T^{-1}M \end{bmatrix} \begin{bmatrix} \dot{e}(s) \\ \xi(t) \end{bmatrix} \mathrm{d}s\mathrm{d}\theta \\
=\ & 2 \int_{-\tau}^{0} \int_{t+\theta}^{t} \dot{e}^{\mathrm{T}}(s)T\dot{e}(s)\mathrm{d}s\mathrm{d}\theta + 2 \int_{-\tau}^{0} \int_{t+\theta}^{t} \dot{e}^{\mathrm{T}}(s)M\xi(t)\mathrm{d}s\mathrm{d}\theta \\
& + 2 \int_{-\tau}^{0} \int_{t+\theta}^{t} \xi^{\mathrm{T}}(t)M^{\mathrm{T}}\dot{e}(s)\mathrm{d}s\mathrm{d}\theta + 2 \int_{-\tau}^{0} \int_{t+\theta}^{t} \xi^{\mathrm{T}}(t)M^{\mathrm{T}}T^{-1}M\xi(t)\mathrm{d}s\mathrm{d}\theta \\
=\ & 2 \int_{-\tau}^{0} \int_{t+\theta}^{t} \dot{e}^{\mathrm{T}}(s)T\dot{e}(s)\mathrm{d}s\mathrm{d}\theta + 2\Big[\tau e(t) - \int_{t-\tau}^{t} e(s)\mathrm{d}s\Big]^{\mathrm{T}} M\xi(t) \\
& + 2\xi^{\mathrm{T}}(t)M^{\mathrm{T}}\Big[\tau e(t) - \int_{t-\tau}^{t} e(s)\mathrm{d}s\Big] + \tau^2 \xi^{\mathrm{T}}(t)M^{\mathrm{T}}T^{-1}M\xi(t) \\
=\ & 2 \int_{-\tau}^{0} \int_{t+\theta}^{t} \dot{e}^{\mathrm{T}}(s)T\dot{e}(s)\mathrm{d}s\mathrm{d}\theta + \xi^{\mathrm{T}}(t)\Big(\tau^2 M^{\mathrm{T}}T^{-1}M + 2\mathcal{I}_2^{\mathrm{T}}M + 2M^{\mathrm{T}}\mathcal{I}_2\Big)\xi(t)
\end{aligned}
$$

经过整理得

$$
-2 \int_{-\tau}^{0} \int_{t+\theta}^{t} \dot{e}^{\mathrm{T}}(s)T\dot{e}(s)\mathrm{d}s\mathrm{d}\theta \leqslant \xi^{\mathrm{T}}(t)\Big(\tau^2 M^{\mathrm{T}}T^{-1}M + 2M^{\mathrm{T}}\mathcal{I}_2 + 2\mathcal{I}_2^{\mathrm{T}}M\Big)\xi(t)
$$

这就是引理 10.2 的结论。证毕。

10.2   保广义 H_2 性能的状态估计

本节将给出一个依赖于时滞的充分条件用于解决时滞静态神经网络 (10.1)~(10.4) 的保广义 H_2 性能的状态估计问题。根据这个条件，一个合适的 Arcak 型状态估计器的设计实现就对应于求解一个凸优化问题。

定理 10.1 (文献 [247])   对于给定的常数 $\tau > 0$、μ 以及扰动抑制度 $\rho > 0$，则时滞静态神经网络 (10.1)~(10.4) 的保广义 H_2 性能的状态估计问题是可解的，如果存在实矩阵 $P > 0$、$Q_1 > 0$、$Q_2 > 0$、$R > 0$、$S > 0$、$T > 0$、M_i ($i =$

$1, \cdots, 6$)、N、G_1、G_2 和对角矩阵 $\Gamma = \mathrm{diag}(\gamma_1, \gamma_2, \cdots, \gamma_n) > 0$ 使得下列线性矩阵不等式成立:

$$\begin{bmatrix} \Sigma & \tau M^{\mathrm{T}} & \tau \Pi^{\mathrm{T}} \\ * & -T & 0 \\ * & * & -2P + S + T \end{bmatrix} < 0 \tag{10.14}$$

$$\begin{bmatrix} P & H^{\mathrm{T}} \\ * & \rho^2 I \end{bmatrix} > 0 \tag{10.15}$$

$$\begin{bmatrix} S & N \\ * & S \end{bmatrix} \geqslant 0 \tag{10.16}$$

其中

$$\Sigma = \begin{bmatrix} \Sigma_{11} & \Sigma_{12} & \Sigma_{13} & \Sigma_{14} & \Sigma_{15} & \Sigma_{16} \\ * & \Sigma_{22} & \Sigma_{23} & -2M_2^{\mathrm{T}} & \Sigma_{25} & 0 \\ * & * & \Sigma_{33} & -2M_3^{\mathrm{T}} & 0 & 0 \\ * & * & * & \Sigma_{44} & -2M_5 & -2M_6 \\ * & * & * & * & -2\Gamma & -LG_1^{\mathrm{T}}B_2 \\ * & * & * & * & * & -I \end{bmatrix}$$

$$M = \begin{bmatrix} M_1, & M_2 & M_3 & M_4 & M_5 & M_6 \end{bmatrix}$$

$$\Pi = \begin{bmatrix} -PA - G_2C, & -G_2D, & 0, & 0, & P, & PB_1 - G_2B_2 \end{bmatrix}$$

$$\Sigma_{11} = -PA - A^{\mathrm{T}}P - G_2C - C^{\mathrm{T}}G_2^{\mathrm{T}} + Q_1$$
$$\qquad + Q_2 + \tau^2 R - S + 2\tau M_1 + 2\tau M_1^{\mathrm{T}}$$

$$\Sigma_{12} = -G_2D + S - N^{\mathrm{T}} + 2\tau M_2$$

$$\Sigma_{13} = N^{\mathrm{T}} + 2\tau M_3, \quad \Sigma_{14} = -2M_1^{\mathrm{T}} + 2\tau M_4$$

$$\Sigma_{15} = P + 2\tau M_5 - C^{\mathrm{T}}G_1L, \quad \Sigma_{16} = PB_1 - G_2B_2 + 2\tau M_6$$

$$\Sigma_{22} = -(1 - \mu)Q_1 - 2S + N + N^{\mathrm{T}}, \quad \Sigma_{23} = S - N^{\mathrm{T}}$$

$$\Sigma_{25} = W^{\mathrm{T}}\Gamma L - D^{\mathrm{T}}G_1L, \quad \Sigma_{33} = -Q_2 - S$$

$$\Sigma_{44} = -R - 2M_4 - 2M_4^{\mathrm{T}}$$

从而, Arcak 型状态估计器 (10.7) 的增益矩阵 K_1 和 K_2 可分别设计为

$$K_1 = \Gamma^{-1}G_1^{\mathrm{T}} \text{、} K_2 = P^{-1}G_2$$

证明 首先证明不等式 (10.13) 在零初始条件下对任意非零的噪声信号 $w(t)$

都是成立的。为此, 构造如下的 Lyapunov 泛函:

$$V(t) = e^{\mathrm{T}}(t)Pe(t) + \int_{t-\tau(t)}^{t} e^{\mathrm{T}}(s)Q_1e(s)\mathrm{d}s + \int_{t-\tau}^{t} e^{\mathrm{T}}(s)Q_2e(s)\mathrm{d}s$$

$$+\tau \int_{-\tau}^{0} \int_{t+\theta}^{t} e^{\mathrm{T}}(s)Re(s)\mathrm{d}s\mathrm{d}\theta + \tau \int_{-\tau}^{0} \int_{t+\theta}^{t} \dot{e}^{\mathrm{T}}(s)S\dot{e}(s)\mathrm{d}s\mathrm{d}\theta$$

$$+2\int_{-\tau}^{0} \int_{\theta}^{0} \int_{t+\alpha}^{t} \dot{e}^{\mathrm{T}}(s)T\dot{e}(s)\mathrm{d}s\mathrm{d}\alpha\mathrm{d}\theta \tag{10.17}$$

其中, 矩阵 P、Q_1、Q_2、R、S 以及 T 都是待定的。

通过计算 $V(t)$ 沿误差系统 (10.11) 的轨迹对时间 t 的导数可得

$$\dot{V}(t) = 2e^{\mathrm{T}}(t)P\dot{e}(t) + e^{\mathrm{T}}(t)Q_1e(t) - (1-\dot{\tau}(t))e^{\mathrm{T}}(t-\tau(t))Q_1e(t-\tau(t))$$

$$+e^{\mathrm{T}}(t)Q_2e(t) - e^{\mathrm{T}}(t-\tau)Q_2e(t-\tau) + \tau^2 e^{\mathrm{T}}(t)Re(t)$$

$$-\tau \int_{t-\tau}^{t} e^{\mathrm{T}}(s)Re(s)\mathrm{d}s + \tau^2 \dot{e}^{\mathrm{T}}(t)S\dot{e}(t) - \tau \int_{t-\tau}^{t} \dot{e}^{\mathrm{T}}(s)S\dot{e}(s)\mathrm{d}s$$

$$+\tau^2 \dot{e}^{\mathrm{T}}(t)T\dot{e}(t) - 2\int_{-\tau}^{0} \int_{t+\theta}^{t} \dot{e}^{\mathrm{T}}(s)T\dot{e}(s)\mathrm{d}s\mathrm{d}\theta$$

$$\leqslant e^{\mathrm{T}}(t)\Big(-P(A+K_2C) - (A+K_2C)^{\mathrm{T}}P + Q_1 + Q_2 + \tau^2 R\Big)e(t)$$

$$-2e^{\mathrm{T}}(t)PK_2De(t-\tau(t)) + 2e^{\mathrm{T}}(t)Pg(t) + 2e^{\mathrm{T}}(t)P(B_1-K_2B_2)w(t)$$

$$-(1-\mu)e^{\mathrm{T}}(t-\tau(t))Q_1e(t-\tau(t)) - e^{\mathrm{T}}(t-\tau)Q_2e(t-\tau)$$

$$-\tau \int_{t-\tau}^{t} e^{\mathrm{T}}(s)Re(s)\mathrm{d}s - \tau \int_{t-\tau}^{t} \dot{e}^{\mathrm{T}}(s)S\dot{e}(s)\mathrm{d}s + \tau^2 \dot{e}^{\mathrm{T}}(t)(S+T)\dot{e}(t)$$

$$-2\int_{-\tau}^{0} \int_{t+\theta}^{t} \dot{e}^{\mathrm{T}}(s)T\dot{e}(s)\mathrm{d}s\mathrm{d}\theta \tag{10.18}$$

记 g_i、θ_{1i} 和 θ_{2i} 分别为 $g(t)$、$Wx(t-\tau(t))+J$ 和 $W\hat{x}(t-\tau(t))+J+K_1(y(t)-\hat{y}(t))$ 的第 i 个分量。即 $g(t) = [g_1, g_2, \cdots, g_n]^{\mathrm{T}}$ 且 $g_i = f_i(\theta_{1i}) - f_i(\theta_{2i})$。因为 f_i $(i = 1, 2, \cdots, n)$ 满足条件式 (10.5), 于是对于任意的 $\theta_{1i} \neq \theta_{2i}$ 有

$$0 \leqslant \frac{g_i}{\theta_{1i} - \theta_{2i}} = \frac{f_i(\theta_{1i}) - f_i(\theta_{2i})}{\theta_{1i} - \theta_{2i}} \leqslant l_i$$

这就表明, 对于任意的 $\Gamma = \mathrm{diag}(\gamma_1, \gamma_2, \ldots, \gamma_n) > 0$, 不难得到

$$0 \leqslant -2\sum_{i=1}^{n} \gamma_i g_i(g_i - l_i(\theta_{1i} - \theta_{2i}))$$

$$= -2\sum_{i=1}^{n}(\gamma_i g_i^2 - \gamma_i l_i g_i(\theta_{1i} - \theta_{2i}))$$

$$= -2g^{\mathrm{T}}(t, \tau(t), x(t), e(t))\Gamma g(t, \tau(t), x(t), e(t))$$

$$+2g^{\mathrm{T}}(t, \tau(t), x(t), e(t))\Gamma L\Big(-K_1 C e(t)$$

$$+(W - K_1 D)e(t - \tau(t)) - K_1 B_2 w(t)\Big)$$

令

$$\Theta = \begin{bmatrix} \Theta_{11} & \Theta_{12} & \Sigma_{13} & \Sigma_{14} & \Theta_{15} & \Theta_{16} \\ * & \Sigma_{22} & \Sigma_{23} & -2M_2^{\mathrm{T}} & \Theta_{25} & 0 \\ * & * & \Sigma_{33} & -2M_3^{\mathrm{T}} & 0 & 0 \\ * & * & * & \Sigma_{44} & -2M_5 & -2M_6 \\ * & * & * & * & -2\Gamma & -L\Gamma K_1 B_2 \\ * & * & * & * & * & -I \end{bmatrix}$$

$$\Theta_{11} = -PA - A^{\mathrm{T}}P - PK_2C - C^{\mathrm{T}}K_2^{\mathrm{T}}P + Q_1 + Q_2$$

$$+\tau^2 R - S + 2\tau M_1 + 2\tau M_1^{\mathrm{T}}$$

$$\Theta_{12} = -PK_2D + S - N^{\mathrm{T}} + 2\tau M_2, \quad \Theta_{15} = P + 2\tau M_5 - C^{\mathrm{T}}K_1^{\mathrm{T}}\Gamma L$$

$$\Theta_{16} = PB_1 - PK_2B_2 + 2\tau M_6, \quad \Theta_{25} = W^{\mathrm{T}}\Gamma L - D^{\mathrm{T}}K_1^{\mathrm{T}}\Gamma L$$

$$\Delta = \begin{bmatrix} -A - K_2C, & -K_2D, & 0, & 0, & I, & B_1 - K_2B_2 \end{bmatrix}$$

由 Schur 补引理和线性矩阵不等式 (10.14) 知

$$\Theta + \tau^2 M^{\mathrm{T}}T^{-1}M + \tau^2 \Delta^{\mathrm{T}}(S+T)\Delta < 0$$

事实上, $\Theta + \tau^2 M^{\mathrm{T}}T^{-1}M + \tau^2 \Delta^{\mathrm{T}}(S+T)\Delta < 0$ 等价于

$$\begin{bmatrix} \Theta & \tau M^{\mathrm{T}} & \tau \Delta^{\mathrm{T}}(S+T) \\ * & -T & 0 \\ * & * & -S-T \end{bmatrix} < 0 \qquad (10.19)$$

分别用对角块矩阵 $\mathrm{diag}(I, I, P(S+T)^{-1})$ 和它的转置左乘和右乘上式, 并且注意到 $K_1 = \Gamma^{-1}G_1^{\mathrm{T}}$、$K_2 = P^{-1}G_2$, 则式 (10.19) 也等价于

$$\begin{bmatrix} \Sigma & \tau M^{\mathrm{T}} & \tau \Pi^{\mathrm{T}} \\ * & -T & 0 \\ * & * & -P(S+T)^{-1}P \end{bmatrix} < 0 \qquad (10.20)$$

由于 $-P(S+T)^{-1}P$ 的存在，式 (10.20) 并不是一个线性矩阵不等式。但是，对于正定矩阵 P、S 和 T 有 $(P-S-T)(S+T)^{-1}(P-S-T) \geqslant 0$，即

$$-P(S+T)^{-1}P \leqslant -2P+S+T$$

因此，非线性矩阵不等式 (10.20) 可以由式 (10.14) 得到，从而有

$$\Theta + \tau^2 M^{\mathrm{T}} T^{-1} M + \tau^2 \Delta^{\mathrm{T}}(S+T)\Delta < 0$$

利用引理 10.1 和引理 10.2，以及对式 (10.18) 进行一些简单的计算，可以推出，对于任意非零的 $\xi(t) = \left[e^{\mathrm{T}}(t),\ e^{\mathrm{T}}(t-\tau(t)),\ e^{\mathrm{T}}(t-\tau),\int_{t-\tau}^{t} e^{\mathrm{T}}(s)\mathrm{d}s,\ g^{\mathrm{T}}(t),\ w^{\mathrm{T}}(t)\right]^{\mathrm{T}}$ 有

$$\dot{V}(t) - w^{\mathrm{T}}(t)w(t) \leqslant \xi^{\mathrm{T}}(t)\Big(\Theta + \tau^2 M^{\mathrm{T}} T^{-1} M + \tau^2 \Delta^{\mathrm{T}}(S+T)\Delta\Big)\xi(t) < 0 \qquad (10.21)$$

定义指标函数

$$J(t) = V(t) - \int_0^t w^{\mathrm{T}}(s)w(s)\mathrm{d}s \qquad (10.22)$$

根据式 (10.17)，容易知道，在零初始条件下，$V(t) \geqslant 0$ 以及 $V(t)|_{t=0} = 0$。因此，对于非零的 $w(t)$，由式 (10.21) 有

$$\begin{aligned}
J(t) &= V(t) - V(0) - \int_0^t w^{\mathrm{T}}(s)w(s)\mathrm{d}s \\
&= \int_0^t \Big(\dot{V}(s) - w^{\mathrm{T}}(s)w(s)\Big)\mathrm{d}s < 0
\end{aligned} \qquad (10.23)$$

从而，$V(t) < \int_0^t w^{\mathrm{T}}(s)w(s)\mathrm{d}s$。另一方面，由线性矩阵不等式 (10.15) 有 $\rho^2 P > H^{\mathrm{T}}H$。这样就可以得到

$$\begin{aligned}
\bar{z}^{\mathrm{T}}(t)\bar{z}(t) &= e^{\mathrm{T}}(t)H^{\mathrm{T}}He(t) \\
&\leqslant \rho^2 e^{\mathrm{T}}(t)Pe(t) \\
&\leqslant \rho^2 V(t) \\
&< \rho^2 \int_0^t w^{\mathrm{T}}(s)w(s)\mathrm{d}s \\
&\leqslant \rho^2 \int_0^\infty w^{\mathrm{T}}(s)w(s)\mathrm{d}s
\end{aligned}$$

上式两端对 t 取上确界，容易推出 $\|\bar{z}(t)\|_\infty^2 < \rho^2 \|w(t)\|_2^2$，即式 (10.13) 成立。

下面证明当 $w(t) \equiv 0$ 时误差系统 (10.11) 的平凡解 $e(t; 0) = 0$ 是全局渐近稳定的。当 $w(t) \equiv 0$ 时，误差系统 (10.11) 为

$$\dot{e}(t) = -(A + K_2 C)e(t) - K_2 De(t - \tau(t)) + g(t) \tag{10.24}$$

由式 (10.14) 可以推出

$$\begin{bmatrix} \bar{\Sigma} & \tau \bar{M}^{\mathrm{T}} & \tau \bar{\Pi}^{\mathrm{T}} \\ * & -T & 0 \\ * & * & -2P + S + T \end{bmatrix} < 0 \tag{10.25}$$

其中

$$\bar{\Sigma} = \begin{bmatrix} \Sigma_{11} & \Sigma_{12} & \Sigma_{13} & \Sigma_{14} & \Sigma_{15} \\ * & \Sigma_{22} & \Sigma_{23} & -2M_2^{\mathrm{T}} & \Sigma_{25} \\ * & * & \Sigma_{33} & -2M_3^{\mathrm{T}} & 0 \\ * & * & * & \Sigma_{44} & -2M_5 \\ * & * & * & * & -2\Gamma \end{bmatrix}$$

$$\bar{M} = \begin{bmatrix} M_1, & M_2, & M_3, & M_4, & M_5 \end{bmatrix}$$

$$\bar{\Pi} = \begin{bmatrix} -PA - G_2 C, & -G_2 D, & 0, & 0, & P \end{bmatrix}$$

仍然考虑 Lyapunov 泛函 (10.17)。类似于式 (10.21) 的推导，不难得到式 (10.25) 保证了 $\dot{V}(t) \leqslant 0$。因此，根据 Lyapunov 稳定性理论知，误差系统 (10.24) 的平凡解 $e(t; 0) = 0$ 是全局渐近稳定的。这里，详细的过程就不再重复了。证毕。

注释 10.2 显然，当 $\mu > 1$ 时，对于任意的 $Q_1 > 0$ 都有 $-(1 - \mu)Q_1 > 0$。此时，为了得到保守性更弱的设计结果，我们仅仅需要令定理 10.1 中的 $Q_1 = 0$。此外，如果时变时滞的导数 $\dot{\tau}(t)$ 的上界不可知或者时滞 $\tau(t)$ 不可导的话，同样只需要令 $Q_1 = 0$，定理 10.1 仍然是有效的。

注释 10.3 由定理 10.1 得到的最优广义 H_2 的性能指标可以通过求解如下的凸优化问题获得

$$\min \rho_{P, Q_1, Q_2, R, S, T, \Gamma, G_1, G_2, M_i, N}^2, \text{ s.t. 线性矩阵不等式 (10.14)} \sim (10.16)。$$

10.3 示例与数值比较

令 $x(t) = [x_1(t), x_2(t), x_3(t)]^{\mathrm{T}} \in \mathbb{R}^3$。考虑具有如下系数的时滞静态神经网

络 (10.1)~(10.4)：

$$A = \mathrm{diag}(0.96, 1.22, 0.78), \quad W = \begin{bmatrix} -0.32 & 0.75 & -1.42 \\ 1.21 & 0.41 & -0.50 \\ 0.42 & 0.82 & -1.06 \end{bmatrix}$$

$$H = \begin{bmatrix} 0.8 & 0 & 0.5 \\ 1 & 0 & 1 \\ 0 & -1 & 1 \end{bmatrix}, \quad B_1 = \begin{bmatrix} 0.2, & 0.3, & 0.5 \end{bmatrix}^{\mathrm{T}}$$

$$B_2 = \begin{bmatrix} 0.4, & -0.3 \end{bmatrix}^{\mathrm{T}}, \quad C = \begin{bmatrix} 1 & 0.5 & 0 \\ 0 & -0.5 & 0.6 \end{bmatrix}$$

$$D = \begin{bmatrix} 0 & -1.2 & 0.2 \\ 0 & 0 & 0.5 \end{bmatrix}$$

下面，我们来比较定理 10.1 和文献 [231] 中的依赖于时滞的结果在保广义 H_2 性能的状态估计器设计方面的不同表现，从而说明 Arcak 型状态估计器能取得比 Luenberger 型的更好的效果。首先，令 $L = I$。对于不同的常数 τ 和 μ，表 10.1 给出了由这两种方法取得的最优广义 H_2 性能指标 $\rho_{\min}$。其次，我们分析激励函数的参数对保广义 H_2 性能的状态估计器设计的影响。为此，令 $\tau = 0.5$、$\mu = 0.7$。对于不同的 L ($L > I$)，表 10.2 给出了由这两种方法取得的最优广义 H_2 性能指标 $\rho_{\min}$。从表 10.1 和表 10.2 可以清楚地看到本章提出的方法能够取得更好的效果。

表 10.1　对于不同的 τ 和 μ，由不同的方法取得的最优广义 H_2 性能指标的比较

$\rho_{\min}$	(0.7, 0.7)	(0.8, 0.6)	(0.9, 0.5)	(1, 0.4)	(1, 0.9)
定理 8 [231]	0.9102	1.5540	2.4406	3.5705	无可行解
定理 10.1	$1.1468 * 10^{-4}$	0.0796	0.5136	0.7981	0.8066

表 10.2　对不同的 L，由不同的方法获得的最优广义 H_2 性能指标的比较

$\rho_{\min}$	$1.1I$	$1.2I$	$1.3I$	$1.4I$	$1.5I$
定理 8 [231]	0.5165	0.9622	1.7302	5.4480	无可行解
定理 10.1	$1.0959 * 10^{-4}$	0.2081	0.6178	1.0043	1.6539

10.4　本 章 小 结

在本章中，为了分析激励函数的参数对保性能状态估计的影响，我们对时滞静态神经网络设计了一个 Arcak 型状态估计器。在构造含三阶积分项的 Lyapunov 泛函的基础上，通过利用积分不等式处理导数中的一些积分项得到了一个依赖于时

滞的充分条件使得误差系统的平凡解是保广义 H_2 性能的全局渐近稳定的。由于这个条件是用一组线性矩阵不等式表示的，从而状态估计器的增益矩阵的设计和最优广义 H_2 性能指标的计算可以通过求解一个凸优化问题实现。最后给出了一个数值例子用于说明本章提出的方法对时滞静态神经网络的保广义 H_2 性能状态估计器设计的可行性，同时进行了比较。这些比较结果都很好地体现了本章的状态估计器的设计结果相比于一些已有结果的优势。还有一点需要说明的是，本章的方法同样可以用于分析时滞静态神经网络的保 H_∞ 性能的状态估计问题[248]。

第三部分

带马尔可夫跳跃参数的时滞递归神经网络的状态估计

第11章 依赖于系统模态的带马尔可夫跳跃参数和混合时滞的递归神经网络的状态估计

在前面的章节，我们给出了多种不同的方法用于分析时滞递归神经网络的状态估计问题，得到了一系列易于实现的设计结果。但是，在这些结果中并没有涉及到马尔可夫跳跃参数的问题。然而，人们发现在递归神经网络模型中常常会出现信息闭锁（information latching）的现象。为了能够很好地处理这一现象，在文献 [249]~ 文献 [251] 中，研究人员提出了一个非常有效的方法。这个方法的思路是从递归神经网络中提取有限个状态。也就是说，在这种情形下，我们可以让出现信息闭锁现象的递归神经网络具有有限个不同的模态，而且这些模态之间的切换可以通过一个马尔可夫链（Markov chain）来控制[91, 94, 252–254]。这就导致了所谓的带马尔可夫跳跃参数的递归神经网络模型的提出。另一方面，在递归神经网络的大规模集成电路的实现过程中，由于信息的传输以及所采用的电子元器件的物理特性，我们必须考虑时滞的影响。近年来，人们对带马尔可夫跳跃参数的时滞递归神经网络的稳定性分析已经开展了大量的工作。在此就不一一列举了，感兴趣的读者可以参阅文献 [94]、[255]~ [261] 等。与此同时，对带马尔可夫跳跃参数的时滞递归神经网络的状态估计问题的研究也在进行中。但相对来讲，结果还比较少，仍处于刚刚起步的阶段。比如说，在文献 [91]、[189]、[262]~ [264] 中发表了一些很好的结果。基于这些考虑，这一章将分析这一类递归神经网络的状态估计问题，并提出一个非常有效的方法来解决它。

分析发现，在一些已有的对带马尔可夫跳跃参数的时滞递归神经网络的研究结果中，所构造的随机 Lyapunov 泛函（stochastic Lyapunov functional）往往都具有如下的形式（如文献 [91]）：

$$V(e_t, i, t) = e^{\mathrm{T}}(t)P_i e(t) + \int_{t-h}^{t} \xi^{\mathrm{T}}(s)Q_i\xi(s)\mathrm{d}s + \int_{-h}^{0}\int_{t+\beta}^{t} \xi^{\mathrm{T}}(s)Q\xi(s)\mathrm{d}s\mathrm{d}\beta$$

$$+ \int_{-h}^{0}\int_{t+\beta}^{t} \dot{e}^{\mathrm{T}}(s)R\dot{e}(s)\mathrm{d}s\mathrm{d}\beta + \int_{-d}^{0}\int_{t+\beta}^{t} f^{\mathrm{T}}(s)Sf(s)\mathrm{d}s\mathrm{d}\beta \tag{11.1}$$

这里的 i 表示系统的模态。从上式可以看到，只有 Lyapunov 矩阵 P_i 和 Q_i 是随系统的模态发生变化的，而矩阵 R 和 S 并不依赖于系统模态，即这两个矩阵对所有的 i 都是相同的。于是，很自然地会问为什么在选择矩阵 R 和 S 时不让它们随系统模态发生变化呢? 如果这两个矩阵也是随系统模态发生变化的, 那么结果会怎么样呢? 或者说, 在技术处理上会带来什么困难呢? 现在, 我们就来具体地分析一下。在式 (11.1) 的一阶积分项中的矩阵 Q_i 是依赖于系统模态的。根据定义, 在上述随机 Lyapunov 泛函的弱无穷小算子 (weak infinitesimal operator) $\mathcal{L}V(e_t, i, t)$ 中就会出现 $\sum\limits_{j=1}^{N} \pi_{ij} \int\limits_{t-h}^{t} \xi^{\mathrm{T}}(s)Q_j\xi(s)\mathrm{d}s$ (这里 N 是系统模态的个数, π_{ij} 表示从模态 i 切换到模态 j 的概率)。为了克服这一项在分析时带来的困难, 需要在随机 Lyapunov 泛函中引入二阶积分项 $\int\limits_{-h}^{0} \int\limits_{t+\beta}^{t} \xi^{\mathrm{T}}(s)Q\xi(s)\mathrm{d}s\mathrm{d}\beta$。这样, 当矩阵 Q_i 和 Q 满足一定的条件如 $\sum\limits_{j=1}^{N} \pi_{ij}Q_j \leqslant Q$ 时, 前面在 $\mathcal{L}V(e_t, i, t)$ 中出现的项 $\sum\limits_{j=1}^{N} \pi_{ij} \int\limits_{t-h}^{t} \xi^{\mathrm{T}}(s)Q_j\xi(s)\mathrm{d}s$ 就会被 $\int\limits_{t-h}^{t} \xi^{\mathrm{T}}(s)Q\xi(s)\mathrm{d}s$ 抵消。也就是说, 如果在随机 Lyapunov 泛函的一阶积分项中的矩阵是依赖于系统模态的, 那么就需要引入一个二阶积分项来处理其带来的困难。于是, 如果要求在随机 Lyapunov 泛函 $V(e_t, i, t)$ 中的二阶积分项的矩阵也是随模态发生变化, 是不是应该引入一个合适的三阶积分项呢? 以此类推, 更高阶的情况是不是也是这样呢? 这就是本章要讨论的第一个问题。另一个问题就是为什么要选择更多的依赖于系统模态的 Lyapunov 矩阵呢? 这么做带来的好处是什么呢? 显然, 依赖于系统模态的矩阵的选择要比不依赖于系统的矩阵的选择更加灵活。这是因为不依赖于模态的矩阵要求对系统的所有模态都是一样的。因此, 我们有充分的理由相信, 如果在随机 Lyapunov 泛函中有尽可能多的矩阵是随系统模态变化的, 由此得到的设计条件将会具有更好的性能表现。另一方面, 依赖于系统模态的方法所得到的结果是否包含不依赖于模态的方法得到的结果作为特例呢? 这也是本章要回答的问题。

在本章中, 我们将提出一个依赖于系统模态的方法来处理带马尔可夫跳跃参数和混合时滞的递归神经网络的状态估计器的设计问题。这里讨论的混合时滞有两类: 一类是时变时滞; 另一类是分布式时滞。为了简单, 仅仅假设时变时滞是依赖于系统模态的, 而分布式时滞是与系统模态无关的。为了有效地解决这一问题, 我们将在随机 Lyapunov 泛函中引入三阶积分项和四阶积分项。正如前面所分析的, 引入这些高阶积分项的目的就是为了使得随机 Lyapunov 泛函中尽可能多的 Lyapunov 矩阵是随模态变化的, 从而可以得到保守性更弱的设计准则。在此基础上, 我们将得到一些依赖于时滞的充分条件使得误差系统的平凡解是全局均方指数稳定的。由于这些条件都是用线性矩阵不等式来表示的, 因此本章讨论的这一类时滞递归神经网络的状态估计器的增益矩阵可以很方便地实现。另一方面, 我们将从理论上严格地证明本章给出的结果包含了一些已有的结果作为特例，从而彻底解决了我们前面提及的问题。此外，受文献 [215] 的启发，通过引入一组松弛参数将得到一些适用于具有复杂动力学行为的带马尔可夫跳跃参数的时滞递归神经网络的状态估计器设计的结果。最后，通过两个具体的例子来说明本章的结果对带马尔可夫跳跃参数和混合时滞的递归神经网络的状态估计器设计的有效性。

11.1　问题的描述

令 $\{r_t\}_{t\geqslant0}$ 是一个定义在完备概率空间 $(\Omega,\mathcal{F},\mathcal{P})$ 上的右连续的马尔可夫链，且取值于有限集合 $\mathcal{S}=\{1,2,\cdots,N\}$ 中。假设它的概率转移矩阵 $\Pi=(\pi_{ij})_{N\times N}$ 为

$$\mathcal{P}\{r_{t+\Delta}=j|r_t=i\}=\begin{cases}\pi_{ij}\Delta+o(\Delta), & i\neq j\\ 1+\pi_{ii}\Delta+o(\Delta), & i=j\end{cases}$$

其中，$\Delta>0$, $\lim_{\Delta\to0+}\frac{o(\Delta)}{\Delta}=0$, π_{ij} 表示在时刻 $t+\Delta$ 从模态 i 切换到模态 j 的概率。当 $j\neq i$ 时，$\pi_{ij}\geqslant0$，且对每一个 $i\in\mathcal{S}$ 有

$$\pi_{ii}=-\sum_{j=1,j\neq i}^{N}\pi_{ij} \tag{11.2}$$

考虑如下带马尔可夫跳跃参数和混合时滞的递归神经网络：

$$\dot{x}(t)=-A(r_t)x(t)+B(r_t)\sigma(x(t))+B_1(r_t)\sigma(x(t-h(t,r_t)))$$
$$+D(r_t)\int_{t-d}^{t}\sigma(x(s))\mathrm{d}s+J(r_t) \tag{11.3}$$
$$y(t)=C(r_t)x(t)+\phi(t,x(t)) \tag{11.4}$$
$$x(t)=\varphi(t),\quad t\in\big[-\max\{h,d\},0\big],\quad r(0)=r_0 \tag{11.5}$$

其中，$x(t)=[x_1(t),x_2(t),\cdots,x_n(t)]^{\mathrm{T}}\in\mathbb{R}^n$ 是由神经元的状态信息组成的状态向量，$y(t)\in\mathbb{R}^m$ 是神经网络的输出，$\sigma(x(t))=[\sigma_1(x_1(t)),\sigma_2(x_2(t)),\cdots,\sigma_n(x_n(t))]^{\mathrm{T}}$ 是神经元的激励函数，$\phi(t,x(t))$ 是一非线性扰动项，$d>0$ 是一个分布式时滞。对每一个 $r_t\in\mathcal{S}$, $A(r_t)$ 是一个对角线元素为正的对角矩阵，$B(r_t)$、$B_1(r_t)$ 和 $D(r_t)$ 分别是连接权矩阵，$C(r_t)$ 是一个维数适当的实矩阵，$h(t,r_t)$ 是依赖于系统模态的变时滞，$J(r_t)$ 是一外部输入向量，$\varphi(t)$ 是定义在区间 $\big[-\max\{h,d\},0\big]$ 上的初始条件，r_0 是初始模态。

在式 (11.3) 中，为了简单，并没有要求分布式时滞 d 也是依赖于模态的。事实上，根据后面将给出的方法，我们可以很容易地推广到依赖于模态的分布式时滞的

情况。感兴趣的读者可以自行推导。同时，为了简化数学符号，对每一个 $r_t = i \in \mathcal{S}$，矩阵 $\mathcal{A}(r_t)$ 都简单地记为 $\mathcal{A}_i$（比如，$A(r_t)$ 被记为 A_i，$B(r_t)$ 被记为 B_i 等），时滞 $h(t, r_t)$ 简记为 $h_i(t)$。

现在我们给出三个假设。

假设 11.1　对于任意的 a、$b \in \mathbb{R}^n$，激励函数 $\sigma(\cdot)$ 满足

$$[\sigma(a) - \sigma(b) - \Sigma_1(a - b)]^{\mathrm{T}}[\sigma(a) - \sigma(b) - \Sigma_2(a - b)] \leqslant 0 \tag{11.6}$$

这里，Σ_1、$\Sigma_2 \in \mathbb{R}^{n \times n}$ 都是已知的实矩阵。

假设 11.2　存在两个维数适当的实矩阵 Φ_1 和 Φ_2，使得对任意的 a、$b \in \mathbb{R}^n$ 有

$$[\phi(t, a) - \phi(t, b) - \Phi_1(a - b)]^{\mathrm{T}}[\phi(t, a) - \phi(t, b) - \Phi_2(a - b)] \leqslant 0 \tag{11.7}$$

不等式 (11.6) 和 (11.7) 被称为扇形有界（sector bounded）条件[265]。它要比常用的 Lipschitz 条件[120,191,205] 更加一般，已经在一些研究中被广泛采纳[91,266]。

假设 11.3　存在常数 $h_i > 0$ 和 μ_i 使得对每一个 $r_t = i \in \mathcal{S}$，时变时滞 $h_i(t)$ 满足

$$0 \leqslant h_i(t) \leqslant h_i, \ \dot{h}_i(t) \leqslant \mu_i \tag{11.8}$$

令 $h = \max\{h_i | i = 1, 2, \cdots, N\}$ 以及 $\tau = \max\{h, d\}$。

本章的目的就是通过利用网络的输出信号来处理带马尔可夫跳跃参数的时滞递归神经网络 (11.3)~(11.5) 的状态估计问题。为此，对每一个 $r_t = i \in \mathcal{S}$，构造如下的状态估计器：

$$\dot{\hat{x}}(t) = -A_i\hat{x}(t) + B_i\sigma(\hat{x}(t)) + B_{1i}\sigma(\hat{x}(t - h_i(t))) + D_i\int_{t-d}^{t}\sigma(\hat{x}(s))\mathrm{d}s$$
$$+ J_i + K_i[y(t) - C_i\hat{x}(t) - \phi(t, \hat{x}(t))] \tag{11.9}$$

其中，$\hat{x}(t) \in \mathbb{R}^n$ 是状态向量 $x(t)$ 的估计，$K_i \ (i = 1, 2, \cdots, N)$ 是一组待确定的增益矩阵。

定义误差信号为 $e(t) = x(t) - \hat{x}(t)$，则由式 (11.3)、式 (11.4) 和式 (11.9) 知，误差系统为

$$\dot{e}(t) = -(A_i + K_iC_i)e(t) + B_i(\sigma(x(t)) - \sigma(\hat{x}(t)))$$
$$+ B_{1i}(\sigma(x(t - h_i(t))) - \sigma(\hat{x}(t - h_i(t))))$$
$$+ D_i\int_{t-d}^{t}(\sigma(x(s)) - \sigma(\hat{x}(s)))\mathrm{d}s - K_i(\phi(t, x(t)) - \phi(t, \hat{x}(t))) \tag{11.10}$$

令 $f(t)=\sigma(x(t))-\sigma(\hat{x}(t))$ 和 $g(t)=\phi(t,x(t))-\phi(t,\hat{x}(t))$，于是上式可改写为

$$
\begin{aligned}
\dot{e}(t)=&-(A_i+K_iC_i)e(t)+B_if(t)+B_{1i}f(t-h_i(t))\\
&+D_i\int_{t-d}^{t}f(s)\mathrm{d}s-K_ig(t)
\end{aligned}
\tag{11.11}
$$

另外，由式 (11.6) 和式 (11.7) 易知

$$
(f(t)-\Sigma_1e(t))^{\mathrm{T}}(f(t)-\Sigma_2e(t))\leqslant 0
\tag{11.12}
$$

$$
(g(t)-\Phi_1e(t))^{\mathrm{T}}(g(t)-\Phi_2e(t))\leqslant 0
\tag{11.13}
$$

令 $e_t=e(t+s)$ $(-\tau\leqslant s\leqslant 0)$。根据文献 [189]、[267]，我们知道 $\{e_t,r_t\}_{t\geqslant 0}$ 是定义在空间 $\mathcal{C}([-\tau,0];\mathbb{R}^n)\times\mathcal{S}$ 上的马尔可夫过程。其作用在函数 $V\in\mathcal{C}^{2,1}(\mathcal{C}[-\tau,0],\mathbb{R}^n)\times\mathcal{S}\times\mathbb{R}_+\to\mathbb{R}$ 上的弱无穷小算子定义为

$$
\mathcal{L}V(e_t,i,t)=\lim_{\Delta\to 0+}\frac{1}{\Delta}\Big(\mathbb{E}(V(e_{t+\Delta},r_{t+\Delta},t+\Delta)|e_t,r_t=i)-V(e_t,i,t)\Big)
$$

根据 Dynkin 公式有

$$
\mathbb{E}V(e_t,r_t,t)=V(e(0),r_0,0)+\mathbb{E}\bigg\{\int_0^t\mathcal{L}V(e_s,r_s,s)\mathrm{d}s\bigg\}
$$

下面给出全局均方指数稳定性的定义。

定义 11.1 对于任意有限的初始条件 $\psi(s)\in\mathcal{C}([-\tau,0];\mathbb{R}^n)$ 和初始模态 $r_0\in\mathcal{S}$，误差系统 (11.11) 的平凡解是全局均方指数稳定的，如果存在常数 $\alpha>0$ 和 $\beta>0$ 使得

$$
\mathbb{E}|e(t,\psi)|^2\leqslant \alpha\mathrm{e}^{-\beta t}\|\psi\|^2
$$

引理 11.1(文献 [43] 和文献 [234]) 对于任意的实矩阵 $W>0$、常数 $\delta>0$ 以及向量值函数 $\omega(t)$，则

$$
-\delta\int_{t-\delta}^{t}\omega^{\mathrm{T}}(s)W\omega(s)\mathrm{d}s\leqslant-\int_{t-\delta}^{t}\omega^{\mathrm{T}}(s)\mathrm{d}sW\int_{t-\delta}^{t}\omega(s)\mathrm{d}s
$$

$$
-\frac{1}{2}\delta^2\int_{-\delta}^{0}\int_{t+\theta}^{t}\omega^{\mathrm{T}}(s)W\omega(s)\mathrm{d}s\mathrm{d}\theta\leqslant-\int_{-\delta}^{0}\int_{t+\theta}^{t}\omega^{\mathrm{T}}(s)\mathrm{d}s\mathrm{d}\theta W\int_{-\delta}^{0}\int_{t+\theta}^{t}\omega(s)\mathrm{d}s\mathrm{d}\theta
$$

11.2　依赖于系统模态的状态估计器设计

为了使得尽可能多的 Lyapunov 矩阵是随着系统模态发生变化的, 我们在构造的随机 Lyapunov 泛函中有意地引入了一些三阶和四阶积分项, 从而提出了一个依赖于系统模态的方法. 利用这个方法, 可以得到一个依赖于系统模态的状态估计器的设计准则, 即下面的定理[246].

定理 11.1　对于给定的常数 $h_i > 0$、μ_i 和 $d > 0$, 则误差系统 (11.11) 的平凡解 $e(t;0) = 0$ 是全局均方指数稳定的, 如果存在实矩阵 $P_i > 0$、$Q_i = \begin{bmatrix} Q_{1i} & Q_{2i} \\ Q_{2i}^{\mathrm{T}} & Q_{3i} \end{bmatrix} >$
0、$R_i > 0$、$S_i > 0$、$T_i > 0$、$U_i > 0$、$W_i > 0$、$Q = \begin{bmatrix} Q_1 & Q_2 \\ Q_2^{\mathrm{T}} & Q_3 \end{bmatrix} > 0$、$R > 0$、$S >$
0、$T > 0$、$U > 0$、$W > 0$、X_i、Z_i 和一些常数 $\lambda_{1i} > 0$、$\lambda_{2i} > 0$、$\lambda_{3i} > 0$ ($i = 1, 2, \cdots, N$), 使得下列线性矩阵不等式对所有 $i = 1, 2, \cdots, N$ 都成立:

$$\begin{bmatrix} R_i & X_i \\ * & R_i \end{bmatrix} \geqslant 0 \tag{11.14}$$

$$\sum_{j=1}^{N} \pi_{ij} S_j - S \leqslant 0 \tag{11.15}$$

$$\sum_{j=1, j \neq i}^{N} \pi_{ij} \mathcal{M}_j - \mathcal{M} \leqslant 0 \tag{11.16}$$

$$\begin{bmatrix} \Omega_{11i} & \Omega_{12i} & \Omega_{13i} & P_i B_{1i} & PD_i & \Omega_{16i} & \dfrac{2}{h_i}T_i & \dfrac{1}{h_i}X_i^{\mathrm{T}} & \Omega_{19i} \\ * & \Omega_{22i} & 0 & \Omega_{24i} & 0 & 0 & 0 & \Omega_{28i} & 0 \\ * & * & \Omega_{33i} & 0 & 0 & 0 & 0 & 0 & B_i^{\mathrm{T}}P_i \\ * & * & * & \Omega_{44i} & 0 & 0 & 0 & 0 & B_{1i}^{\mathrm{T}}P_i \\ * & * & * & * & -\dfrac{1}{d}S_i & 0 & 0 & 0 & D_i^{\mathrm{T}}P_i \\ * & * & * & * & * & -\lambda_{3i}I & 0 & 0 & -Z_i^{\mathrm{T}} \\ * & * & * & * & * & * & \Omega_{77i} & 0 & 0 \\ * & * & * & * & * & * & * & \Omega_{88i} & 0 \\ * & * & * & * & * & * & * & * & \Omega_{99i} \end{bmatrix} < 0 \tag{11.17}$$

其中, 式 (11.16) 中的 $\mathcal{M}_j$ 分别表示 Q_j、R_j、T_j、U_j 以及 W_j, 而 $\mathcal{M}$ 相对应地分别表示 Q、R、T、U 和 W (比如, 当 $\mathcal{M}_j$ 表示 Q_j 时, $\mathcal{M}$ 就表示 Q), 且

$$F_1 = \frac{\Sigma_1^{\mathrm{T}}\Sigma_2 + \Sigma_2^{\mathrm{T}}\Sigma_1}{2}, \quad F_2 = -\frac{\Sigma_1^{\mathrm{T}} + \Sigma_2^{\mathrm{T}}}{2}$$

$$G_1 = \frac{\Phi_1^{\mathrm{T}}\Phi_2 + \Phi_2^{\mathrm{T}}\Phi_1}{2}, \quad G_2 = -\frac{\Phi_1^{\mathrm{T}} + \Phi_2^{\mathrm{T}}}{2}$$

$$\Omega_{11i} = -P_i A_i - A_i^{\mathrm{T}} P_i - Z_i C_i - C_i^{\mathrm{T}} Z_i^{\mathrm{T}} + \sum_{j=1}^{N} \pi_{ij} P_j + Q_{1i} + hQ_1$$

$$+ W_i + hW - \frac{1}{h_i}R_i - 2T_i + h_i U_i + \frac{h^2}{2}U - \lambda_{1i}F_1 - \lambda_{3i}G_1$$

$$\Omega_{12i} = \frac{1}{h_i}R_i - \frac{1}{h_i}X_i^{\mathrm{T}} \quad \Omega_{13i} = P_i B_i + Q_{2i} + hQ_2 - \lambda_{1i}F_2$$

$$\Omega_{16i} = -Z_i - \lambda_{3i}G_2, \quad \Omega_{19i} = -A_i^{\mathrm{T}} P_i - C_i^{\mathrm{T}} Z_i^{\mathrm{T}}$$

$$\Omega_{22i} = -(1-\mu_i)Q_{1i} - \frac{2}{h_i}R_i + \frac{1}{h_i}X_i + \frac{1}{h_i}X_i^{\mathrm{T}} - \lambda_{2i}F_1$$

$$\Omega_{24i} = -(1-\mu_i)Q_{2i} - \lambda_{2i}F_2, \quad \Omega_{28i} = \frac{1}{h_i}R_i - \frac{1}{h_i}X_i^{\mathrm{T}}$$

$$\Omega_{33i} = Q_{3i} + hQ_3 + dS_i + \frac{d^2}{2}S - \lambda_{1i}I$$

$$\Omega_{44i} = -(1-\mu_i)Q_{3i} - \lambda_{2i}I, \quad \Omega_{77i} = -\frac{2}{h_i^2}T_i - \frac{1}{h_i}U_i$$

$$\Omega_{88i} = -\frac{1}{h_i}R_i - W_i, \quad \Omega_{99i} = -2P_i + h_i R_i + \frac{h^2}{2}R + \frac{h_i^2}{2}T_i + \frac{h^3}{6}T$$

从而，状态估计器 (11.9) 的增益矩阵 K_i 可以设计为

$$K_i = P_i^{-1} Z_i \ (i = 1, 2, \cdots, N) \tag{11.18}$$

证明 令 $\mathcal{N}_i = h_i R_i + \frac{h^2}{2}R + \frac{h_i^2}{2}T_i + \frac{h^3}{6}T$，则 $\mathcal{N} > 0$。显然，对于正定矩阵 P_i，有

$$(P_i - \mathcal{N}_i)^{\mathrm{T}} \mathcal{N}_i^{-1} (P_i - \mathcal{N}_i) \geqslant 0$$

于是

$$-P_i \mathcal{N}_i^{-1} P_i \leqslant -2P_i + \mathcal{N}_i$$

因此，用 $-P_i \mathcal{N}_i^{-1} P_i$ 替代 Ω_{99i}，线性矩阵不等式 (11.17) 仍然成立。注意 $K_i = P_i^{-1} Z_i$，此时用矩阵 $\mathrm{diag}(I, I, I, I, I, I, I, I, \mathcal{N}_i P_i^{-1})$ 和它的转置分别左乘和右乘式 (11.17)，则根据 Schur 补引理[63] 可得

$$\Xi_{1i} + \Xi_{2i}^{\mathrm{T}} \mathcal{N}_i \Xi_{2i} < 0 \tag{11.19}$$

其中

$$
\Xi_{1i} =
\begin{bmatrix}
\Xi_{11i} & \Omega_{12i} & \Omega_{13i} & P_iB_{1i} & PD_i & \Xi_{16i} & \dfrac{2}{h_i}T_i & \dfrac{1}{h_i}X_i^{\mathrm{T}} \\
* & \Omega_{22i} & 0 & \Omega_{24i} & 0 & 0 & 0 & \Omega_{28i} \\
* & * & \Omega_{33i} & 0 & 0 & 0 & 0 & 0 \\
* & * & * & \Omega_{44i} & 0 & 0 & 0 & 0 \\
* & * & * & * & -\dfrac{1}{d}S_i & 0 & 0 & 0 \\
* & * & * & * & * & -\lambda_{3i}I & 0 & 0 \\
* & * & * & * & * & * & \Omega_{77i} & 0 \\
* & * & * & * & * & * & * & \Omega_{88i}
\end{bmatrix}
$$

$$
\Xi_{2i} = \begin{bmatrix} -A_i - K_iC_i, & 0, & B_i, & B_{1i}, & D_i, & -K_i, & 0, & 0 \end{bmatrix}
$$

$$
\Xi_{11i} = -P_iA_i - A_i^{\mathrm{T}}P_i - P_iK_iC_i - C_i^{\mathrm{T}}K_i^{\mathrm{T}}P_i + \sum_{j=1}^{N}\pi_{ij}P_j + Q_{1i} + hQ_1
$$

$$
+ W_i + hW - \frac{1}{h_i}R_i - 2T_i + h_iU_i + \frac{h^2}{2}U - \lambda_{1i}F_1 - \lambda_{3i}G_1
$$

$$
\Xi_{16i} = -P_iK_i - \lambda_{3i}G_2
$$

令 $\xi(t) = \begin{bmatrix} e^{\mathrm{T}}(t), f^{\mathrm{T}}(t) \end{bmatrix}^{\mathrm{T}}$。对每一个 $i \in \mathcal{S}$，考虑随机 Lyapunov 泛函

$$
V(e_t, i, t) = \sum_{\ell=1}^{13} V_\ell(e_t, i, t) \tag{11.20}
$$

其中

$$
V_1(e_t, i, t) = e^{\mathrm{T}}(t)P_ie(t)
$$

$$
V_2(e_t, i, t) = \int_{t-h_i(t)}^{t} \xi^{\mathrm{T}}(s)Q_i\xi(s)\mathrm{d}s
$$

$$
V_3(e_t, i, t) = \int_{-h}^{0}\int_{t+\theta}^{t} \xi^{\mathrm{T}}(s)Q\xi(s)\mathrm{d}s\mathrm{d}\theta
$$

$$
V_4(e_t, i, t) = \int_{t-h_i}^{t} e^{\mathrm{T}}(s)W_ie(s)\mathrm{d}s
$$

$$
V_5(e_t, i, t) = \int_{-h}^{0}\int_{t+\theta}^{t} e^{\mathrm{T}}(s)We(s)\mathrm{d}s\mathrm{d}\theta
$$

$$
V_6(e_t, i, t) = \int_{-h_i}^{0}\int_{t+\theta}^{t} e^{\mathrm{T}}(s)U_ie(s)\mathrm{d}s\mathrm{d}\theta
$$

$$V_7(e_t, i, t) = \int\limits_{-h}^{0} \int\limits_{\theta}^{0} \int\limits_{t+\beta}^{t} e^{\mathrm{T}}(s)Ue(s)\mathrm{d}s\mathrm{d}\beta\mathrm{d}\theta$$

$$V_8(e_t, i, t) = \int\limits_{-h_i}^{0} \int\limits_{t+\theta}^{t} \dot{e}^{\mathrm{T}}(s)R_i\dot{e}(s)\mathrm{d}s\mathrm{d}\theta$$

$$V_9(e_t, i, t) = \int\limits_{-h}^{0} \int\limits_{\theta}^{0} \int\limits_{t+\beta}^{t} \dot{e}^{\mathrm{T}}(s)R\dot{e}(s)\mathrm{d}s\mathrm{d}\beta\mathrm{d}\theta$$

$$V_{10}(e_t, i, t) = \int\limits_{-h_i}^{0} \int\limits_{\theta}^{0} \int\limits_{t+\beta}^{t} \dot{e}^{\mathrm{T}}(s)T_i\dot{e}(s)\mathrm{d}s\mathrm{d}\beta\mathrm{d}\theta$$

$$V_{11}(e_t, i, t) = \int\limits_{-h}^{0} \int\limits_{\theta}^{0} \int\limits_{\beta}^{0} \int\limits_{t+\alpha}^{t} \dot{e}^{\mathrm{T}}(s)T\dot{e}(s)\mathrm{d}s\mathrm{d}\alpha\mathrm{d}\beta\mathrm{d}\theta$$

$$V_{12}(e_t, i, t) = \int\limits_{-d}^{0} \int\limits_{t+\theta}^{t} f^{\mathrm{T}}(s)S_i f(s)\mathrm{d}s\mathrm{d}\theta$$

$$V_{13}(e_t, i, t) = \int\limits_{-d}^{0} \int\limits_{\theta}^{0} \int\limits_{t+\beta}^{t} f^{\mathrm{T}}(s)Sf(s)\mathrm{d}s\mathrm{d}\beta\mathrm{d}\theta$$

为了简单, 记 $\mathcal{L}V_\ell(e_t, i, t)$ 为 $\mathcal{L}V_\ell$。于是, 通过计算它们的弱无穷小算子可以得到

$$\mathcal{L}V_1 = 2e^{\mathrm{T}}(t)P_i\Big[-(A_i + K_iC_i)e(t) + B_if(t) + B_{1i}f(t - h_i(t))$$

$$+ D_i \int\limits_{t-d}^{t} f(s)\mathrm{d}s - K_ig(t)\Big] + \sum_{j=1}^{N} \pi_{ij}e^{\mathrm{T}}(t)P_je(t) \qquad (11.21)$$

$$\mathcal{L}V_2 \leqslant \xi^{\mathrm{T}}(t)Q_i\xi(t) - (1 - \mu_i)\xi^{\mathrm{T}}(t - h_i(t))Q_i\xi(t - h_i(t))$$

$$+ \sum_{j=1}^{N} \pi_{ij} \int\limits_{t-h_j(t)}^{t} \xi^{\mathrm{T}}(s)Q_j\xi(s)\mathrm{d}s \qquad (11.22)$$

$$\mathcal{L}V_3 = h\xi^{\mathrm{T}}(t)Q\xi(t) - \int\limits_{t-h}^{t} \xi^{\mathrm{T}}(s)Q\xi(s)\mathrm{d}s \qquad (11.23)$$

$$\mathcal{L}V_4 = e^{\mathrm{T}}(t)W_ie(t) - e^{\mathrm{T}}(t - h_i)W_ie(t - h_i)$$

$$+ \sum_{j=1}^{N} \pi_{ij} \int\limits_{t-h_j}^{t} e^{\mathrm{T}}(s)W_je(s)\mathrm{d}s \qquad (11.24)$$

$$\mathcal{L}V_5 = he^{\mathrm{T}}(t)We(t) - \int\limits_{t-h}^{t} e^{\mathrm{T}}(s)We(s)\mathrm{d}s \qquad (11.25)$$

$$\mathcal{L}V_6 = h_i e^{\mathrm{T}}(t)U_i e(t) - \int_{t-h_i}^{t} e^{\mathrm{T}}(s)U_i e(s)\mathrm{d}s$$

$$+ \sum_{j=1}^{N}\pi_{ij}\int_{-h_j}^{0}\int_{t+\theta}^{t} e^{\mathrm{T}}(s)U_j e(s)\mathrm{d}s\mathrm{d}\theta \tag{11.26}$$

$$\mathcal{L}V_7 = \frac{h^2}{2} e^{\mathrm{T}}(t)U e(t) - \int_{-h}^{0}\int_{t+\theta}^{t} e^{\mathrm{T}}(s)U e(s)\mathrm{d}s\mathrm{d}\theta \tag{11.27}$$

$$\mathcal{L}V_8 = h_i \dot{e}^{\mathrm{T}}(t)R_i \dot{e}(t) - \int_{t-h_i}^{t} \dot{e}^{\mathrm{T}}(s)R_i \dot{e}(s)\mathrm{d}s$$

$$+ \sum_{j=1}^{N}\pi_{ij}\int_{-h_j}^{0}\int_{t+\theta}^{t} \dot{e}^{\mathrm{T}}(s)R_j \dot{e}(s)\mathrm{d}s\mathrm{d}\theta \tag{11.28}$$

$$\mathcal{L}V_9 = \frac{h^2}{2} \dot{e}^{\mathrm{T}}(t)R \dot{e}(t) - \int_{-h}^{0}\int_{t+\theta}^{t} \dot{e}^{\mathrm{T}}(s)R \dot{e}(s)\mathrm{d}s\mathrm{d}\theta \tag{11.29}$$

$$\mathcal{L}V_{10} = \frac{h_i^2}{2} \dot{e}^{\mathrm{T}}(t)T_i \dot{e}(t) - \int_{-h_i}^{0}\int_{t+\theta}^{t} \dot{e}^{\mathrm{T}}(s)T_i \dot{e}(s)\mathrm{d}s\mathrm{d}\theta$$

$$+ \sum_{j=1}^{N}\pi_{ij}\int_{-h_j}^{0}\int_{\theta}^{0}\int_{t+\beta}^{t} \dot{e}^{\mathrm{T}}(s)T_j \dot{e}(s)\mathrm{d}s\mathrm{d}\beta\mathrm{d}\theta \tag{11.30}$$

$$\mathcal{L}V_{11} = \frac{h^3}{6} \dot{e}^{\mathrm{T}}(t)T \dot{e}(t) - \int_{-h}^{0}\int_{\theta}^{0}\int_{t+\beta}^{t} \dot{e}^{\mathrm{T}}(s)T \dot{e}(s)\mathrm{d}s\mathrm{d}\beta\mathrm{d}\theta \tag{11.31}$$

$$\mathcal{L}V_{12} = d f^{\mathrm{T}}(t)S_i f(t) - \int_{t-d}^{t} f^{\mathrm{T}}(s)S_i f(s)\mathrm{d}s$$

$$+ \sum_{j=1}^{N}\pi_{ij}\int_{-d}^{0}\int_{t+\theta}^{t} f^{\mathrm{T}}(s)S_j f(s)\mathrm{d}s\mathrm{d}\theta \tag{11.32}$$

$$\mathcal{L}V_{13} = \frac{d^2}{2} f^{\mathrm{T}}(t)S f(t) - \int_{-d}^{0}\int_{t+\theta}^{t} f^{\mathrm{T}}(s)S f(s)\mathrm{d}s\mathrm{d}\theta \tag{11.33}$$

又由式 (11.12) 和式 (11.13) 知, 对于任意的正数 λ_{1i}、λ_{2i} 和 λ_{3i} 有

$$-\lambda_{1i}\xi^{\mathrm{T}}(t)\begin{bmatrix} F_1 & F_2 \\ * & I \end{bmatrix}\xi(t) \geqslant 0 \tag{11.34}$$

$$-\lambda_{2i}\xi^{\mathrm{T}}(t-h_i(t))\begin{bmatrix} F_1 & F_2 \\ * & I \end{bmatrix}\xi(t-h_i(t)) \geqslant 0 \tag{11.35}$$

$$-\lambda_{3i} \begin{bmatrix} e(t) \\ g(t) \end{bmatrix}^{\mathrm{T}} \begin{bmatrix} G_1 & G_2 \\ * & I \end{bmatrix} \begin{bmatrix} e(t) \\ g(t) \end{bmatrix} \geqslant 0 \tag{11.36}$$

根据引理 11.1, 我们有

$$-\int_{t-h_i}^{t} e^{\mathrm{T}}(s)U_i e(s)\mathrm{d}s \leqslant -\frac{1}{h_i}\left(\int_{t-h_i}^{t} e(s)\mathrm{d}s\right)^{\mathrm{T}} U_i \int_{t-h_i}^{t} e(s)\mathrm{d}s$$

$$-\int_{-h_i}^{0}\int_{t+\theta}^{t} \dot{e}^{\mathrm{T}}(s)T_i\dot{e}(s)\mathrm{d}s\mathrm{d}\theta \tag{11.37}$$

$$\leqslant -\frac{2}{h_i^2}\left(\int_{-h_i}^{0}\int_{t+\theta}^{t} \dot{e}(s)\mathrm{d}s\mathrm{d}\theta\right)^{\mathrm{T}} T_i \int_{-h_i}^{0}\int_{t+\theta}^{t} \dot{e}(s)\mathrm{d}s\mathrm{d}\theta$$

$$= -\frac{2}{h_i^2}\left(h_i e(t) - \int_{t-h_i}^{t} e(s)\mathrm{d}s\right)^{\mathrm{T}} T_i \left(h_i e(t) - \int_{t-h_i}^{t} e(s)\mathrm{d}s\right) \tag{11.38}$$

$$-\int_{t-d}^{t} f^{\mathrm{T}}(s)S_i f(s)\mathrm{d}s \leqslant -\frac{1}{d}\left(\int_{t-d}^{t} f(s)\mathrm{d}s\right)^{\mathrm{T}} S_i \int_{t-d}^{t} f(s)\mathrm{d}s \tag{11.39}$$

利用相互凸组合技术[235], 由线性矩阵不等式 (11.14) 可得

$$-\int_{t-h_i}^{t} \dot{e}^{\mathrm{T}}(s)R_i\dot{e}(s)\mathrm{d}s = -\int_{t-h_i}^{t-h_i(t)} \dot{e}^{\mathrm{T}}(s)R_i\dot{e}(s)\mathrm{d}s - \int_{t-h_i(t)}^{t} \dot{e}^{\mathrm{T}}(s)R_i\dot{e}(s)\mathrm{d}s$$

$$\leqslant -\frac{1}{h_i}\eta^{\mathrm{T}}(t)\begin{bmatrix} R_i & X_i \\ * & R_i \end{bmatrix}\eta(t) \tag{11.40}$$

其中, $\eta(t) = \left[e^{\mathrm{T}}(t-h_i(t)) - e^{\mathrm{T}}(t-h_i), e^{\mathrm{T}}(t) - e^{\mathrm{T}}(t-h_i(t))\right]^{\mathrm{T}}$。

又由于 $\pi_{ij} \geqslant 0$ $(i \neq j)$ 以及 $Q_j > 0$ $(j = 1, 2, \cdots, N)$, 于是由式 (11.2) 和式 (11.16) 得

$$\sum_{j=1}^{N}\pi_{ij}\int_{t-h_j(t)}^{t} \xi^{\mathrm{T}}(s)Q_j\xi(s)\mathrm{d}s \leqslant \sum_{j=1,j\neq i}^{N}\pi_{ij}\int_{t-h_j(t)}^{t} \xi^{\mathrm{T}}(s)Q_j\xi(s)\mathrm{d}s$$

$$\leqslant \sum_{j=1,j\neq i}^{N}\pi_{ij}\int_{t-h}^{t} \xi^{\mathrm{T}}(s)Q_j\xi(s)\mathrm{d}s$$

$$\leqslant \int_{t-h}^{t} \xi^{\mathrm{T}}(s)Q\xi(s)\mathrm{d}s \tag{11.41}$$

类似地, 可以推出

$$\sum_{j=1}^{N}\pi_{ij}\int_{t-h_j}^{t}e^{\mathrm{T}}(s)W_je(s)\mathrm{d}s \leqslant \int_{t-h}^{t}e^{\mathrm{T}}(s)We(s)\mathrm{d}s \tag{11.42}$$

$$\sum_{j=1}^{N}\pi_{ij}\int_{-h_j}^{0}\int_{t+\theta}^{t}e^{\mathrm{T}}(s)U_je(s)\mathrm{d}s\mathrm{d}\theta \leqslant \int_{-h}^{0}\int_{t+\theta}^{t}e^{\mathrm{T}}(s)Ue(s)\mathrm{d}s\mathrm{d}\theta \tag{11.43}$$

$$\sum_{j=1}^{N}\pi_{ij}\int_{-h_j}^{0}\int_{t+\theta}^{t}\dot{e}^{\mathrm{T}}(s)R_j\dot{e}(s)\mathrm{d}s\mathrm{d}\theta \leqslant \int_{-h}^{0}\int_{t+\theta}^{t}\dot{e}^{\mathrm{T}}(s)R\dot{e}(s)\mathrm{d}s\mathrm{d}\theta \tag{11.44}$$

$$\sum_{j=1}^{N}\pi_{ij}\int_{-h_j}^{0}\int_{\theta}^{0}\int_{t+\beta}^{t}\dot{e}^{\mathrm{T}}(s)T_j\dot{e}(s)\mathrm{d}s\mathrm{d}\beta\mathrm{d}\theta \leqslant \int_{-h}^{0}\int_{\theta}^{0}\int_{t+\beta}^{t}\dot{e}^{\mathrm{T}}(s)T\dot{e}(s)\mathrm{d}s\mathrm{d}\beta\mathrm{d}\theta \tag{11.45}$$

$$\sum_{j=1}^{N}\pi_{ij}\int_{-d}^{0}\int_{t+\theta}^{t}f^{\mathrm{T}}(s)S_jf(s)\mathrm{d}s\mathrm{d}\theta \leqslant \int_{-d}^{0}\int_{t+\theta}^{t}f^{\mathrm{T}}(s)Sf(s)\mathrm{d}s\mathrm{d}\theta \tag{11.46}$$

令 $\zeta(t) = \left[e^{\mathrm{T}}(t), e^{\mathrm{T}}(t-h_i(t)), f^{\mathrm{T}}(t), f^{\mathrm{T}}(t-h_i(t)), \int_{t-d}^{t}f^{\mathrm{T}}(s)\mathrm{d}s, g^{\mathrm{T}}(t), \int_{t-h_i}^{t}e^{\mathrm{T}}(s)\mathrm{d}s, \right.$

$\left. e^{\mathrm{T}}(t-h_i)\right]^{\mathrm{T}}$。结合式 (11.19)、式 (11.21)~ 式 (11.46) 可得

$$\mathcal{L}V(e_t, i, t) \leqslant \zeta^{\mathrm{T}}(t)[\Xi_{1i} + \Xi_{2i}^{\mathrm{T}}\mathcal{N}_i\Xi_{2i}]\zeta(t) \leqslant 0 \tag{11.47}$$

然后, 类似于文献 [255] 中的证明, 我们可以证明误差系统 (11.11) 的平凡解 $e(t; 0) = 0$ 是全局均方指数稳定的。证毕。

关于定理 11.1, 我们给出两点说明。

注释 11.1 对带马尔可夫跳跃参数的时滞递归神经网络, 定理 11.1 给出了一个依赖于时滞的状态估计器的设计准则。可以看到, 由于在随机 Lyapunov 泛函中引入了一些高阶积分项 (具体见式 (11.20) 中的 $V_9(e_t, i, t)$、$V_{10}(e_t, i, t)$ 和 $V_{11}(e_t, i, t)$ 等三项), 因此, 相对于式 (11.1) 来讲, 在我们的结果中会有更多的 Lyapunov 矩阵是随系统的模态变化的。事实上, 除了 P_i 和 Q_i 外, 矩阵 R_i、S_i、T_i、U_i 和 W_i 都是依赖于系统模态的。这样, 对于这些矩阵的选择也将更加灵活。所以有足够的理由相信, 根据这个方法建立的状态估计器的设计准则的保守性会更低。我们将在 11.3 节从理论上给出严格的证明。另一方面, 值得注意的是, 由于有更多的 Lyapunov 矩阵随系统的模态不同而不同, 这就导致了在线性矩阵不等式中也会出现更多的决策变量, 从而在实现的过程中所需要的计算量也会更多。根据文献 [63] 知道, 在实际中, 通过采用一些成熟的算法 (如内点算法) 就可以非常有效地找到这些线性矩阵不等式的可行解 (如果它们的可行解存在的话)。因此, 相对于这种方法所带来的优势, 引入尽可能多的 Lyapunov 矩阵是非常值得的。

注释 11.2 在实际中可能会遇到时变时滞不可导或者可导时导数的上界 μ 不可知的情况。对于这两种情况，为了使得定理 11.1 仍然有效，我们只需要令 $Q_i = 0$ $(i = 1, 2, \cdots, N)$ 以及 $Q = 0$ 就可以了。

11.3 讨论与比较

为了从理论上说明 11.2 节提出的方法在状态估计器设计方面的优点，并与一些已有的结果做比较，这一节我们考虑如下带马尔可夫跳跃参数的时滞递归神经网络：

$$\dot{x}(t) = -A(r_t)x(t) + B(r_t)\sigma(x(t)) + B_1(r_t)\sigma(x(t-h))$$
$$+ D(r_t) \int_{t-d}^{t} \sigma(x(s))\mathrm{d}s + J(r_t) \tag{11.48}$$

$$y(t) = C(r_t)x(t) + \phi(t, x(t)) \tag{11.49}$$

显然，这是式 (11.3) 和式 (11.4) 的简化形式（即 $h_i(t) = h$ 的情形）。对上述递归神经网络，设计的状态估计器为

$$\dot{\hat{x}}(t) = -A_i\hat{x}(t) + B_i\sigma(\hat{x}(t)) + B_{1i}\sigma(\hat{x}(t-h)) + D_i \int_{t-d}^{t} \sigma(\hat{x}(s))\mathrm{d}s$$
$$+ J_i + K_i(y(t) - C_i\hat{x}(t) - \phi(t, \hat{x}(t))) \tag{11.50}$$

定义误差信号 $e(t) = x(t) - \hat{x}(t)$，则由式 (11.48)～ 式 (11.50) 知，误差系统为

$$\dot{e}(t) = -(A_i + K_iC_i)e(t) + B_if(t) + B_{1i}f(t-h) + D_i \int_{t-d}^{t} f(s)\mathrm{d}s - K_ig(t) \tag{11.51}$$

其中，$f(t) = \sigma(x(t)) - \sigma(\hat{x}(t))$ 以及 $g(t) = \phi(t, x(t)) - \phi(t, \hat{x}(t))$。

于是，我们有下面的定理。

定理 11.2（文献 [246]） 对于给定的常数 $h > 0$ 和 $d > 0$，则误差系统 (11.51) 的平凡解 $e(t, 0) = 0$ 是全局均方指数稳定的，如果存在实矩阵 $P_i > 0$、$Q_i = \begin{bmatrix} Q_{1i} & Q_{2i} \\ Q_{2i}^{\mathrm{T}} & Q_{3i} \end{bmatrix} > 0$、$R_i > 0$、$S_i > 0$、$T_i > 0$、$Y_i > 0$、$Q = \begin{bmatrix} Q_1 & Q_2 \\ Q_2^{\mathrm{T}} & Q_3 \end{bmatrix} > 0$、$X > 0$、$W > 0$、$Z_i$ 以及一些常数 $\lambda_{1i} > 0$、$\lambda_{2i} > 0$、$\lambda_{3i} > 0$ $(i = 1, 2, \cdots, N)$，使得对所有的 $i = 1, 2, \cdots, N$，下列线性矩阵不等式成立：

$$\sum_{j=1}^{N} \pi_{ij}Q_j - Q \leqslant 0 \tag{11.52}$$

$$\sum_{j=1}^{N} \pi_{ij} R_j - T_i \leqslant 0 \tag{11.53}$$

$$\sum_{j=1}^{N} \pi_{ij} T_j - X \leqslant 0 \tag{11.54}$$

$$\sum_{j=1}^{N} \pi_{ij} S_j - Y_i \leqslant 0 \tag{11.55}$$

$$\sum_{j=1}^{N} \pi_{ij} Y_j - W \leqslant 0 \tag{11.56}$$

$$\begin{bmatrix} \Psi_{11i} & \dfrac{1}{h}R_i & \Psi_{13i} & P_iB_{1i} & P_iD_i & \Psi_{16i} & \Psi_{17i} \\ * & \Psi_{22i} & 0 & \Psi_{24i} & 0 & 0 & 0 \\ * & * & \Psi_{33i} & 0 & 0 & 0 & B_i^{\mathrm{T}}P_i \\ * & * & * & \Psi_{44i} & 0 & 0 & B_{1i}^{\mathrm{T}}P_i \\ * & * & * & * & -\dfrac{1}{d}S_i & 0 & D_i^{\mathrm{T}}P_i \\ * & * & * & * & * & -\lambda_{3i}I & -Z_i^{\mathrm{T}} \\ * & * & * & * & * & * & \Psi_{77i} \end{bmatrix} < 0 \tag{11.57}$$

其中, F_1、F_2、G_1 和 G_2 与定理 11.1 中的完全相同, 且

$$\Psi_{11i} = -P_iA_i - A_i^{\mathrm{T}}P_i - Z_iC_i - C_i^{\mathrm{T}}Z_i^{\mathrm{T}} + \sum_{j=1}^{N} \pi_{ij}P_j$$

$$+ Q_{1i} + hQ_1 - \frac{1}{h}R_i - \lambda_{1i}F_1 - \lambda_{3i}G_1$$

$$\Psi_{13i} = P_iB_i + Q_{2i} + hQ_2 - \lambda_{1i}F_2, \quad \Psi_{16i} = -Z_i - \lambda_{3i}G_2$$

$$\Psi_{17i} = -A_i^{\mathrm{T}}P_i - C_i^{\mathrm{T}}Z_i^{\mathrm{T}}, \quad \Psi_{22i} = -Q_{1i} - \frac{1}{h}R_i - \lambda_{2i}F_1$$

$$\Psi_{24i} = -Q_{2i} - \lambda_{2i}F_2, \quad \Psi_{44i} = -Q_{3i} - \lambda_{2i}I$$

$$\Psi_{33i} = Q_{3i} + hQ_3 + dS_i + \frac{d^2}{2}Y_i + \frac{d^3}{6}W - \lambda_{1i}I$$

$$\Psi_{77i} = -\frac{2}{h}P_i + \frac{1}{h}\left(R_i + \frac{h}{2}T_i + \frac{h^2}{6}X\right)$$

从而, 状态估计器 (11.50) 的增益矩阵 K_i 可设计为

$$K_i = P_i^{-1}Z_i \ (i = 1, 2, \cdots, N) \tag{11.58}$$

证明　令 $\xi(t) = \begin{bmatrix} e^{\mathrm{T}}(t), f^{\mathrm{T}}(t) \end{bmatrix}^{\mathrm{T}}$。对每一个 $i \in \mathcal{S}$, 考虑如下的随机 Lyapunov

泛函：

$$V(e_t, i, t) = e^{\mathrm{T}}(t)P_i e(t) + \int_{t-h}^{t} \xi^{\mathrm{T}}(s)Q_i\xi(s)\mathrm{d}s + \int_{-h}^{0}\int_{t+\theta}^{t} \xi^{\mathrm{T}}(s)Q\xi(s)\mathrm{d}s\mathrm{d}\theta$$

$$+ \int_{-h}^{0}\int_{t+\theta}^{t} \dot{e}^{\mathrm{T}}(s)R_i\dot{e}(s)\mathrm{d}s\mathrm{d}\theta + \int_{-h}^{0}\int_{\theta}^{0}\int_{t+\beta}^{t} \dot{e}^{\mathrm{T}}(s)T_i\dot{e}(s)\mathrm{d}s\mathrm{d}\beta\mathrm{d}\theta$$

$$+ \int_{-h}^{0}\int_{\theta}^{0}\int_{\beta}^{0}\int_{t+\alpha}^{t} \dot{e}^{\mathrm{T}}(s)X\dot{e}(s)\mathrm{d}s\mathrm{d}\alpha\mathrm{d}\beta\mathrm{d}\theta + \int_{-d}^{0}\int_{t+\theta}^{t} f^{\mathrm{T}}(s)S_i f(s)\mathrm{d}s\mathrm{d}\theta$$

$$+ \int_{-d}^{0}\int_{\theta}^{0}\int_{t+\beta}^{t} f(s)Y_i f(s)\mathrm{d}s\mathrm{d}\beta\mathrm{d}\theta$$

$$+ \int_{-d}^{0}\int_{\theta}^{0}\int_{\beta}^{0}\int_{t+\alpha}^{t} f^{\mathrm{T}}(s)Wf(s)\mathrm{d}s\mathrm{d}\alpha\mathrm{d}\beta\mathrm{d}\theta \tag{11.59}$$

由线性矩阵不等式 (11.52)~(11.56) 得

$$\sum_{j=1}^{N}\pi_{ij}\int_{t-h}^{t} \xi^{\mathrm{T}}(s)Q_j\xi(s)\mathrm{d}s \leqslant \int_{t-h}^{t} \xi^{\mathrm{T}}(s)Q\xi(s)\mathrm{d}s \tag{11.60}$$

$$\sum_{j=1}^{N}\pi_{ij}\int_{-h}^{0}\int_{t+\theta}^{t} \dot{e}^{\mathrm{T}}(s)R_j\dot{e}(s)\mathrm{d}s\mathrm{d}\theta \leqslant \int_{-h}^{0}\int_{t+\theta}^{t} \dot{e}^{\mathrm{T}}(s)T_i\dot{e}(s)\mathrm{d}s\mathrm{d}\theta \tag{11.61}$$

$$\sum_{j=1}^{N}\pi_{ij}\int_{-h}^{0}\int_{\theta}^{0}\int_{t+\beta}^{t} \dot{e}^{\mathrm{T}}(s)T_j\dot{e}(s)\mathrm{d}s\mathrm{d}\beta\mathrm{d}\theta \leqslant \int_{-h}^{0}\int_{\theta}^{0}\int_{t+\beta}^{t} \dot{e}^{\mathrm{T}}(s)X\dot{e}(s)\mathrm{d}s\mathrm{d}\beta\mathrm{d}\theta \tag{11.62}$$

$$\sum_{j=1}^{N}\pi_{ij}\int_{-d}^{0}\int_{t+\theta}^{t} f^{\mathrm{T}}(s)S_j f(s)\mathrm{d}s\mathrm{d}\theta \leqslant \int_{-d}^{0}\int_{t+\theta}^{t} f^{\mathrm{T}}(s)Y_i f(s)\mathrm{d}s\mathrm{d}\theta \tag{11.63}$$

$$\sum_{j=1}^{N}\pi_{ij}\int_{-d}^{0}\int_{\theta}^{0}\int_{t+\beta}^{t} f^{\mathrm{T}}(s)Y_j f(s)\mathrm{d}s\mathrm{d}\beta\mathrm{d}\theta \leqslant \int_{-d}^{0}\int_{\theta}^{0}\int_{t+\beta}^{t} f^{\mathrm{T}}(s)Wf(s)\mathrm{d}s\mathrm{d}\beta\mathrm{d}\theta \tag{11.64}$$

根据引理 11.1，我们有

$$-\int_{t-h}^{t} \dot{e}^{\mathrm{T}}(s)R_i\dot{e}(s)\mathrm{d}s \leqslant -\frac{1}{h}(e(t)-e(t-h))^{\mathrm{T}}R_i(e(t)-e(t-h)) \tag{11.65}$$

$$-\int_{t-d}^{t} f^{\mathrm{T}}(s)S_i f(s)\mathrm{d}s \leqslant -\frac{1}{d}\left(\int_{t-d}^{t} f(s)\mathrm{d}s\right)^{\mathrm{T}} S_i \int_{t-d}^{t} f(s)\mathrm{d}s \tag{11.66}$$

另外，当 $h_i(t)$ 用 h 替代时，式 (11.35) 仍然是成立的。所以，由式 (11.34)~

式 (11.36) 以及式 (11.60)~ 式 (11.66)，不难推出

$$\mathcal{L}V(e_t, i, t) \leqslant \chi^{\mathrm{T}}(t)(\Pi_{1i} + h\Pi_{2i}^{\mathrm{T}}\Pi_{3i}\Pi_{2i})\chi(t) \tag{11.67}$$

其中

$$\chi(t) = [e^{\mathrm{T}}(t),\ e^{\mathrm{T}}(t-h),\ f^{\mathrm{T}}(t),\ f^{\mathrm{T}}(t-h),\ \int_{t-d}^{t} f^{\mathrm{T}}(s)\mathrm{d}s,\ g^{\mathrm{T}}(t)]^{\mathrm{T}}$$

$$\Pi_{1i} = \begin{bmatrix} \Pi_{11i} & \dfrac{1}{h}R_i & \Psi_{13i} & P_iB_{1i} & P_iD_i & \Pi_{16i} \\ * & \Psi_{22i} & 0 & \Psi_{24i} & 0 & 0 \\ * & * & \Psi_{33i} & 0 & 0 & 0 \\ * & * & * & \Psi_{44i} & 0 & 0 \\ * & * & * & * & -\dfrac{1}{d}S_i & 0 \\ * & * & * & * & * & -\lambda_{3i}I \end{bmatrix}$$

$$\Pi_{11i} = -P_iA_i - A_i^{\mathrm{T}}P_i - P_iK_iC_i - C_i^{\mathrm{T}}K_i^{\mathrm{T}}P_i + \sum_{j=1}^{N} \pi_{ij}P_j$$

$$+ Q_{1i} + hQ_1 - \frac{1}{h}R_i - \lambda_{1i}F_1 - \lambda_{3i}G_1$$

$$\Pi_{16i} = -P_iK_i - \lambda_{3i}G_2, \quad \Pi_{3i} = R_i + \frac{h}{2}T_i + \frac{h^2}{6}X$$

$$\Pi_{2i} = \begin{bmatrix} -A_i - K_iC_i, & 0, & B_i, & B_{1i}, & D_i, & -K_i \end{bmatrix}$$

此时，要证明定理 11.2，只需要证明 $\Pi_{1i} + h\Pi_{2i}^{\mathrm{T}}\Pi_{3i}\Pi_{2i} < 0$。由 Schur 补引理，该不等式等价于

$$\begin{bmatrix} \Pi_{1i} & \Pi_{2i}^{\mathrm{T}}\Pi_{3i} \\ * & -\dfrac{1}{h}\Pi_{3i} \end{bmatrix} < 0 \tag{11.68}$$

用 $\mathrm{diag}(I, I, I, I, I, I, P_i\Pi_{3i}^{-1})$ 和它的转置分别左乘和右乘式 (11.68)，并且注意到

$$-\frac{1}{h}P_i\Pi_{3i}^{-1}P_i \leqslant -\frac{2}{h}P_i + \frac{1}{h}\Pi_{3i}$$

则由线性矩阵不等式 (11.57) 可以推出

$$\Pi_{1i} + h\Pi_{2i}^{\mathrm{T}}\Pi_{3i}\Pi_{2i} < 0$$

是成立的，从而完成了定理的证明。

下面，我们与文献 [91] 中的相关结果进行比较。为了便于理解，这里不妨将文献 [91] 中的定理 1 复述如下：

定理 11.3(文献 [91])　对于给定的常数 $h > 0$、$d > 0$ 和矩阵 Σ_1、Σ_2、Φ_1、Φ_2，如果存在常数 $\lambda_{1i} > 0$、$\lambda_{2i} > 0$、$\lambda_{3i} > 0$ 以及实矩阵 $P_i > 0$、$Q_i = \begin{bmatrix} Q_{1i} & Q_{2i} \\ Q_{2i}^{\mathrm{T}} & Q_{3i} \end{bmatrix} > 0$、

$Q = \begin{bmatrix} Q_1 & Q_2 \\ Q_2^{\mathrm{T}} & Q_3 \end{bmatrix} > 0$、$R > 0$、$S > 0$、$Z_i\ (i \in \mathcal{S})$，使得下列线性矩阵不等式成立：

$$\begin{bmatrix} \Lambda_{11i} & \frac{1}{h}R & \Psi_{13i} & P_iB_{1i} & P_iD_i & \Psi_{16i} & \Psi_{17i} \\ * & \Lambda_{22i} & 0 & \Psi_{24i} & 0 & 0 & 0 \\ * & * & \Lambda_{33i} & 0 & 0 & 0 & B_i^{\mathrm{T}}P_i \\ * & * & * & \Psi_{44i} & 0 & 0 & B_{1i}^{\mathrm{T}}P_i \\ * & * & * & * & -\frac{1}{d}S & 0 & D_i^{\mathrm{T}}P_i \\ * & * & * & * & * & -\lambda_{3i}I & -Z_i^{\mathrm{T}} \\ * & * & * & * & * & * & \Lambda_{77i} \end{bmatrix} < 0 \qquad (11.69)$$

$$\sum_{j=1}^{N} \pi_{ij}Q_j - Q \leqslant 0 \qquad (11.70)$$

其中，Ψ_{13i}、Ψ_{16i}、Ψ_{17i}、Ψ_{24i} 以及 Ψ_{44i} 与定理 11.2 的完全一样，且

$$\Lambda_{11i} = -P_iA_i - A_i^{\mathrm{T}}P_i - Z_iC_i - C_i^{\mathrm{T}}Z_i^{\mathrm{T}} + \sum_{j=1}^{N}\pi_{ij}P_j$$

$$+Q_{1i} + hQ_1 - \frac{1}{h}R - \lambda_{1i}F_1 - \lambda_{3i}G_1$$

$$\Lambda_{22i} = -Q_{1i} - \frac{1}{h}R - \lambda_{2i}F_1$$

$$\Lambda_{33i} = Q_{3i} + hQ_3 + dS - \lambda_{1i}I$$

$$\Lambda_{77i} = -\frac{2}{h}P_i + \frac{1}{h}R$$

则式 (11.50) 是带马尔可夫跳跃参数的时滞递归神经网络 (11.48) 的一个指数状态估计器，相应的增益矩阵可以设计为 $K_i = P_i^{-1}Z_i\ (i = 1,2,\cdots,N)$。

现在，可以证明

定理 11.4(文献 [246])　定理 11.3（即文献 [91] 定理 1）是定理 11.2 的一个特例。具体地，当 $R_i \equiv R$、$T_i \equiv 0$、$S_i \equiv S$、$Y_i \equiv 0\ (i = 1,2,\cdots,N)$、$X = 0$ 以及 $W = 0$ 时，定理 11.2 就是定理 11.3。

证明　由定理 11.2 的证明知，当 $R_i \equiv R$ 和 $S_i \equiv S$ 时，随机 Lyapunov 泛函 (11.59) 中含矩阵 T_i、X、Y_i 以及 W 的高阶积分项就不再需要的，即可以令这些矩阵为零矩阵。此时，线性矩阵不等式 (11.54) 和 (11.56) 仍然是成立的。

又因为对 $j \neq i$, $\pi_{ij} \geqslant 0$ 且 $\pi_{ii} = -\sum\limits_{j=1,j\neq i}^{N} \pi_{ij}$, 我们有

$$\sum_{j=1}^{N} \pi_{ij} R_j \equiv \sum_{j=1}^{N} \pi_{ij} R = 0$$

$$\sum_{j=1}^{N} \pi_{ij} S_j \equiv \sum_{j=1}^{N} \pi_{ij} S = 0$$

于是, 式 (11.53) 和式 (11.55) 对 $R_i \equiv R$、$T_i \equiv 0$、$S_i \equiv S$ 和 $Y_i \equiv 0$ 也是成立。另外, 通过比较式 (11.69) 和式 (11.57), 不难发现当 $R_i \equiv R$、$T_i \equiv 0$、$S_i \equiv S$、$Y_i \equiv 0$ $(i = 1, 2, \cdots, N)$、$X = 0$ 以及 $W = 0$ 时, 这两式是完全一样的。所以定理 11.3 就是定理 11.2 的特殊情形。证毕。

由定理 11.4 知, 我们从理论上严格证明了定理 11.2 比文献 [91] 中的定理 1 的保守性要更弱。下面通过一个例子来进一步验证这一结论。

例 11.1　设 $x(t) = [x_1(t), x_2(t)]^{\mathrm{T}}$, $N = 3$, $\Pi = \begin{bmatrix} -0.4 & 0.2 & 0.2 \\ 0.3 & -0.4 & 0.1 \\ 0.25 & 0.25 & -0.5 \end{bmatrix}$。考虑带马尔可夫跳跃参数的时滞递归神经网络 (11.48)、(11.49), 其系数矩阵为

$$A_1 = \begin{bmatrix} 3.6 & 0 \\ 0 & 1.9 \end{bmatrix}, \quad B_1 = \begin{bmatrix} 1.3 & -0.2 \\ 0.5 & 0.8 \end{bmatrix}, \quad B_{11} = \begin{bmatrix} 0.7 & 0.5 \\ 0.8 & -0.9 \end{bmatrix}$$

$$D_1 = \begin{bmatrix} 0.3 & 0.2 \\ -1 & 0.7 \end{bmatrix}, \quad C_1 = \begin{bmatrix} 0.5 & 0 \end{bmatrix}, \quad A_2 = \begin{bmatrix} 2.5 & 0 \\ 0 & 3 \end{bmatrix}$$

$$B_2 = \begin{bmatrix} -0.6 & 0.7 \\ 1.4 & 0.2 \end{bmatrix}, \quad B_{12} = \begin{bmatrix} 0.6 & -0.9 \\ 0.1 & 0.8 \end{bmatrix}, \quad D_2 = \begin{bmatrix} -0.5 & 0.7 \\ 1 & -0.9 \end{bmatrix}$$

$$C_2 = \begin{bmatrix} -0.5 & 0.2 \end{bmatrix}, \quad A_3 = \begin{bmatrix} 2.7 & 0 \\ 0 & 2.4 \end{bmatrix}, \quad B_3 = \begin{bmatrix} 0.1 & -0.8 \\ 0.8 & 0.1 \end{bmatrix}$$

$$B_{13} = \begin{bmatrix} 0.4 & 1.1 \\ 0.4 & 0.5 \end{bmatrix}, \quad D_3 = \begin{bmatrix} 1.2 & 0.3 \\ 0.4 & 0.3 \end{bmatrix}, \quad C_3 = \begin{bmatrix} 0 & 0.6 \end{bmatrix}$$

$$\Sigma_1 = -I, \quad \Sigma_2 = I, \quad \Phi_1 = \begin{bmatrix} -0.2 & 0.2 \end{bmatrix}, \quad \Phi_2 = \begin{bmatrix} 0.4 & 0.6 \end{bmatrix}$$

令 $h = 0.5$ 以及 $d = 0.6$。通过求解定理 11.2 中的线性矩阵不等式 (11.52)~(11.57), 状态估计器的增益矩阵可以设计为

$$K_1 = \begin{bmatrix} 0.7178 \\ 1.5398 \end{bmatrix}, \quad K_2 = \begin{bmatrix} -1.1017 \\ 0.8424 \end{bmatrix}, \quad K_3 = \begin{bmatrix} -1.2311 \\ 0.8189 \end{bmatrix}$$

对于不同的 d, 根据定理 11.2 和文献 [91] 中的定理 1, 可以分别求出它们允许的最大值 h。在表 11.1 中给出了相关的比较结果。从这个表可以清楚地看到由定理 11.2 取得的效果要比文献 [91] 中定理 1 取得的效果更好。

表 11.1 对不同的 d, 由不同方法求得的最大 h 的比较

方法	$d = 0.5$	$d = 1$	$d = 1.5$	$d = 2$	$d = 2.2$
文献 [91] 定理 1	0.5248	0.3702	0.2574	0.0916	0.0056
定理 11.2	0.5630	0.4051	0.2897	0.1334	0.0379

11.4 具有复杂动力学行为的马尔可夫跳跃神经网络的状态估计

经过测试发现, 上面得到的依赖于时滞的状态估计器的设计条件并不适合于具有复杂动力学行为的带马尔可夫跳跃参数的时滞递归神经网络。因此, 在本节中, 我们将讨论这一类递归神经网络的状态估计器的设计。受文献 [215] 的启发, 我们可以得到下面的定理[246]。

定理 11.5 考虑带马尔可夫跳跃参数和混合时滞的递归神经网络 (11.3)、(11.4)。对于给定的常数 $h_i > 0$、μ_i 以及 $d > 0$, 令 $\gamma_i > 0$、$\rho_i > 0$ $(i = 1, 2, \cdots, N) \sim$ $\gamma > 0$ 和 $\rho > 0$ 是一些松弛参数, 则误差系统 (11.11) 的平凡解 $e(t; 0) = 0$ 是全局均方指数稳定的, 如果存在实矩阵 $P_i > 0$、$Q_i = \begin{bmatrix} Q_{1i} & Q_{2i} \\ Q_{2i}^{\mathrm{T}} & Q_{3i} \end{bmatrix} > 0$、$R_i > 0$、$S_i > 0$、$T_i > 0$、$U_i > 0$、$W_i > 0$、$Q = \begin{bmatrix} Q_1 & Q_2 \\ Q_2^{\mathrm{T}} & Q_3 \end{bmatrix} > 0$、$R > 0$、$S > 0$、$T > 0$、$U > 0$、$W > 0$、$X_i$、$Z_i$ 以及一些常数 $\lambda_{1i} > 0$、$\lambda_{2i} > 0$、$\lambda_{3i} > 0$ $(i = 1, 2, \cdots, N)$, 使得线性矩阵不等式 (11.14)、(11.15) 和以下公式, 对所有 $i = 1, 2, \cdots N$ 都成立。

$$\sum_{j=1, j \neq i}^{N} \pi_{ij} Q_j - Q \leqslant 0 \tag{11.71}$$

$$\sum_{j=1, j \neq i}^{N} \pi_{ij} \gamma_j R_j - \gamma R \leqslant 0 \tag{11.72}$$

$$\sum_{j=1, j \neq i}^{N} \pi_{ij} \rho_j T_j - \rho T \leqslant 0 \tag{11.73}$$

$$\sum_{j=1, j \neq i}^{N} \pi_{ij} W_j - W \leqslant 0 \tag{11.74}$$

$$\sum_{j=1,j\neq i}^{N} \pi_{ij}U_j - U \leqslant 0 \tag{11.75}$$

$$\begin{bmatrix}
\Theta_{11i} & \gamma_i\Omega_{12i} & \Omega_{13i} & P_iB_{1i} & PD_i & \Omega_{16i} & \dfrac{2\rho_i}{h_i}T_i & \dfrac{\gamma_i}{h_i}X_i^{\mathrm{T}} & \gamma_i\Omega_{19i} & \rho_i\Omega_{19i} \\
* & \Theta_{22i} & 0 & \Omega_{24i} & 0 & 0 & 0 & \gamma_i\Omega_{28i} & 0 & 0 \\
* & * & \Omega_{33i} & 0 & 0 & 0 & 0 & 0 & \gamma_iB_i^{\mathrm{T}}P_i & \rho_iB_i^{\mathrm{T}}P_i \\
* & * & * & \Omega_{44i} & 0 & 0 & 0 & 0 & \gamma_iB_{1i}^{\mathrm{T}}P_i & \rho_iB_{1i}^{\mathrm{T}}P_i \\
* & * & * & * & -\dfrac{1}{d}S_i & 0 & 0 & 0 & \gamma_iD_i^{\mathrm{T}}P_i & \rho_iD_i^{\mathrm{T}}P_i \\
* & * & * & * & * & -\lambda_{3i}I & 0 & 0 & -\gamma_iZ_i^{\mathrm{T}} & -\rho_iZ_i^{\mathrm{T}} \\
* & * & * & * & * & * & \Theta_{77i} & 0 & 0 & 0 \\
* & * & * & * & * & * & * & \Theta_{88i} & 0 & 0 \\
* & * & * & * & * & * & * & * & \Theta_{99i} & 0 \\
* & * & * & * & * & * & * & * & * & \Theta_{1010i}
\end{bmatrix} < 0 \tag{11.76}$$

其中，Ω_{12i}、Ω_{13i}、Ω_{16i}、Ω_{19i}、Ω_{24i}、Ω_{28i}、Ω_{33i} 以及 Ω_{44i} 与定理 11.1 中的完全一样，且

$$\Theta_{11i} = -P_iA_i - A_i^{\mathrm{T}}P_i - Z_iC_i - C_i^{\mathrm{T}}Z_i^{\mathrm{T}} + \sum_{j=1}^{N}\pi_{ij}P_j + Q_{1i} + hQ_1 + W_i + hW$$

$$\quad - \dfrac{\gamma_i}{h_i}R_i - 2\rho_iT_i + h_iU_i + \dfrac{h^2}{2}U - \lambda_{1i}F_1 - \lambda_{3i}G_1$$

$$\Theta_{22i} = -(1-\mu_i)Q_{1i} - \dfrac{2\gamma_i}{h_i}R_i + \dfrac{\gamma_i}{h_i}X_i + \dfrac{\gamma_i}{h_i}X_i^{\mathrm{T}} - \lambda_{2i}F_1$$

$$\Theta_{77i} = -\dfrac{2\rho_i}{h_i^2}T_i - \dfrac{1}{h_i}U_i, \quad \Theta_{88i} = -\dfrac{\gamma_i}{h_i}R_i - W_i$$

$$\Theta_{99i} = \dfrac{\gamma_i}{h_i}\left(-2P_i + R_i + \dfrac{\gamma h^2}{2\gamma_ih_i}R\right), \quad \Theta_{1010i} = \dfrac{2\rho_i}{h_i^2}\left(-2P_i + T_i + \dfrac{\rho h^3}{3\rho_ih_i^2}T\right)$$

从而，状态估计器 (11.9) 的增益矩阵 K_i 可以设计为

$$K_i = P_i^{-1}Z_i \; (i = 1, 2, \cdots, N) \tag{11.77}$$

证明 对每一个 $i \in \mathcal{S}$，考虑随机 Lyapunov 泛函

$$V(e_t, i, t) = \sum_{\ell=1}^{7}V_\ell(e_t, i, t) + V_{12}(e_t, i, t) + V_{13}(e_t, i, t)$$

$$+ \gamma_i \int_{-h_i}^{0}\int_{t+\theta}^{t}\dot{e}^{\mathrm{T}}(s)R_i\dot{e}(s)\mathrm{d}s\mathrm{d}\theta$$

$$+\gamma \int\limits_{-h}^{0}\int\limits_{\theta}^{0}\int\limits_{t+\beta}^{t} \dot{e}^{\mathrm{T}}(s)R\dot{e}(s)\mathrm{d}s\mathrm{d}\beta\mathrm{d}\theta$$

$$+\rho_i \int\limits_{-h_i}^{0}\int\limits_{\theta}^{0}\int\limits_{t+\beta}^{t} \dot{e}^{\mathrm{T}}(s)T_i\dot{e}(s)\mathrm{d}s\mathrm{d}\beta\mathrm{d}\theta$$

$$+\rho \int\limits_{-h}^{0}\int\limits_{\theta}^{0}\int\limits_{\beta}^{0}\int\limits_{t+\alpha}^{t} \dot{e}^{\mathrm{T}}(s)T\dot{e}(s)\mathrm{d}s\mathrm{d}\alpha\mathrm{d}\beta\mathrm{d}\theta$$

其中，$V_\ell(e_t,i,t)$ $(\ell=1,2,\cdots,7)$、$V_{12}(e_t,i,t)$ 以及 $V_{13}(e_t,i,t)$ 与式 (11.20) 中的相同。然后，类似于定理 11.1 的证明，可以很容易地推出误差系统 (11.11) 的平凡解 $e(t;0)=0$ 是全局均方指数稳定的。详细的证明过程在这里就不再重复了，有兴趣的读者可以自行推导。证毕。

同样，当 $h(t,r_t)\equiv h$ 时，我们有下面的定理[246]。

定理 11.6 考虑带马尔可夫跳跃参数的时滞递归神经网络 (11.48)~(11.49)。对于给定的常数 $h>0$ 和 $d>0$，令 $\gamma_i>0$、$\rho_i>0$ $(i=1,2,\cdots,N)$ 以及 $\gamma>0$ 为一些松弛参数，则误差系统 (11.51) 的平凡解 $e(t;0)=0$ 是全局均方指数稳定的，如果存在实矩阵 $P_i>0$、$Q_i=\begin{bmatrix} Q_{1i} & Q_{2i} \\ Q_{2i}^{\mathrm{T}} & Q_{3i} \end{bmatrix}>0$、$R_i>0$、$S_i>0$、$T_i>0$、$Y_i>0$、$Q=\begin{bmatrix} Q_1 & Q_2 \\ Q_2^{\mathrm{T}} & Q_3 \end{bmatrix}>0$、$X>0$、$W>0$、$Z_i$ 以及正数 $\lambda_{1i}>0$、$\lambda_{2i}>0$、$\lambda_{3i}>0$ $(i=1,2,\cdots,N)$，使得线性矩阵不等式 (11.52)、(11.55)、(11.56) 以及以下公式对所有的 $i=1,2,\cdots,N$ 都是成立的。

$$\sum_{j=1}^{N}\pi_{ij}\gamma_j R_j - \rho_i T_i \leqslant 0 \tag{11.78}$$

$$\sum_{j=1}^{N}\pi_{ij}\rho_j T_j - \gamma X \leqslant 0 \tag{11.79}$$

$$\begin{bmatrix} \Gamma_{11i} & \frac{\gamma_i}{h}R_i & \Psi_{13i} & P_iB_{1i} & P_iD_i & \Psi_{16i} & \gamma_i\Psi_{17i} \\ * & \Gamma_{22i} & 0 & \Psi_{24i} & 0 & 0 & 0 \\ * & * & \Psi_{33i} & 0 & 0 & 0 & \gamma_iB_i^{\mathrm{T}}P_i \\ * & * & * & \Psi_{44i} & 0 & 0 & \gamma_iB_{1i}^{\mathrm{T}}P_i \\ * & * & * & * & -\frac{1}{d}S_i & 0 & \gamma_iD_i^{\mathrm{T}}P_i \\ * & * & * & * & * & -\lambda_{3i}I & -\gamma_iZ_i^{\mathrm{T}} \\ * & * & * & * & * & * & \Gamma_{77i} \end{bmatrix}<0 \tag{11.80}$$

其中，Ψ_{13i}、Ψ_{16i}、Ψ_{17i}、Ψ_{24i}、Ψ_{33i} 以及 Ψ_{44i} 与定理 11.2 中的完全一样，且

$$\Gamma_{11i} = -P_iA_i - A_i^{\mathrm{T}}P_i - Z_iC_i - C_i^{\mathrm{T}}Z_i^{\mathrm{T}} + \sum_{j=1}^{N}\pi_{ij}P_j$$

$$+Q_{1i} + hQ_1 - \frac{\gamma_i}{h}R_i - \lambda_{1i}F_1 - \lambda_{3i}G_1$$

$$\Gamma_{22i} = -Q_{1i} - \frac{\gamma_i}{h}R_i - \lambda_{2i}F_1$$

$$\Gamma_{77i} = -\frac{2\gamma_i}{h}P_i + \frac{\gamma_i}{h}\left(R_i + \frac{\rho_ih}{2\gamma_i}T_i + \frac{\gamma h^2}{6\gamma_i}X\right)$$

从而，状态估计器 (11.50) 的增益矩阵 K_i 可以设计为

$$K_i = P_i^{-1}Z_i \ (i=1,2,\cdots,N) \tag{11.81}$$

证明　要证明该定理，只需要对每一个 $i \in \mathcal{S}$，考虑如下的随机 Lyapunov 泛函：

$$V(e_t,i,t) = e^{\mathrm{T}}(t)P_ie(t) + \int_{t-h}^{t}\xi^{\mathrm{T}}(s)Q_i\xi(s)\mathrm{d}s + \int_{-h}^{0}\int_{t+\theta}^{t}\xi^{\mathrm{T}}(s)Q\xi(s)\mathrm{d}s\mathrm{d}\theta$$

$$+\gamma_i\int_{-h}^{0}\int_{t+\theta}^{t}\dot{e}^{\mathrm{T}}(s)R_i\dot{e}(s)\mathrm{d}s\mathrm{d}\theta + \rho_i\int_{-h}^{0}\int_{\theta}^{0}\int_{t+\beta}^{t}\dot{e}^{\mathrm{T}}(s)T_i\dot{e}(s)\mathrm{d}s\mathrm{d}\beta\mathrm{d}\theta$$

$$+\gamma\int_{-h}^{0}\int_{\theta}^{0}\int_{\beta}^{0}\int_{t+\alpha}^{t}\dot{e}^{\mathrm{T}}(s)X\dot{e}(s)\mathrm{d}s\mathrm{d}\alpha\mathrm{d}\beta\mathrm{d}\theta$$

$$+\int_{-d}^{0}\int_{t+\theta}^{t}f^{\mathrm{T}}(s)S_if(s)\mathrm{d}s\mathrm{d}\theta + \int_{-d}^{0}\int_{\theta}^{0}\int_{t+\beta}^{t}f(s)Y_if(s)\mathrm{d}s\mathrm{d}\beta\mathrm{d}\theta$$

$$+\int_{-d}^{0}\int_{\theta}^{0}\int_{\beta}^{0}\int_{t+\alpha}^{t}f^{\mathrm{T}}(s)Wf(s)\mathrm{d}s\mathrm{d}\alpha\mathrm{d}\beta\mathrm{d}\theta$$

剩下的过程和定理 11.2 的证明类似，故在此略去。证毕。

在定理 11.5 和定理 11.6 中，我们引入了一些松弛参数如 γ_i、ρ_i、γ 以及 ρ。引入这些松弛参数的目的就是为了使得到的设计准则可以应用于具有复杂动力学行为的带马尔可夫跳跃参数的时滞递归神经网络。下面将用一个例子来进行说明，并给出相关的仿真结果。

例 11.2　设 $N=2$、$x(t)=[x_1(t),x_2(t)]^{\mathrm{T}} \in \mathbb{R}^2$。考虑具有两个模态的带马尔可夫跳跃参数的时滞递归神经网络：

$$\dot{x}(t) = -A_ix(t) + B_i\sigma(x(t)) + B_{1i}\sigma(x(t-1))$$

$$y(t) = C_i x(t) + 0.2 \sin(x_1(t))$$

其中

$$A_1 = \begin{bmatrix} 1 & 0 \\ 0 & 1 \end{bmatrix}, \quad B_1 = \begin{bmatrix} 2 & -0.1 \\ -5 & 3 \end{bmatrix}, \quad B_{11} = \begin{bmatrix} -1.5 & -0.1 \\ -0.2 & -3.5 \end{bmatrix}$$

$$C_1 = \begin{bmatrix} 0, & 2 \end{bmatrix}, \quad A_2 = \begin{bmatrix} 1 & 0 \\ 0 & 1 \end{bmatrix}, \quad B_2 = \begin{bmatrix} 1 + \dfrac{\pi}{4} & 20 \\ 0.1 & 1 + \dfrac{\pi}{4} \end{bmatrix}$$

$$B_{12} = \begin{bmatrix} -\dfrac{1.3\pi\sqrt{2}}{4} & 0.1 \\ 0.1 & -\dfrac{1.3\pi\sqrt{2}}{4} \end{bmatrix}, \quad C_2 = \begin{bmatrix} 1.5, & 0 \end{bmatrix}$$

对于模态 1, $\sigma(x) = \tanh(x)$。对于模态 2, $\sigma(x) = \dfrac{1}{2}(|x+1| - |x-1|)$。于是, 容易知道 $\Sigma_1 = 0$ 且 $\Sigma_2 = I$。另外, 我们有 $\Phi_1 = [-0.2, 0]$, $\Phi_2 = [0.2, 0]$。由文献 [97] 和文献 [98] 知, 对应于每个模态的时滞神经网络都具有复杂的混沌动力学行为。假设 $\Pi = \begin{bmatrix} -3 & 3 \\ 3 & -3 \end{bmatrix}$ 以及 $\Delta = 0.01$, 则可以产生一个马尔可夫链, 如图 11.1 所示。对于这个例子, 通过求解定理 11.2 中的线性矩阵不等式 (11.52)~(11.57) 或者定理 11.3 中的线性矩阵不等式 (11.69)~(11.70), 我们都不能找到对应的可行解。也就是说, 定理 11.2 和文献 [91] 中的设计准则都对这个例子中的带马尔可夫跳跃参数的时滞神经网络的状态估计器的设计无效。但是, 当取 $\gamma_1 = 0.1$、$\gamma_2 = 0.05$、$\rho_1 = 0.1$、$\rho_2 = 0.05$ 以及 $\gamma = 0.1$ 时, 通过求解定理 11.6 中的线性矩阵不等式, 找到的一组可行解为

$$P_1 = \begin{bmatrix} 3.8885 & 2.1530 \\ 2.1530 & 2.9222 \end{bmatrix}, \quad P_2 = \begin{bmatrix} 0.8203 & -0.8448 \\ -0.8448 & 5.1715 \end{bmatrix}$$

$$Q_1 = \begin{bmatrix} 2.1123 & 0.8859 & -0.2759 & -0.7974 \\ 0.8859 & 2.6459 & 0.1480 & 0.0762 \\ -0.2759 & 0.1480 & 6.2966 & 2.2687 \\ -0.7974 & 0.0762 & 2.2687 & 5.1047 \end{bmatrix}$$

$$Q_2 = \begin{bmatrix} 2.1031 & 0.8400 & -0.3050 & -0.7249 \\ 0.8400 & 2.5521 & 0.1399 & 0.1560 \\ -0.3050 & 0.1399 & 6.3659 & 2.1999 \\ -0.7249 & 0.1560 & 2.1999 & 5.0626 \end{bmatrix}$$

$$R_1 = \begin{bmatrix} 0.0194 & -0.0213 \\ -0.0213 & 0.1312 \end{bmatrix}, \quad R_2 = \begin{bmatrix} 0.0335 & -0.0681 \\ -0.0681 & 0.3670 \end{bmatrix}$$

$$T_1 = \begin{bmatrix} 0.0719 & -0.0704 \\ -0.0704 & 0.5146 \end{bmatrix}, \quad T_2 = \begin{bmatrix} 0.1310 & -0.2308 \\ -0.2308 & 1.3387 \end{bmatrix}$$

$$Q = \begin{bmatrix} 1.6581 & 0.8851 & -1.7626 & -0.8644 \\ 0.8851 & 2.0022 & -0.3484 & -1.3824 \\ -1.7626 & -0.3484 & 2.4889 & 0.1889 \\ -0.8644 & -1.3824 & 0.1889 & 1.6781 \end{bmatrix}$$

$$X = \begin{bmatrix} 0.1544 & -0.2067 \\ -0.2067 & 1.3200 \end{bmatrix}, \quad Z_1 = \begin{bmatrix} -0.9074 \\ 15.1434 \end{bmatrix}$$

$$Z_2 = \begin{bmatrix} 17.3736 \\ 6.1087 \end{bmatrix}, \quad \lambda_{11} = 18.0683, \quad \lambda_{21} = 4.4058$$

$$\lambda_{31} = 17.3437, \quad \lambda_{12} = 19.3477, \quad \lambda_{22} = 4.0305, \quad \lambda_{32} = 51.1392$$

从而, 状态估计器的增益矩阵可以设计为

$$K_1 = \begin{bmatrix} -5.2406 \\ 9.0434 \end{bmatrix}, \quad K_2 = \begin{bmatrix} 26.9250 \\ 5.5794 \end{bmatrix}$$

为了仿真, 当 $s \in [-1, 0]$ 时, 初始条件分别取为 $x(s) = \begin{bmatrix} -0.4 \\ 0.6 \end{bmatrix}$ 和 $\hat{x}(s) = \begin{bmatrix} 0.01 \\ 0.1 \end{bmatrix}$, 以及初始模态为 $r_0 = 1$。图 11.2 和图 11.3 给出了相关的仿真结果。其中, 图 11.2 描述了该神经网络展示的复杂动力学行为; 图 11.3 是误差信号 $e(t)$ 的响应曲线。可以看出, 这些仿真结果进一步验证了定理 11.6 对具有复杂动力学行为的带马尔可夫跳跃参数的时滞神经网络的状态估计器设计的有效性。

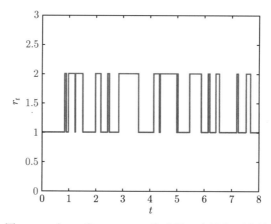

图 11.1 由 Π 和 $\Delta = 0.01$ 生成的一个马尔可夫链

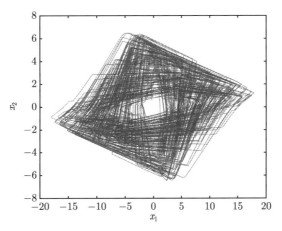

图 11.2 例 11.2 中的神经网络在相平面上的复杂动力学行为

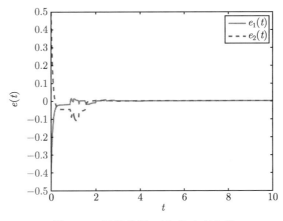

图 11.3 误差信号 $e(t)$ 的响应曲线

注释 11.3 当 $D_i = 0$ 和 $d = 0$ 时（即例 11.2 的情形），定理 11.6 中的线性矩阵不等式 (11.80) 退化为

$$
\begin{bmatrix}
\Gamma_{11i} & \dfrac{\gamma_i}{h}R_i & \Psi_{13i} & P_iB_{1i} & \Psi_{16i} & \gamma_i\Psi_{17i} \\
* & \Gamma_{22i} & 0 & \Psi_{24i} & 0 & 0 \\
* & * & \bar{\Psi}_{33i} & 0 & 0 & \gamma_iB_i^{\mathrm{T}}P_i \\
* & * & * & \Psi_{44i} & 0 & \gamma_iB_{1i}^{\mathrm{T}}P_i \\
* & * & * & * & -\lambda_{3i}I & -\gamma_iZ_i^{\mathrm{T}} \\
* & * & * & * & * & \Gamma_{77i}
\end{bmatrix} < 0
$$

其中，$\bar{\Psi}_{33i} = Q_{3i} + hQ_3 - \lambda_{1i}I$。

11.5　本 章 小 结

在本章中, 我们详细地讨论了一类带马尔可夫跳跃参数和混合时滞的递归神经网络的状态估计问题。为了让尽可能多的 Lyapunov 矩阵是和系统模态相关的, 我们在构造的随机 Lyapunov 泛函中引入了一些高阶积分项, 然后得到了一些依赖于时滞的设计准则使得误差系统的平凡解是全局均方指数稳定的。在此基础上, 状态估计器的增益矩阵的设计可以通过求解一组耦合的线性矩阵不等式来实现。值得强调的是, 我们从理论上严格证明了基于依赖于系统模态的方法得到的设计准则包含了一些已有的结果作为特例, 从而能够取得更好的效果。另一方面, 我们通过引入一些松弛参数将本章提出的方法做了进一步推广使之能够用于处理具有复杂动力学行为的带马尔可夫跳跃参数的时滞递归神经网络的状态估计问题。最后给出了两个例子来说明这些结果对这一类时滞递归神经网络的状态估计器设计的有效性。

第12章 带马尔可夫跳跃参数的时滞递归神经网络的滤波器设计

在第 11 章中，我们分析了带马尔可夫跳跃参数的时滞递归神经网络的状态估计问题。但是，在递归神经网络的硬件实现过程中，噪声会不可避免地被引入。因此，从实际的观点出发，性能分析同样是一个非常重要的问题。

本章将介绍带马尔可夫跳跃参数的时滞递归神经网络的滤波器设计。考虑的滤波器主要有两类：一类是 H_∞ 滤波器的设计，另一类是 $L_2 - L_\infty$ 滤波器的设计。和第 11 章不同的是，仅仅为了叙述的方便和数学符号的简化，我们不再在随机 Lyapunov 泛函中通过引入高阶积分项而使得尽可能多的 Lyapunov 矩阵是依赖于系统模态的。但是，需要指出的是，第 11 章的方法仍然可以非常容易地推广到这一类时滞递归神经网络的滤波器的设计上。

12.1 问题的描述

令 $\{r_t\}_{t \geq 0}$ 是一个定义在完备概率空间 $(\Omega, \mathcal{F}, \mathcal{P})$ 上的右连续的马尔可夫链，且取值于有限集合 $\mathcal{S} = \{1, 2, \cdots, N\}$ 上。设其概率转移矩阵 $\Pi = (\pi_{ij})_{N \times N}$ 为

$$\mathcal{P}\{r_{t+\Delta} = j | r_t = i\} = \begin{cases} \pi_{ij}\Delta + o(\Delta), & i \neq j \\ 1 + \pi_{ii}\Delta + o(\Delta), & i = j \end{cases}$$

其中，$\Delta > 0$，$\lim_{\Delta \to 0+} \dfrac{o(\Delta)}{\Delta} = 0$，$\pi_{ij}$ 表示在时刻 $t + \Delta$ 从模态 i 切换到模态 j 的概率。当 $j \neq i$ 时，$\pi_{ij} \geqslant 0$，且对每一个 $i \in \mathcal{S}$ 有

$$\pi_{ii} = -\sum_{j=1, j \neq i}^{N} \pi_{ij} \tag{12.1}$$

考虑如下受噪声干扰的带马尔可夫跳跃参数的时滞递归神经网络：

$$\dot{x}(t) = -A(r_t)x(t) + B_1(r_t)f(x(t)) \\ + B_2(r_t)f(x(t-\tau)) + J(r_t) + E_1(r_t)w(t) \tag{12.2}$$

$$y(t) = C(r_t)x(t) + D(r_t)x(t-\tau) + E_2(r_t)w(t) \tag{12.3}$$

$$z(t) = H(r_t)x(t) \tag{12.4}$$

$$x(t) = \phi(t), \quad \forall t \in [-\tau, 0] \tag{12.5}$$

其中, $x(t) = [x_1(t), x_2(t), \cdots, x_n(t)]^{\mathrm{T}} \in \mathbb{R}^n$ 是该神经网络的状态向量, $w(t) \in \mathbb{R}^q$ 是一个噪声干扰信号且假设属于 $L_2[0, \infty)$, $y(t) \in \mathbb{R}^m$ 是网络的输出信号, $z(t) \in \mathbb{R}^p$ 是待估计的状态向量的线性组合, $f(x(t)) = [f_1(x_1(t)),\ f_2(x_2(t)),\ \cdots,\ f_n(x_n(t))]^{\mathrm{T}}$ 是神经元的激励函数, τ 是一个定常的时滞, $\phi(t)$ 是定义在 $[-\tau, 0]$ 上的连续初始条件。对每一个固定的 $r_t \in \mathcal{S}$, $A(r_t)$ 是一个主对角线元素为正的对角矩阵, $B_1(r_t)$ 和 $B_2(r_t)$ 分别是连接权矩阵和时滞连接权矩阵, $E_1(r_t)$、$E_2(r_t)$、$C(r_t)$、$D(r_t)$ 和 $H(r_t)$ 都是维数适当的实矩阵, $J(r_t)$ 是一外部输入向量。

假设激励函数 $f(\cdot)$ 满足以下假设。

假设 12.1　*存在常数 L_i^- 和 L_i^+ $(i = 1, 2, \cdots, n)$ 使得对于任意的 $u \neq v \in \mathbb{R}$ 有*

$$L_i^- \leqslant \frac{f_i(u) - f_i(v)}{u - v} \leqslant L_i^+ \tag{12.6}$$

记 $L^- = \mathrm{diag}(L_1^-, L_2^-, \cdots, L_n^-)$, $L^+ = \mathrm{diag}(L_1^+, L_2^+, \cdots, L_n^+)$。

对每一个 $r_t = i \in \mathcal{S}$, 我们分别记 $A(r_t)$、$B_1(r_t)$、$B_2(r_t)$、$E_1(r_t)$、$E_2(r_t)$、$C(r_t)$、$D(r_t)$、$H(r_t)$ 以及 $J(r_t)$ 为 A_i、B_{1i}、B_{2i}、E_{1i}、E_{2i}、C_i、D_i、H_i 和 J_i。

对上述带马尔可夫跳跃参数的时滞递归神经网络 (12.2)~(12.5), 构造的滤波器为

$$\dot{\hat{x}}(t) = -A_i\hat{x}(t) + B_{1i}f(\hat{x}(t)) + B_{2i}f(\hat{x}(t - \tau)) + J_i$$
$$+ K_i[y(t) - C_i\hat{x}(t) - D_i\hat{x}(t - \tau)] \tag{12.7}$$

$$\hat{z}(t) = H_i\hat{x}(t) \tag{12.8}$$

$$\hat{x}(t) = 0 \quad t \in [-\tau, 0] \tag{12.9}$$

其中, $\hat{x}(t) \in \mathbb{R}^n$, $\hat{z}(t) \in \mathbb{R}^p$, $K_i(i \in \mathcal{S})$ 是待确定的滤波器增益矩阵。

定义误差信号分别为 $e(t) = x(t) - \hat{x}(t)$ 和 $\bar{z}(t) = z(t) - \hat{z}(t)$, 则由式 (12.2)~式 (12.4)、式 (12.7) 和式 (12.8) 知, 误差系统可表示为

$$\dot{e}(t) = -(A_i + K_iC_i)e(t) - K_iD_ie(t - \tau)$$
$$+ B_{1i}g(t) + B_{2i}g(t - \tau) + (E_{1i} - K_iE_{2i})w(t) \tag{12.10}$$

$$\bar{z}(t) = H_ie(t) \tag{12.11}$$

其中, $g(t) = f(x(t)) - f(\hat{x}(t))$, $g(t - \tau) = f(x(t - \tau)) - f(\hat{x}(t - \tau))$。

令 $e_t = e(t+s)$ $(-\tau \leqslant s \leqslant 0)$，则根据文献 [267] 知 $\{e_t, r_t\}_{t \geqslant 0}$ 是定义在空间 $\mathcal{C}([-\tau, 0]; \mathbb{R}^n) \times \mathcal{S}$ 上的马尔可夫过程。于是，作用于函数 $V \in \mathcal{C}^{2,1}(\mathcal{C}([-\tau, 0]; \mathbb{R}^n) \times \mathcal{S} \times \mathbb{R}_+ \to \mathbb{R}$ 上的弱无穷小算子为

$$\mathcal{L}V(e_t, i, t) = \lim_{\Delta \to 0+} \frac{1}{\Delta}\Big(\mathbb{E}\big\{V(e_{t+\Delta}, r_{t+\Delta}, t+\Delta)|e_t, r_t = i\big\} - V(e_t, i, t)\Big)$$

现在，给出随机稳定性的定义。

定义 12.1 当 $w(t) \equiv 0$ 时，误差系统 (12.10) 的平凡解 $e(t; 0) = 0$ 被称为随机稳定的，如果

$$\lim_{t \to \infty} \mathbb{E}\bigg\{ \int_0^t e^{\mathrm{T}}(s)e(s)\mathrm{d}s \bigg\} < \infty$$

对任意的初始条件 $\phi(t) \in \mathcal{C}([-\tau, 0]; \mathbb{R}^n)$ 和初始模态 $r_0 \in \mathcal{S}$ 都是成立的。

12.2 H_∞ 滤波器的设计

首先，我们讨论带马尔可夫跳跃参数的时滞递归神经网络 (12.2)~(12.5) 的 H_∞ 滤波器设计。为此，先给出其数学表达形式：

对于事先给定的扰动抑制度 $\gamma > 0$，设计合适的滤波器 (12.7)~(12.9) 使得：

(i) 当 $w(t) \equiv 0$ 时，误差系统 (12.10) 的平凡解 $e(t; 0) = 0$ 是随机稳定的；

(ii) 在零初始条件下，对于任意非零的 $w(t) \in L_2[0, \infty)$ 有

$$\|\bar{z}\|_{\mathbb{E}_2} < \gamma \|w\|_2 \tag{12.12}$$

成立，其中

$$\|\bar{z}\|_{\mathbb{E}_2} = \bigg(\mathbb{E}\bigg\{ \int_0^\infty \bar{z}^{\mathrm{T}}(t)\bar{z}(t)\mathrm{d}t \bigg\}\bigg)^{\frac{1}{2}}$$

$$\|w\|_2 = \sqrt{\int_0^\infty w^{\mathrm{T}}(t)w(t)\mathrm{d}t}$$

于是，关于 H_∞ 滤波器的设计，我们有下面的定理。

定理 12.1 (文献 [268]) 考虑带马尔可夫跳跃参数的时滞神经网络 (12.2)~(12.5)。若令 $\gamma > 0$ 为一事先给定的扰动抑制常数，则 H_∞ 滤波器的设计问题是可解的，如果存在实矩阵 $P_i > 0$、$Q_i = \begin{bmatrix} Q_{1i} & Q_{2i} \\ * & Q_{3i} \end{bmatrix} > 0$、$Q = \begin{bmatrix} Q_1 & Q_2 \\ * & Q_3 \end{bmatrix} > 0$、$R > 0$、$\Lambda_i = \mathrm{diag}(\lambda_{1i}, \lambda_{2i}, \cdots, \lambda_{ni}) > 0$、$\Gamma_i = \mathrm{diag}(\gamma_{1i}, \gamma_{2i}, \cdots, \gamma_{ni}) > 0$ 和 G_i，使得对所有

的 $i = 1, 2, \cdots, N$, 下列线性矩阵不等式

$$\begin{bmatrix} \Sigma_{1i} & \Sigma_{2i}^{\mathrm{T}} \\ * & -2P_i + R \end{bmatrix} < 0 \tag{12.13}$$

$$\sum_{j=1}^{N} \pi_{ij} Q_j \leqslant Q \tag{12.14}$$

成立, 其中

$$\Sigma_{1i} = \begin{bmatrix} \Phi_{11i} & \Phi_{12i} & \Phi_{13i} & P_i B_{2i} & \Phi_{15i} \\ * & \Phi_{22i} & 0 & \Phi_{24i} & 0 \\ * & * & \Phi_{33i} & 0 & 0 \\ * & * & * & \Phi_{44i} & 0 \\ * & * & * & * & -\gamma^2 I_q \end{bmatrix}$$

$$\Sigma_{2i} = \tau \begin{bmatrix} -P_i A_i - G_i C_i, & -G_i D_i, & P_i B_{1i}, & P_i B_{2i}, & P_i E_{1i} - G_i E_{2i} \end{bmatrix}$$

$$\Phi_{11i} = -P_i A_i - A_i^{\mathrm{T}} P_i - G_i C_i - C_i^{\mathrm{T}} G_i^{\mathrm{T}} + \sum_{j=1}^{N} \pi_{ij} P_j$$

$$\qquad + H_i^{\mathrm{T}} H_i - 2L^+ \Lambda_i L^- + Q_{1i} + \tau Q_1 - R$$

$$\Phi_{12i} = -G_i D_i + R, \quad \Phi_{13i} = P_i B_{1i} + Q_{2i} + \tau Q_2 + L^+ \Lambda_i + L^- \Lambda_i$$

$$\Phi_{15i} = P_i E_{1i} - G_i E_{2i}, \quad \Phi_{22i} = -Q_{1i} - R - 2L^+ \Gamma_i L^-$$

$$\Phi_{24i} = -Q_{2i} + L^+ \Gamma_i + L^- \Gamma_i, \quad \Phi_{33i} = Q_{3i} + \tau Q_3 - 2\Lambda_i$$

$$\Phi_{44i} = -Q_{3i} - 2\Gamma_i$$

从而, 滤波器 (12.7)~(12.9) 的增益矩阵可设计为

$$K_i = P_i^{-1} G_i \quad (i = 1, 2, \cdots, N) \tag{12.15}$$

证明　先证明在零初始条件下, 式 (12.12) 对任意非零的 $w(t)$ 成立。对每一个 $i \in \mathcal{S}$, 考虑的随机 Lyapunov 泛函为

$$\begin{aligned} V(e_t, i, t) = {} & e^{\mathrm{T}}(t) P_i e(t) + \int_{t-\tau}^{t} \xi^{\mathrm{T}}(s) Q_i \xi(s) \mathrm{d}s \\ & + \int_{-\tau}^{0} \int_{t+\theta}^{t} \xi^{\mathrm{T}}(s) Q \xi(s) \mathrm{d}s \mathrm{d}\theta \\ & + \tau \int_{-\tau}^{0} \int_{t+\theta}^{t} \dot{e}^{\mathrm{T}}(s) R \dot{e}(s) \mathrm{d}s \mathrm{d}\theta \end{aligned} \tag{12.16}$$

其中, $\xi(t) = \left[e^{\mathrm{T}}(t), g^{\mathrm{T}}(t)\right]^{\mathrm{T}}$。直接计算其弱无穷小算子 $\mathcal{L}V(e_t, i, t)$, 可得

$$
\begin{aligned}
\mathcal{L}V(e_t, i, t) = {} & e^{\mathrm{T}}(t)\Big(-P_i(A_i + K_iC_i) - (A_i + K_iC_i)^{\mathrm{T}}P_i\Big)e(t) \\
& -2e^{\mathrm{T}}(t)P_iK_iD_ie(t-\tau) + 2e^{\mathrm{T}}(t)P_iB_{1i}g(t) + 2e^{\mathrm{T}}(t)P_iB_{2i}g(t-\tau) \\
& +2e^{\mathrm{T}}(t)P_i(E_{1i} - K_iE_{2i})w(t) + e^{\mathrm{T}}(t)\Big(\sum_{j=1}^{N}\pi_{ij}P_j\Big)e(t) + \xi^{\mathrm{T}}(t)Q_i\xi(t) \\
& -\xi(t-\tau)^{\mathrm{T}}Q_i\xi(t-\tau) + \int_{t-\tau}^{t}\xi^{\mathrm{T}}(s)\Big(\sum_{j=1}^{N}\pi_{ij}Q_j\Big)\xi(s)\mathrm{d}s \\
& +\tau\xi^{\mathrm{T}}(t)Q\xi(t) - \int_{t-\tau}^{t}\xi^{\mathrm{T}}(s)Q\xi(s)\mathrm{d}s + \tau^2\dot{e}^{\mathrm{T}}(t)R\dot{e}(t) \\
& -\tau\int_{t-\tau}^{t}\dot{e}^{\mathrm{T}}(s)R\dot{e}(s)\mathrm{d}s
\end{aligned}
\tag{12.17}
$$

由线性矩阵不等式 (12.14) 有

$$
\int_{t-\tau}^{t}\xi^{\mathrm{T}}(s)\Big(\sum_{j=1}^{N}\pi_{ij}Q_j\Big)\xi(s)\mathrm{d}s \leqslant \int_{t-\tau}^{t}\xi^{\mathrm{T}}(s)Q\xi(s)\mathrm{d}s
\tag{12.18}
$$

利用 Jensen 不等式[43], 我们有

$$
-\tau\int_{t-\tau}^{t}\dot{e}^{\mathrm{T}}(s)R\dot{e}(s)\mathrm{d}s \leqslant -\Big(e(t) - e(t-\tau)\Big)^{\mathrm{T}}R\Big(e(t) - e(t-\tau)\Big)
\tag{12.19}
$$

又注意到 $g(t) = f(x(t)) - f(\hat{x}(t))$, 而且 $f(\cdot)$ 满足式 (12.6), 则 $L_i^- \leqslant \dfrac{g_i(t)}{e_i(t)} \leqslant L_i^+$。于是, 对于任意的 $\Lambda_i = \mathrm{diag}(\lambda_{1i}, \lambda_{2i}, \cdots, \lambda_{ni}) > 0$ 和 $\Gamma_i = \mathrm{diag}(\gamma_{1i}, \gamma_{2i}, \cdots, \gamma_{ni})$, 有

$$
\begin{aligned}
0 \leqslant {} & -2\sum_{k=1}^{n}\lambda_{ki}\Big(g_k(t) - L_k^-e_k(t)\Big)\Big(g_k(t) - L_k^+e_k(t)\Big) \\
= {} & -2g^{\mathrm{T}}(t)\Lambda_ig(t) + 2g^{\mathrm{T}}(t)\Lambda_iL^+e(t) \\
& +2e^{\mathrm{T}}(t)L^-\Lambda_ig(t) - 2e^{\mathrm{T}}(t)L^+\Lambda_iL^-e(t)
\end{aligned}
\tag{12.20}
$$

$$
\begin{aligned}
0 \leqslant {} & -2g^{\mathrm{T}}(t-\tau)\Gamma_ig(t-\tau) + 2g^{\mathrm{T}}(t-\tau)\Gamma_iL^+e(t-\tau) \\
& +2e^{\mathrm{T}}(t-\tau)L^-\Gamma_ig(t-\tau) - 2e^{\mathrm{T}}(t-\tau)L^+\Gamma_iL^-e(t-\tau)
\end{aligned}
\tag{12.21}
$$

定义

$$
\mathcal{J}(T) = \mathbb{E}\bigg(\int_{0}^{\mathrm{T}}(\bar{z}^{\mathrm{T}}(t)\bar{z}(t) - \gamma^2w^{\mathrm{T}}(t)w(t))\mathrm{d}t\bigg)
\tag{12.22}
$$

在零初始条件下，由式 (12.16) 知 $V(e(0), r_0, 0) = 0$ 且当 $t > 0$ 时有 $\mathbb{E}V(e_t, r_t, t) \geqslant 0$。因此，$\mathbb{E}\left(\int_0^t \mathcal{L}V(e_s, r_s, s)\mathrm{d}s\right) \geqslant 0$。结合式 (12.17)$\sim$ 式 (12.21)，我们可得

$$\mathcal{J}(T) \leqslant \mathbb{E}\left(\int_0^{\mathrm{T}} (\bar{z}^{\mathrm{T}}(t)\bar{z}(t) - \gamma^2 w^{\mathrm{T}}(t)w(t) + \mathcal{L}V(e_t, i, t))\mathrm{d}t\right)$$

$$\leqslant \mathbb{E}\left(\int_0^{\mathrm{T}} \eta^{\mathrm{T}}(t)\Big(\Xi_{1i} + \tau^2 \Xi_{2i}^{\mathrm{T}} R \Xi_{2i}\Big)\eta(t)\mathrm{d}t\right) \tag{12.23}$$

其中

$$\eta(t) = \Big[\begin{array}{ccccc} e^{\mathrm{T}}(t), & e^{\mathrm{T}}(t-\tau), & g^{\mathrm{T}}(t), & g^{\mathrm{T}}(t-\tau), & w^{\mathrm{T}}(t) \end{array} \Big]^{\mathrm{T}}$$

$$\Xi_{1i} = \begin{bmatrix} \bar{\Phi}_{11i} & \bar{\Phi}_{12i} & \Phi_{13i} & P_i B_{2i} & \bar{\Phi}_{15i} \\ * & \Phi_{22i} & 0 & \Phi_{24i} & 0 \\ * & * & \Phi_{33i} & 0 & 0 \\ * & * & * & \Phi_{44i} & 0 \\ * & * & * & * & -\gamma^2 I_q \end{bmatrix}$$

$$\Xi_{2i} = \Big[\begin{array}{ccccc} -A_i - K_i C_i, & -K_i D_i, & B_{1i}, & B_{2i}, & E_{1i} - K_i E_{2i} \end{array} \Big]$$

$$\bar{\Phi}_{11i} = -P_i A_i - A_i^{\mathrm{T}} P_i - P_i K_i C_i - C_i^{\mathrm{T}} K_i^{\mathrm{T}} P_i + \sum_{j=1}^{N} \pi_{ij} P_j$$

$$+ H_i^{\mathrm{T}} H_i - 2L^+ \Lambda_i L^- + Q_{1i} + \tau Q_1 - R$$

$$\bar{\Phi}_{12i} = -P_i K_i D_i + R, \quad \bar{\Phi}_{15i} = P_i E_{1i} - P_i K_i E_{2i}$$

由 Schur 补引理，$\Xi_{1i} + \tau^2 \Xi_{2i}^{\mathrm{T}} R \Xi_{2i} < 0$ 等价于

$$\begin{bmatrix} \Xi_{1i} & \tau \Xi_{2i}^{\mathrm{T}} R \\ * & -R \end{bmatrix} < 0 \tag{12.24}$$

分别用 $\mathrm{diag}(I, P_i R^{-1})$ 和它的转置左乘、右乘式 (12.24)，且注意到 $K_i = P_i^{-1} G_i$ 以及 $-P_i R^{-1} P_i \leqslant -2P_i + R$，可得线性矩阵不等式 (12.13) 保证了式 (12.24) 的成立性，即 $\Xi_{1i} + \tau^2 \Xi_{2i}^{\mathrm{T}} R \Xi_{2i} < 0$。于是，我们有 $\mathcal{J}(T) \leqslant 0$。根据式 (12.22) 知，在零初始条件下，式 (12.12) 对于任意非零的 $w(t)$ 成立。

　　其次，我们证明当 $w(t) \equiv 0$ 时误差系统 (12.10) 的平凡解 $e(t; 0) = 0$ 是随机稳定的。在这种情况下，误差系统为

$$\dot{e}(t) = -(A_i + K_i C_i)e(t) - K_i D_i e(t-\tau) + B_{1i}g(t) + B_{2i}g(t-\tau) \tag{12.25}$$

由式 (12.24) 得

$$\begin{bmatrix} \bar{\Xi}_{1i} & \tau\bar{\Xi}_{2i}^{\mathrm{T}}R \\ * & -R \end{bmatrix} < 0 \tag{12.26}$$

其中

$$\bar{\Xi}_{1i} = \begin{bmatrix} \bar{\Phi}_{11i} & \bar{\Phi}_{12i} & \Phi_{13i} & P_iB_{2i} \\ * & \Phi_{22i} & 0 & \Phi_{24i} \\ * & * & \Phi_{33i} & 0 \\ * & * & * & \Phi_{44i} \end{bmatrix}$$

$$\bar{\Xi}_{2i} = \begin{bmatrix} -A_i - K_iC_i, & -K_iD_i, & B_{1i}, & B_{2i} \end{bmatrix}$$

由 Schur 补引理立刻可知

$$\bar{\Xi}_{1i} + \tau^2\bar{\Xi}_{2i}^{\mathrm{T}}R\bar{\Xi}_{2i} < 0$$

仍然考虑随机 Lyapunov 泛函 (12.16)。于是，类似于式 (12.23) 的推导，不难得到，对于任意的 $\zeta(t) = \left[e^{\mathrm{T}}(t), e^{\mathrm{T}}(t-\tau), g^{\mathrm{T}}(t), g^{\mathrm{T}}(t-\tau)\right]^{\mathrm{T}} \neq 0$ 有

$$\mathcal{L}V(e_t, i, t) \leqslant \zeta^{\mathrm{T}}(t)(\bar{\Xi}_{1i} + \tau^2\bar{\Xi}_{2i}^{\mathrm{T}}R\bar{\Xi}_{2i})\zeta(t) < 0 \tag{12.27}$$

从而，误差系统 (12.25) 的平凡解 $e(t;0) = 0$ 是随机稳定的。证毕。

注释 12.1   定理 12.1 中的 H_∞ 性能指标 γ 的最优值可以通过求解凸优化问题。

算法 12.1 $\min_{P_i,Q_i,Q,R,\Lambda_i,\Gamma_i,G_i} \gamma^2$, s.t. 线性矩阵不等式 (12.13) 和 (12.14) 得到。

12.3 L_2-L_∞ 滤波器的设计

在带马尔可夫跳跃参数的时滞递归神经网络 (12.2)$\sim$(12.5) 中，考虑的时滞是不依赖于系统模态的。事实上，我们很容易将它推广到依赖于系统模态的时滞的情况，为此，在本节的 $L_2 - L_\infty$ 滤波器的设计中，考虑如下带马尔可夫跳跃参数和依赖于模态的时滞递归神经网络：

$$\dot{x}(t) = -A(r_t)x(t) + B_1(r_t)f(x(t)) + B_2(r_t)f(x(t-\tau(r_t))$$
$$+J(r_t) + E_1(r_t)w(t) \tag{12.28}$$

$$y(t) = C(r_t)x(t) + D(r_t)x(t-\tau(r_t)) + E_2(r_t)w(t) \tag{12.29}$$

$$z(t) = H(r_t)x(t) \tag{12.30}$$

$$x(t) = \phi(t), \quad \forall t \in [-\tau, 0] \tag{12.31}$$

为了方便, 记 $\tau = \max_{i \in \mathcal{S}}\{\tau_i\}$。对每一个 $i \in \mathcal{S}$, 构造的滤波器为

$$\dot{\hat{x}}(t) = -A_i\hat{x}(t) + B_{1i}f(\hat{x}(t)) + B_{2i}f(\hat{x}(t - \tau_i))$$
$$+ J_i + K_i(y(t) - C_i\hat{x}(t) - D_i\hat{x}(t - \tau_i)) \tag{12.32}$$
$$\hat{z}(t) = H_i\hat{x}(t) \tag{12.33}$$
$$\hat{x}(t) = 0, \quad \forall t \in [-\tau, 0] \tag{12.34}$$

其中, $\hat{x}(t) \in \mathbb{R}^n$, $\hat{z}(t) \in \mathbb{R}^p$, 以及 $K_i(i \in \mathcal{S})$ 是待确定的增益矩阵。

定义误差信号分别为 $e(t) = x(t) - \hat{x}(t)$ 与 $\bar{z}(t) = z(t) - \hat{z}(t)$, 则由式 (12.28)~式 (12.31)、式 (12.32) 和式 (12.33) 知, 误差系统为

$$\dot{e}(t) = -(A_i + K_iC_i)e(t) - K_iD_ie(t - \tau_i)$$
$$+ B_{1i}g(t) + B_{2i}g(t - \tau_i) + (E_{1i} - K_iE_{2i})w(t) \tag{12.35}$$
$$\bar{z}(t) = H_ie(t) \tag{12.36}$$

其中, $g(t) = f(x(t)) - f(\hat{x}(t))$ 和 $g(t - \tau_i) = f(x(t - \tau_i)) - f(\hat{x}(t - \tau_i))$。

针对带马尔可夫跳跃参数的时滞递归神经网络 (12.28)~(12.31), 其 $L_2 - L_\infty$ 滤波器设计问题的定义如下: 对于事先给定的扰动抑制常数 $\rho > 0$, 设计合适的滤波器 (12.32)~(12.34) 使得:

(i) 当 $w(t) \equiv 0$ 时, 误差系统 (12.35) 的平凡解 $e(t; 0) = 0$ 是随机稳定的;

(ii) 在零初始条件下, 不等式

$$\|\bar{z}\|\mathbb{E}_\infty < \rho\|w\|_2 \tag{12.37}$$

对任意的 $w(t) \in L_2[0, \infty)$ 都是成立的。其中

$$\|\bar{z}\|\mathbb{E}_\infty = \sqrt{\sup_{t>0}\left(\mathbb{E}(\bar{z}^{\mathrm{T}}(t)\bar{z}(t))\right)}$$

于是, 我们有下面的定理 [269]。

定理 12.2　考虑带马尔可夫跳跃参数的时滞递归神经网络 (12.28)~(12.31)。对于给定的 τ_i 和扰动抑制常数 $\rho > 0$, 则 $L_2 - L_\infty$ 滤波器的设计问题是可解的, 如果存在实矩阵 $P_i > 0$、$Q_i = \begin{bmatrix} Q_{1i} & Q_{2i} \\ * & Q_{3i} \end{bmatrix} > 0$、$Q = \begin{bmatrix} Q_1 & Q_2 \\ * & Q_3 \end{bmatrix} > 0$、$R > 0$、$\Lambda_i = \mathrm{diag}(\lambda_{1i}, \lambda_{2i}, \cdots, \lambda_{ni}) > 0$、$\Gamma_i = \mathrm{diag}(\gamma_{1i}, \gamma_{2i}, \cdots, \gamma_{ni}) > 0$ 以及 G_i, 使得对所有的 $i = 1, 2, \cdots, N$, 下列线性矩阵不等式成立:

$$\begin{bmatrix} \Phi_{1i} & \Phi_{2i}^{\mathrm{T}} \\ * & \Phi_{3i} \end{bmatrix} < 0 \tag{12.38}$$

$$\sum_{j=1,j\neq i}^{N} \pi_{ij}Q_j \leqslant Q \tag{12.39}$$

$$\begin{bmatrix} P_i & H_i^{\mathrm{T}} \\ * & \rho^2 I \end{bmatrix} > 0 \tag{12.40}$$

其中

$$\Phi_{1i} = \begin{bmatrix} \Phi_{11i} & \Phi_{12i} & \Phi_{13i} & P_iB_{2i} & \Phi_{15i} \\ * & \Phi_{22i} & 0 & \Phi_{24i} & 0 \\ * & * & \Phi_{33i} & 0 & 0 \\ * & * & * & \Phi_{44i} & 0 \\ * & * & * & * & -I \end{bmatrix}$$

$$\Phi_{2i} = \tau \begin{bmatrix} -P_iA_i - G_iC_i, & -G_iD_i, & P_iB_{1i}, & P_iB_{2i}, & P_iE_{1i} - G_iE_{2i} \end{bmatrix}$$

$$\Phi_{3i} = -2P_i + R$$

$$\Phi_{11i} = -P_iA_i - A_i^{\mathrm{T}}P_i - G_iC_i - C_i^{\mathrm{T}}G_i^{\mathrm{T}} + \sum_{j=1}^{N} \pi_{ij}P_j$$

$$\qquad -2L^+\Lambda_iL^- + Q_{1i} + \tau Q_1 - R$$

$$\Phi_{12i} = -G_iD_i + R, \Phi_{13i} = P_iB_{1i} + Q_{2i} + \tau Q_2 + L^+\Lambda_i + L^-\Lambda_i$$

$$\Phi_{15i} = P_iE_{1i} - G_iE_{2i}, \Phi_{22i} = -Q_{1i} - R - 2L^+\Gamma_iL^-$$

$$\Phi_{24i} = -Q_{2i} + L^+\Gamma_i + L^-\Gamma_i, \Phi_{33i} = Q_{3i} + \tau Q_3 - 2\Lambda_i$$

$$\Phi_{44i} = -Q_{3i} - 2\Gamma_i$$

从而, 滤波器 (12.32)~(12.34) 的增益矩阵 K_i 可设计为

$$K_i = P_i^{-1}G_i \quad (i = 1, 2, \cdots, N) \tag{12.41}$$

证明 因为 $g(t) = f(x(t)) - f(\hat{x}(t))$ 且 $f(\cdot)$ 满足假设 12.1, 于是

$$L_k^- \leqslant \frac{g_k(t)}{e_k(t)} \leqslant L_k^+$$

因此, 对于任意的对角矩阵 $\Lambda_i = \mathrm{diag}(\lambda_{1i}, \lambda_{2i}, \cdots, \lambda_{ni}) > 0$ 有

$$0 \leqslant -2\sum_{k=1}^{n} \lambda_{ki}(g_k(t) - L_k^-e_k(t))(g_k(t) - L_k^+e_k(t))$$

$$= -2g^{\mathrm{T}}(t)\Lambda_ig(t) + 2g^{\mathrm{T}}(t)\Lambda_iL^+e(t)$$

$$\qquad + 2e^{\mathrm{T}}(t)L^-\Lambda_ig(t) - 2e^{\mathrm{T}}(t)L^+\Lambda_iL^-e(t) \tag{12.42}$$

同样地, 对于任意的对角矩阵 $\Gamma_i = \mathrm{diag}(\gamma_{1i}, \gamma_{2i}, \cdots, \gamma_{ni}) > 0$ 有

$$
\begin{aligned}
0 \leqslant &-2g^{\mathrm{T}}(t-\tau_i)\Gamma_i g(t-\tau_i) + 2g^{\mathrm{T}}(t-\tau_i)\Gamma_i L^+ e(t-\tau_i) \\
&+2e^{\mathrm{T}}(t-\tau_i)L^- \Gamma_i g(t-\tau_i) - 2e^{\mathrm{T}}(t-\tau_i)L^+ \Gamma_i L^- e(t-\tau_i)
\end{aligned} \tag{12.43}
$$

又由 Jensen 不等式[43] 知

$$
\begin{aligned}
-\tau \int_{t-\tau}^{t} \dot{e}^{\mathrm{T}}(s) R \dot{e}(s)\mathrm{d}s \leqslant &-\left(\int_{t-\tau}^{t} \dot{e}(s)\mathrm{d}s\right)^{\mathrm{T}} R \int_{t-\tau}^{t} \dot{e}(s)\mathrm{d}s \\
= &-\big[e(t) - e(t-\tau)\big]^{\mathrm{T}} R \big[e(t) - e(t-\tau)\big]
\end{aligned} \tag{12.44}
$$

令 $\xi(t) = \left[e^{\mathrm{T}}(t),\ g^{\mathrm{T}}(t)\right]^{\mathrm{T}}$。由式 (12.1) 知对所有的 $i \in \mathcal{S}$, $\pi_{ii} < 0$。于是

$$
\begin{aligned}
\sum_{j=1}^{N} \pi_{ij} \int_{t-\tau_j}^{t} \xi^{\mathrm{T}}(s)Q_j\xi(s)\mathrm{d}s &\leqslant \sum_{j=1, j\neq i}^{N} \pi_{ij} \int_{t-\tau_j}^{t} \xi^{\mathrm{T}}(s)Q_j\xi(s)\mathrm{d}s \\
&\leqslant \int_{t-\tau}^{t} \xi^{\mathrm{T}}(s)\left(\sum_{j=1, j\neq i}^{N} \pi_{ij}Q_j\right)\xi(s)\mathrm{d}s \\
&\leqslant \int_{t-\tau}^{t} \xi^{\mathrm{T}}(s)Q\xi(s)\mathrm{d}s
\end{aligned} \tag{12.45}
$$

　　现在, 我们来证明在零初始条件下, 对于任意非零的 $w(t)$, 式 (12.37) 是成立的。对每一个 $i \in \mathcal{S}$, 选择的随机 Lyapunov 泛函为

$$
\begin{aligned}
V(e_t, i, t) = &e^{\mathrm{T}}(t)P_i e(t) + \int_{t-\tau_i}^{t} \xi^{\mathrm{T}}(s)Q_i\xi(s)\mathrm{d}s \\
&+ \int_{-\tau}^{0} \int_{t+\theta}^{t} \xi^{\mathrm{T}}(s)Q\xi(s)\mathrm{d}s\mathrm{d}\theta \\
&+ \tau \int_{-\tau}^{0} \int_{t+\theta}^{t} \dot{e}^{\mathrm{T}}(s) R \dot{e}(s)\mathrm{d}s\mathrm{d}\theta
\end{aligned} \tag{12.46}
$$

直接计算弱无穷小算子 $\mathcal{L}V(e_t, i, t)$ 得

$$
\begin{aligned}
\mathcal{L}V(e_t, i, t) = &e^{\mathrm{T}}(t)\Big(-P_i(A_i + K_iC_i) - (A_i + K_iC_i)^{\mathrm{T}}P_i\Big)e(t) \\
&-2e^{\mathrm{T}}(t)P_iK_iD_i e(t-\tau_i) + 2e^{\mathrm{T}}(t)P_iB_{1i}g(t) \\
&+2e^{\mathrm{T}}(t)P_iB_{2i}g(t-\tau_i) + 2e^{\mathrm{T}}(t)P_i(E_{1i} - K_iE_{2i})w(t)
\end{aligned}
$$

$$+e^{\mathrm{T}}(t)\bigg(\sum_{j=1}^{N}\pi_{ij}P_j\bigg)e(t) + \xi^{\mathrm{T}}(t)Q_i\xi(t)$$

$$-\xi(t-\tau_i)^{\mathrm{T}}Q_i\xi(t-\tau_i) + \sum_{j=1}^{N}\pi_{ij}\int_{t-\tau_j}^{t}\xi^{\mathrm{T}}(s)Q_j\xi(s)\mathrm{d}s$$

$$+\tau\xi^{\mathrm{T}}(t)Q\xi(t) - \int_{t-\tau}^{t}\xi^{\mathrm{T}}(s)Q\xi(s)\mathrm{d}s$$

$$+\tau^2\dot{e}^{\mathrm{T}}(t)R\dot{e}(t) - \tau\int_{t-\tau}^{t}\dot{e}^{\mathrm{T}}(s)R\dot{e}(s)\mathrm{d}s \tag{12.47}$$

定义

$$\mathcal{J} = \mathbb{E}\big(V(e_t,i,t)\big) - \int_{0}^{t}w^{\mathrm{T}}(s)w(s)\mathrm{d}s \tag{12.48}$$

则在零初始条件下, 由式 (12.46) 知, $V(e(0),r_0,0)=0$ 且对 $t>0$ 有 $\mathbb{E}V(e_t,r_t,t)\geqslant 0$。结合式 (12.42)$\sim$ 式 (12.47) 可得

$$\mathcal{J} = \mathbb{E}\bigg(\int_{0}^{t}\big(\mathcal{L}V(e_s,i,s) - w^{\mathrm{T}}(s)w(s)\big)\mathrm{d}s\bigg)$$

$$\leqslant \mathbb{E}\bigg(\int_{0}^{t}\eta^{\mathrm{T}}(s)\big(\varXi_{1i} + \tau^2\varXi_{2i}^{\mathrm{T}}R\varXi_{2i}\big)\eta(s)\mathrm{d}t\bigg) \tag{12.49}$$

其中

$$\eta(t) = \Big[\, e^{\mathrm{T}}(t),\ e^{\mathrm{T}}(t-\tau_i),\ g^{\mathrm{T}}(t),\ g^{\mathrm{T}}(t-\tau_i),\ w^{\mathrm{T}}(t)\,\Big]^{\mathrm{T}}$$

$$\varXi_{1i} = \begin{bmatrix} \bar{\varPhi}_{11i} & \bar{\varPhi}_{12i} & \varPhi_{13i} & P_iB_{2i} & \bar{\varPhi}_{15i} \\ * & \varPhi_{22i} & 0 & \varPhi_{24i} & 0 \\ * & * & \varPhi_{33i} & 0 & 0 \\ * & * & * & \varPhi_{44i} & 0 \\ * & * & * & * & -I \end{bmatrix}$$

$$\varXi_{2i} = \Big[\, -A_i-K_iC_i,\ -K_iD_i,\ B_{1i},\ B_{2i},\ E_{1i}-K_iE_{2i} \,\Big]$$

$$\bar{\varPhi}_{11i} = -P_iA_i - A_i^{\mathrm{T}}P_i - P_iK_iC_i - C_i^{\mathrm{T}}K_i^{\mathrm{T}}P_i$$

$$\qquad + \sum_{j=1}^{N}\pi_{ij}P_j - 2L^+\Lambda_iL^- + Q_{1i} + \tau Q_1 - R$$

$$\bar{\varPhi}_{12i} = -P_iK_iD_i + R$$

$$\bar{\varPhi}_{15i} = P_iE_{1i} - P_iK_iE_{2i}$$

由 Schur 补引理，$\Xi_{1i} + \tau^2 \Xi_{2i}^{\mathrm{T}} R \Xi_{2i} < 0$ 等价于

$$\begin{bmatrix} \Xi_{1i} & \tau \Xi_{2i}^{\mathrm{T}} R \\ * & -R \end{bmatrix} < 0 \tag{12.50}$$

分别用 $\mathrm{diag}(I, I, I, I, I, P_i R^{-1})$ 和 $\mathrm{diag}(I, I, I, I, I, R^{-1} P_i)$ 左乘和右乘式 (12.49)，注意到 $K_i = P_i^{-1} G_i$ 和 $-P_i R^{-1} P_i \leqslant -2P_i + R$，知线性矩阵不等式 (12.38) 保证了 (12.50) 是成立的，即 $\Xi_{1i} + \tau^2 \Xi_{2i}^{\mathrm{T}} R \Xi_{2i} < 0$。所以，对任意非零的 $w(t)$ 有 $\mathcal{J} < 0$。

另一方面，由线性矩阵不等式 (12.40) 知 $H_i^{\mathrm{T}} H_i < \rho^2 P_i$。于是

$$\begin{aligned} \mathbb{E}\{\bar{z}^{\mathrm{T}}(t)\bar{z}(t)\} &= \mathbb{E}\{e^{\mathrm{T}}(t) H_i^{\mathrm{T}} H_i e(t)\} \\ &\leqslant \rho^2 \mathbb{E}\{e^{\mathrm{T}}(t) P_i e(t)\} \\ &\leqslant \rho^2 \mathbb{E}\{V(e_t, i, t)\} \\ &< \rho^2 \int_0^t w^{\mathrm{T}}(s) w(s) \mathrm{d}s \end{aligned} \tag{12.51}$$

故在零初始条件下，式 (12.37) 对任意非零的 $w(t)$ 都是成立的。

其次，我们证明当 $w(t) \equiv 0$ 时误差系统 (12.35) 的平凡解 $e(t; 0) = 0$ 是随机稳定的。当 $w(t) \equiv 0$ 时，误差系统 (12.35) 可写为

$$\dot{e}(t) = -(A_i + K_i C_i) e(t) - K_i D_i e(t - \tau_i) + B_{1i} g(t) + B_{2i} g(t - \tau_i) \tag{12.52}$$

考虑随机 Lyapunov 泛函 (12.46)。类似于式 (12.49) 的推导，我们可以得到

$$\mathcal{L}V(e_t, i, t) \leqslant \zeta^{\mathrm{T}}(t) \left(\bar{\Xi}_{1i} + \tau^2 \bar{\Xi}_{2i}^{\mathrm{T}} R \bar{\Xi}_{2i} \right) \zeta(t) \tag{12.53}$$

其中

$$\zeta(t) = \begin{bmatrix} e^{\mathrm{T}}(t), & e^{\mathrm{T}}(t - \tau_i), & g^{\mathrm{T}}(t), & g^{\mathrm{T}}(t - \tau_i) \end{bmatrix}^{\mathrm{T}}$$

$$\bar{\Xi}_{1i} = \begin{bmatrix} \bar{\Phi}_{11i} & \bar{\Phi}_{12i} & \Phi_{13i} & P_i B_{2i} \\ * & \Phi_{22i} & 0 & \Phi_{24i} \\ * & * & \Phi_{33i} & 0 \\ * & * & * & \Phi_{44i} \end{bmatrix}$$

$$\bar{\Xi}_{2i} = \begin{bmatrix} -A_i - K_i C_i, & -K_i D_i, & B_{1i} & B_{2i} \end{bmatrix}$$

又由式 (12.50) 知

$$\begin{bmatrix} \bar{\Xi}_{1i} & \tau \bar{\Xi}_{2i}^{\mathrm{T}} R \\ * & -R \end{bmatrix} < 0 \tag{12.54}$$

利用 Schur 补引理立刻可得

$$\bar{\Xi}_{1i} + \tau^2 \bar{\Xi}_{2i}^{\mathrm{T}} R \bar{\Xi}_{2i} < 0$$

因此, 由式 (12.53) 知对于任意的 $\zeta(t) \neq 0$ 有 $\mathcal{L}V(e_t, i, t) < 0$。故当 $w(t) \equiv 0$ 时误差系统 (12.35) 的平凡解是随机稳定的。证毕。

定理 12.2 中的 $L_2 - L_\infty$ 性能指标 ρ 的最优值可以通过求解如下的凸优化问题而获得

算法 12.2 $\min\limits_{P_i, Q_i, Q, R, \Lambda_i, \Gamma_i, G_i} \rho^2$, s.t. 线性矩阵不等式 (12.38)~(12.40)。

12.4 仿 真 示 例

令 $x(t) = [x_1(t), x_2(t)]^{\mathrm{T}} \in \mathbb{R}^2$。考虑带马尔可夫跳跃参数的时滞递归神经网络 (12.28)~(12.31), 其系数为

$$A_1 = \begin{bmatrix} 0.69 & 0 \\ 0 & 0.78 \end{bmatrix}, \quad B_{11} = \begin{bmatrix} 0.74 & -1.05 \\ 0.28 & -0.42 \end{bmatrix}$$

$$B_{21} = \begin{bmatrix} 0.17 & 0.52 \\ -0.67 & 0.06 \end{bmatrix}, \quad E_{11} = \begin{bmatrix} 0.12 & 0.09 \end{bmatrix}$$

$$C_1 = \begin{bmatrix} 0.31 & -0.15 \end{bmatrix}, \quad D_1 = \begin{bmatrix} -0.21 & 0.08 \end{bmatrix}$$

$$E_{21} = 0.10, \quad H_1 = \begin{bmatrix} 0.20 & 0.86 \\ 0.35 & -0.66 \end{bmatrix}$$

$$A_2 = \begin{bmatrix} 0.57 & 0 \\ 0 & 0.81 \end{bmatrix}, \quad B_{12} = \begin{bmatrix} -0.29 & 1.14 \\ -0.55 & 0.08 \end{bmatrix}$$

$$B_{22} = \begin{bmatrix} 0.83 & -0.25 \\ 0.03 & 0 \end{bmatrix}, \quad E_{12} = \begin{bmatrix} 0.10 & -0.12 \end{bmatrix}$$

$$C_2 = \begin{bmatrix} 0.15 & 0.23 \end{bmatrix}, \quad D_2 = \begin{bmatrix} 0.21 & -0.39 \end{bmatrix}$$

$$E_{22} = 0.20, \quad H_1 = \begin{bmatrix} 0.61 & -0.75 \\ 0.42 & 0.36 \end{bmatrix}$$

$$L^- = -I, \quad L^+ = I, \quad \tau_1 = 0.4, \quad \tau_2 = 0.5$$

$$\Pi = \begin{bmatrix} -0.2 & 0.2 \\ 0.3 & -0.3 \end{bmatrix}$$

根据算法 12.2，滤波器 (12.32)~(12.34) 的增益矩阵 K_i 可设计为

$$K_1 = \begin{bmatrix} 9.5850 \\ 1.6202 \end{bmatrix}, \ K_2 = \begin{bmatrix} 6.0359 \\ 1.5780 \end{bmatrix}$$

且最优 $L_2 - L_\infty$ 性能指标 $\rho_{\min} = 1.6235$。这个例子说明了定理 12.2 对带马尔可夫跳跃参数的时滞递归神经网络的 $L_2 - L_\infty$ 滤波器的设计的可行性。

12.5 本 章 小 结

在本章，我们分别介绍了带马尔可夫跳跃参数的时滞递归神经网络的 H_∞ 和 $L_2 - L_\infty$ 滤波器的设计。通过构造合适的随机 Lyapunov 泛函和运用 Jensen 不等式，我们得到了两个依赖于时滞的充分条件使得误差系统的平凡解是随机稳定的。由于这两个充分条件都是用线性矩阵不等式表示的，因此利用本章的结果可以很容易地实现带马尔可夫跳跃参数的时滞递归神经网络的 H_∞ 或 $L_2 - L_\infty$ 滤波器的设计。实际上，一个合适的 H_∞ 或 $L_2 - L_\infty$ 滤波器的增益矩阵和相应的最优性能指标都可以通过求解凸优化问题而实现。最后，我们给出了一个数值例子来说明本章给出的结果对这一类时滞递归神经网络的滤波器设计的可行性。

第四部分

时滞递归神经网络的状态估计理论在反馈控制方面的应用

第13章　基于状态估计理论的时滞递归神经网络的指数镇定

在前面的章节，我们比较系统地介绍了时滞递归神经网络的状态估计理论。通过采用一些不同的方法，得到了许多在工程上易于实现的状态估计器的设计算法。本章将讨论时滞递归神经网络的状态估计理论在反馈控制中的应用。

在过去的二十年中，各种递归神经网络在许多工程领域得到了非常广泛的应用。这些领域包括信号处理、自适应控制、组合优化、模式识别、知识表示以及生物医学等。众所周知，这些成功应用的一个前提条件是要求所设计的递归神经网络的平衡点是稳定的。于是，人们对时滞递归神经网络的稳定性分析投入了大量的精力，已经公开发表了许多重要的研究成果。感兴趣的读者可参阅文献 [125]、[135]、[147]、[189]、[270]~[276] 等。

近来，对时滞递归神经网络的镇定性（stabilization）问题的研究也开始成为一个热门的研究方向。这个问题就是考虑如何设计合适的控制器保证时滞递归神经网络的稳定性。在文献 [277] 中，V. N. Phat 和 H. Trinh 研究了一类具有时变时滞和分布式时滞的递归神经网络的指数镇定问题。在文献 [278] 中，C.Zheng 等考虑了带马尔可夫切换和依赖于模态的时滞随机 Cohen-Grossberg 网络的镇定性，并设计了一个无记忆状态反馈控制器（memoryless state feedback controller）来处理这一问题。在文献 [279] 中，K. Patan 分别运用梯度投影法（gradient projection）和最小距离投影法（minimum distance projection）研究了离散时间神经网络（discrete-time neural network）的镇定性问题。更多的相关结果可参见文献 [94]、[280]~[283]。

需要注意的是，在反馈控制器的设计中，上述提及的这些方法都是直接利用各神经元的状态作为反馈信号的。然而，对于一个用于解决复杂非线性问题的递归神经网络来讲，一般都难以完全获知所有神经元的状态信息。因此，从这个角度来看，上述这些结果都存在一定的局限性。这样，很自然地就会问能否用估计状态替代真实状态作为反馈设计合适的控制器使得所讨论的时滞递归神经网络是稳定的呢？这就是我们本章的出发点。也就是说，为了解决这一问题，我们非常有必要先结合一些已有的方法实现对神经元状态的估计，然后利用这些估计状态完成预定的目标。在本章中，我们将借助于估计状态讨论时滞局部场神经网络的指数镇定性问题。和已有的方法不同，我们不是直接利用神经元的状态信息，而是利用得到的估计状态作为反馈信号的。因此，本章提出的方法可以应用于更加广泛的情况。具体地, 在本章提出的方法中, 我们分三步来处理时滞局部场神经网络的指数镇定性 (exponential stabilization) 问题。第一步, 我们利用神经网络本身和误差系统构造出一个增广系统。第二步, 给出一个充分条件, 以保证该增广系统的全局指数稳定性。但是, 这个充分条件不是基于线性矩阵不等式的, 而是用非线性矩阵不等式表示的。这样, 在实际的应用中可能会比较难求解。第三步, 采用一个解耦技术[284] 将它转化为两个线性矩阵不等式, 这样可以很方便地解决时滞局部场神经网络的指数镇定性稳定问题。最后, 我们将设计一个具有复杂动力学行为的时滞神经网络来说明本章给出的结果的有效性。

13.1　问题的描述

考虑由 n 个神经元组成的时滞局部场神经网络

$$\dot{x}(t) = -Ax(t) + W_0 f(x(t)) + W_1 f(x(t-\tau)) + Bu(t) \tag{13.1}$$

$$x(t) = \phi(t) \quad t \in [-\tau, 0] \tag{13.2}$$

其中, $x(t) = [x_1(t), x_2(t), \cdots, x_n(t)]^{\mathrm{T}} \in \mathbb{R}^n$ 是由各神经元的状态信息所构成的状态向量, $u(t) \in \mathbb{R}^p$ 是控制输入向量, $f(x(t)) = [f_1(x_1(t)), f_2(x_2(t)), \cdots, f_n(x_n(t))]^{\mathrm{T}}$ 是神经元的激励函数, $A = \mathrm{diag}(a_1, a_2, \cdots, a_n) > 0$ 是一对角矩阵, W_0 和 W_1 分别是连接权矩阵和时滞连接权矩阵, B 是一维数恰当的已知的实矩阵, $\tau > 0$ 是该神经网络的时滞, $\phi(t) \in \mathcal{C}([-\tau, 0]; \mathbb{R}^n)$ 是初始条件。

对于激励函数 $f_i(\cdot)$, 我们作如下假设。

假设 13.1　对所有的 $i = 1, 2, \cdots, n$, 激励函数 $f_i(\cdot)$ 满足 $f_i(0) = 0$, 而且对于任意的 u、$v \in \mathbb{R}$ 有

$$|f_i(u) - f_i(v)| \leqslant l_i |u - v| \tag{13.3}$$

这里的 $l_i > 0$ 被称为 Lipschitz 常数。

本章的目的是设计合适的控制信号 $u(t)$ 使得时滞局部场神经网络 (13.1) 是全局指数稳定的。在一些已有的方法中, 人们都是直接利用神经元的状态作为反馈信号的。但是, 正如文献 [191] 所述, 对于一个规模较大的时滞神经网络来说, 人们通常难以（甚至有时是不可能的）完全获知所有神经元的状态信息。于是, 在一些实际的应用中, 我们就不能利用这些信息了。比如, 在上述的时滞局部场神经网络 (13.1)~(13.2) 中, 我们就不好直接利用神经元的状态 $x(t)$ 设计合适的控制器 $u(t)$。因此, 在这种情况下, 我们需要先利用网络的输出信号来估计神经元的状态, 然后才能合理利用这些估计状态来实现预定的目标。为此, 假设该神经网络的输出

信号为

$$y(t) = Cx(t) + Dx(t - \tau) + Eu(t) \tag{13.4}$$

其中，$y(t) \in \mathbb{R}^m$，C、D 和 E 都是维数适当的已知的实矩阵。从式 (13.4) 知，神经网络的输出信号不仅与神经元当前状态有关，而且与延时状态、控制输入信号都是密切相关的。

对于时滞局部场神经网络 (13.1)，设计的状态估计器为

$$\dot{\hat{x}}(t) = -A\hat{x}(t) + W_0 f(\hat{x}(t)) + W_1 f(\hat{x}(t - \tau)) + Bu(t)$$
$$+ K_2(y(t) - C\hat{x}(t) - D\hat{x}(t - \tau) - Eu(t)) \tag{13.5}$$

其中，$\hat{x}(t) \in \mathbb{R}^n$ 是状态向量 $x(t)$ 的近似估计，$K_2 \in \mathbb{R}^{n \times m}$ 是待确定的状态估计器的增益矩阵。

这时，如果能够结合前面讨论的状态估计理论很好地实现对时滞局部场神经网络 (13.1) 的状态估计，那么我们就能在设计控制器 $u(t)$ 时利用这些估计状态以替代真实状态。直观上，这是可行的。因此，式 (13.1) 中的控制输入 $u(t)$ 就可以设计为

$$u(t) = K_1 \hat{x}(t) \tag{13.6}$$

其中，K_1 是控制器的增益矩阵。

定义误差信号为 $e(t) = x(t) - \hat{x}(t)$，则由式 (13.1)、式 (13.4) 与式 (13.5) 知，误差系统满足

$$\dot{e}(t) = -(A + K_2 C)e(t) - K_2 D e(t - \tau) + W_0 \tilde{f}(t) + W_1 \tilde{f}(t - \tau) \tag{13.7}$$

其中

$$e(t) = [e_1(t), e_2(t), \cdots, e_n(t)]^{\mathrm{T}}$$
$$\tilde{f}(t) = [\tilde{f}_1(t), \tilde{f}_2(t), \cdots, \tilde{f}_n(t)]^{\mathrm{T}}$$
$$\tilde{f}_i(t) = f_i(x_i(t)) - f_i(\hat{x}_i(t))$$

记

$$z(t) = \left[x^{\mathrm{T}}(t), e^{\mathrm{T}}(t)\right]^{\mathrm{T}}, \quad g(t) = \left[f^{\mathrm{T}}(x(t)), \tilde{f}^{\mathrm{T}}(t)\right]^{\mathrm{T}}$$
$$\bar{A} = \begin{bmatrix} A - BK_1 & BK_1 \\ 0_{n \times n} & A + K_2 C \end{bmatrix}, \quad \bar{D} = \begin{bmatrix} 0_{n \times n} & 0_{n \times n} \\ 0_{n \times n} & -K_2 D \end{bmatrix}$$
$$\bar{W}_0 = \begin{bmatrix} W_0 & 0_{n \times n} \\ 0_{n \times n} & W_0 \end{bmatrix}, \quad \bar{W}_1 = \begin{bmatrix} W_1 & 0_{n \times n} \\ 0_{n \times n} & W_1 \end{bmatrix}$$

结合式 (13.1) 和式 (13.7)，我们容易得到如下的增广系统

$$\dot{z}(t) = -\bar{A}z(t) + \bar{D}z(t-\tau) + \bar{W}_0 g(t) + \bar{W}_1 g(t-\tau) \tag{13.8}$$

这样，设计合适的控制器 $u(t)$ 使得时滞局部场神经网络 (13.1) 是全局指数稳定的问题就转化为寻找合适的增益矩阵 K_1 和 K_2 使得增广系统 (13.8) 是全局指数稳定的。

13.2　基于状态估计的反馈控制

为了便于理解，我们先给出一个使得增广系统 (13.8) 的平凡解是全局指数稳定的充分条件。然后，在此基础上，借助于解耦技术[284] 实现对增益矩阵 K_1 和 K_2 的设计。经过这样的处理之后，增益矩阵 K_1 和 K_2 的设计就可以通过求解一组线性矩阵不等式来实现。

定理 13.1(文献 [285])　对于给定的常数 τ，增广系统 (13.8) 的平凡解 $z(t;0) = 0$ 是全局指数稳定的，如果存在实矩阵 $P > 0$、$Q > 0$、$R > 0$ 以及四个常数 $\alpha_1 > 0$、$\alpha_2 > 0$、$\beta_1 > 0$ 和 $\beta_2 > 0$，使得下列线性矩阵不等式成立：

$$\begin{bmatrix} \Phi_1 & P\bar{D} & P\bar{W}_0 & P\bar{W}_1 \\ * & \Phi_2 & 0 & 0 \\ * & * & \Phi_3 & 0 \\ * & * & * & \Phi_4 \end{bmatrix} < 0 \tag{13.9}$$

其中

$$\Phi_1 = -P\bar{A} - \bar{A}^{\mathrm{T}}P + Q + \mathrm{diag}(\alpha_1 L^2, \alpha_2 L^2)$$

$$\Phi_2 = -Q + \mathrm{diag}(\beta_1 L^2, \beta_2 L^2), \Phi_3 = R - \mathrm{diag}(\alpha_1 I_n, \alpha_2 I_n)$$

$$\Phi_4 = -R - \mathrm{diag}(\beta_1 I_n, \beta_2 I_n), L = \mathrm{diag}(l_1, l_2, \cdots, l_n)$$

证明　由式 (13.9) 知，一定存在一个足够小的正数 λ 使得

$$\Phi = \begin{bmatrix} \Phi_1 + \lambda P + (\mathrm{e}^{\lambda\tau} - 1)Q & P\bar{D} & P\bar{W}_0 & P\bar{W}_1 \\ * & \Phi_2 & 0 & 0 \\ * & * & \Phi_3 + (\mathrm{e}^{\lambda\tau} - 1)R & 0 \\ * & * & * & \Phi_4 \end{bmatrix} < 0$$

又由假设 13.1 知，对于任意的 x_i 和 e_i 有

$$|f_i(x_i)| \leqslant l_i |x_i| \tag{13.10}$$

$$|\tilde{f}_i(t)| = |f_i(x_i) - f_i(\hat{x}_i)| \leqslant l_i|e_i| \tag{13.11}$$

于是, 对于任意的正数 α_1 和 α_2, 可得

$$
\begin{aligned}
g^{\mathrm{T}}(t)\mathrm{diag}(\alpha_1 I_n, \alpha_2 I_n)g(t) &= \alpha_1 f^{\mathrm{T}}(x(t))f(x(t)) + \alpha_2 \tilde{f}^{\mathrm{T}}(t)\tilde{f}(t) \\
&= \sum_{i=1}^{n}\Big(\alpha_1 f_i^2(x_i(t)) + \alpha_2 \tilde{f}_i^2(t)\Big) \\
&\leqslant \sum_{i=1}^{n}\Big(\alpha_1 l_i^2 x_i^2(t) + \alpha_2 l_i^2 e_i^2(t)\Big) \\
&= z^{\mathrm{T}}(t)\mathrm{diag}(\alpha_1 L^2, \alpha_2 L^2)z(t)
\end{aligned}
$$

那么, 对上面找到的常数 $\lambda > 0$ 就有

$$\mathrm{e}^{\lambda t}g^{\mathrm{T}}(t)\mathrm{diag}(\alpha_1 I_n, \alpha_2 I_n)g(t) \leqslant \mathrm{e}^{\lambda t}z^{\mathrm{T}}(t)\mathrm{diag}(\alpha_1 L^2, \alpha_2 L^2)z(t) \tag{13.12}$$

类似地, 对于任意的 $\beta_1 > 0$、$\beta_2 > 0$ 和 $\lambda > 0$ 也有

$$\mathrm{e}^{\lambda t}g^{\mathrm{T}}(t-\tau)\mathrm{diag}(\beta_1 I, \beta_2 I)g(t-\tau) \leqslant \mathrm{e}^{\lambda t}z^{\mathrm{T}}(t-\tau)\mathrm{diag}(\beta_1 L^2, \beta_2 L^2)z(t-\tau) \tag{13.13}$$

考虑 Lyapunov 泛函

$$
\begin{aligned}
V(t) &= \mathrm{e}^{\lambda t}z^{\mathrm{T}}(t)Pz(t) + \int_{t-\tau}^{t}\mathrm{e}^{\lambda(s+\tau)}z^{\mathrm{T}}(s)Qz(s)\mathrm{d}s \\
&\quad + \int_{t-\tau}^{t}\mathrm{e}^{\lambda(s+\tau)}g^{\mathrm{T}}(s)Rg(s)\mathrm{d}s
\end{aligned} \tag{13.14}
$$

通过直接计算 $V(t)$ 沿增广系统 (13.8) 的轨迹对时间 t 的导数, 并且注意到式 (13.12)$\sim$ 式 (13.13), 我们可以推得

$$
\begin{aligned}
\dot{V}(t) &= \mathrm{e}^{\lambda t}\big(\lambda z^{\mathrm{T}}(t)Pz(t) + 2z^{\mathrm{T}}(t)P\big(-\bar{A}z(t) + \bar{D}z(t-\tau) + \bar{W}_0 g(t) \\
&\quad + \bar{W}_1 g(t-\tau)\big) + \mathrm{e}^{\lambda\tau}z^{\mathrm{T}}(t)Qz(t) - z^{\mathrm{T}}(t-\tau)Qz(t-\tau) \\
&\quad + \mathrm{e}^{\lambda\tau}g^{\mathrm{T}}(t)Rg(t) - g^{\mathrm{T}}(t-\tau)Rg(t-\tau)\big) \\
&\leqslant \mathrm{e}^{\lambda t}\xi^{\mathrm{T}}(t)\Phi\xi(t)
\end{aligned} \tag{13.15}
$$

其中, $\xi(t) = \Big[z^{\mathrm{T}}(t), z^{\mathrm{T}}(t-\tau), g^{\mathrm{T}}(t), g^{\mathrm{T}}(t-\tau)\Big]^{\mathrm{T}}$。

　　由于 $\Phi < 0$, 则对任意非零的 $\xi(t)$ 有 $\dot{V}(t) < 0$。假设 $\psi(t) \in \mathcal{C}([-\tau, 0]; R^{2n})$ 是增广系统 (13.8) 的初始条件。根据式 (13.14), 我们容易得到

$$\lambda_{\min}(P)\mathrm{e}^{\lambda t}|z(t)|^2 \leqslant V(t) \leqslant V(0) \leqslant \kappa\|\psi\|^2$$

其中

$$\kappa = \lambda_{\max}(P) + \frac{\mathrm{e}^{\lambda\tau} - 1}{\lambda}\Big(\lambda_{\max}(Q) + \max_{i=1,2,\cdots,n}\{l_i^2\}\lambda_{\max}(R)\Big)$$

所以

$$|z(t)| \leqslant \sqrt{\frac{\kappa}{\lambda_{\min}(P)}}\mathrm{e}^{-\frac{\lambda}{2}t}\|\psi\|$$

根据 Lyapunov 稳定性理论知, 增广系统 (13.8) 的平凡解 $z(t;0) = 0$ 是全局指数稳定的。证毕。

虽然定理 13.1 给出了一个充分条件用于判断增广系统 (13.8) 的全局指数稳定性, 但是这个条件并不适合用于实现对增益矩阵 K_1 和 K_2 的设计。这是因为条件 (13.9) 是一个非线性矩阵不等式。我们知道, 已经有许多成熟的算法可用于求解线性矩阵不等式。但是, 对于非线性矩阵不等式, 一般情况下还是很难找到它们的可行解。受文献 [284] 的启发, 为了有效地实现增益矩阵 K_1 和 K_2 的设计, 我们采用一个解耦技术将这个非线性矩阵不等式转化两个对应的线性矩阵不等式。这样, 我们就可以很方便地得到 K_1 和 K_2。这就是我们下面的定理。

定理 13.2 (文献 [285])　*如果存在实矩阵 $P_1 > 0$、$P_2 > 0$、$Q_1 > 0$、$Q_2 > 0$、$R_1 > 0$、$R_2 > 0$、G_1 和 G_2 以及四个正数 $\bar{\alpha}_1 > 0$、$\bar{\alpha}_2 > 0$、$\bar{\beta}_1 > 0$、$\bar{\beta}_2 > 0$, 满足下列线性矩阵不等式:*

$$\begin{bmatrix} \Omega_1 & 0 & W_0 P_1 & W_1 P_1 & P_1 L & 0 \\ * & -Q_1 & 0 & 0 & 0 & P_1 L \\ * & * & R_1 - 2P_1 + \bar{\alpha}_1 I & 0 & 0 & 0 \\ * & * & * & -R_1 - 2P_1 + \bar{\beta}_1 I & 0 & 0 \\ * & * & * & * & -\bar{\alpha}_1 I & 0 \\ * & * & * & * & * & -\bar{\beta}_1 I \end{bmatrix} < 0 \quad (13.16)$$

$$\begin{bmatrix} \Omega_2 & -G_2 D & P_2 W_0 & P_2 W_1 \\ * & -Q_2 + \bar{\beta}_2 L^2 & 0 & 0 \\ * & * & R_2 - \bar{\alpha}_2 I & 0 \\ * & * & * & -R_2 - \bar{\beta}_2 I \end{bmatrix} < 0 \quad (13.17)$$

其中

$$\Omega_1 = -AP_1 - P_1 A^{\mathrm{T}} + BG_1 + G_1^{\mathrm{T}} B^{\mathrm{T}} + Q_1$$
$$\Omega_2 = -P_2 A - A^{\mathrm{T}} P_2 - G_2 C - C^{\mathrm{T}} G_2^{\mathrm{T}} + Q_2 + \bar{\alpha}_2 L^2$$

则不等式 (13.9) 成立。此时，增益矩阵 K_1 和 K_2 可以分别设计为

$$K_1 = G_1 P_1^{-1}, \ K_2 = P_2^{-1} G_2$$

证明 由 Schur 补引理和式 (13.16) 得

$$\begin{bmatrix} \Omega_1 + \dfrac{1}{\bar{\alpha}_1} P_1 L^2 P_1 & 0 & W_0 P_1 & W_1 P_1 \\ * & -Q_1 + \dfrac{1}{\bar{\beta}_1} P_1 L^2 P_1 & 0 & 0 \\ * & * & R_1 - 2P_1 + \bar{\alpha}_1 I & 0 \\ * & * & * & -R_1 - 2P_1 + \bar{\beta}_1 I \end{bmatrix} < 0$$

$$(13.18)$$

由于

$$\frac{1}{\bar{\alpha}_1} P_1 P_1 - 2P_1 + \bar{\alpha}_1 I = (P_1 - \bar{\alpha}_1 I)(\bar{\alpha}_1 I)^{-1}(P_1 - \bar{\alpha}_1 I) \geqslant 0$$

则 $-(1/\bar{\alpha}_1) P_1 P_1 \leqslant -2P_1 + \bar{\alpha}_1 I$。

类似地，$-(1/\bar{\beta}_1) P_1 P_1 \leqslant -2P_1 + \bar{\beta}_1 I$。从而，由式 (13.18) 可以推出

$$\begin{bmatrix} \Omega_1 + \dfrac{1}{\bar{\alpha}_1} P_1 L^2 P_1 & 0 & W_0 P_1 & W_1 P_1 \\ * & -Q_1 + \dfrac{1}{\bar{\beta}_1} P_1 L^2 P_1 & 0 & 0 \\ * & * & R_1 - \dfrac{1}{\bar{\alpha}_1} P_1 P_1 & 0 \\ * & * & * & -R_1 - \dfrac{1}{\bar{\beta}_1} P_1 P_1 \end{bmatrix} < 0$$

$$(13.19)$$

现在，分别用矩阵 $\mathrm{diag}(P_1^{-1}, P_1^{-1}, P_1^{-1}, P_1^{-1})$ 和它的转置左乘和右乘式 (13.19)，并且注意到 $K_1 = G_1 P_1^{-1}$、$\bar{P}_1 = P_1^{-1}$、$\bar{Q}_1 = P_1^{-1} Q_1 P_1^{-1}$ 以及 $\bar{R}_1 = P_1^{-1} R_1 P_1^{-1}$，我们有

$$\Pi_1 = \begin{bmatrix} \Pi_{11} & 0 & \bar{P}_1 W_0 & \bar{P}_1 W_1 \\ * & -\bar{Q}_1 + \dfrac{1}{\bar{\beta}_1} L^2 & 0 & 0 \\ * & * & \bar{R}_1 - \dfrac{1}{\bar{\alpha}_1} I & 0 \\ * & * & * & -\bar{R}_1 - \dfrac{1}{\bar{\beta}_1} I \end{bmatrix} < 0 \qquad (13.20)$$

其中

$$\Pi_{11} = -\bar{P}_1 A - A^\mathrm{T} \bar{P}_1 + \bar{P}_1 B K_1 + K_1^\mathrm{T} B^\mathrm{T} \bar{P}_1 + \bar{Q}_1 + \frac{1}{\alpha_1} L^2$$

又由式 (13.17) 知

$$\Pi_2 = \begin{bmatrix} \Pi_{21} & -P_2 K_2 D & P_2 W_0 & P_2 W_1 \\ * & -Q_2 + \bar{\beta}_2 L^2 & 0 & 0 \\ * & * & R_2 - \bar{\alpha}_2 I & 0 \\ * & * & * & -R_2 - \bar{\beta}_2 I \end{bmatrix} < 0$$

其中

$$\Pi_{21} = -P_2 A - A^\mathrm{T} P_2 - P_2 K_2 C - C^\mathrm{T} K_2^\mathrm{T} P_2 + Q_2 + \bar{\alpha}_2 L^2$$

令

$$\Pi_3^\mathrm{T} = \begin{bmatrix} -\bar{P}_1 B K_1 & 0 & 0 & 0 \\ 0 & 0 & 0 & 0 \\ 0 & 0 & 0 & 0 \\ 0 & 0 & 0 & 0 \end{bmatrix}$$

因此, 对于足够大的常数 $\epsilon > 0$ 有

$$\begin{bmatrix} \Pi_1 & \Pi_3^\mathrm{T} \\ \Pi_3 & \epsilon \Pi_2 \end{bmatrix} < 0 \tag{13.21}$$

将一个 $n \times 8n$ 维的零矩阵进行分块, 可以看成是由 8 个 $n \times n$ 维的零矩阵构成的。令 $\mathcal{I}_i$ 是将 $n \times 8n$ 维的零矩阵中的第 i 个 $n \times n$ 维的零矩阵换成 n 维单位矩阵 I 而得到的矩阵。我们不妨来看个例子, 比如

$$\mathcal{I}_2 = [0, I, 0, 0, 0, 0, 0, 0]$$

我们分别用 $[\mathcal{I}_1^\mathrm{T}, \mathcal{I}_5^\mathrm{T}, \mathcal{I}_2^\mathrm{T}, \mathcal{I}_6^\mathrm{T}, \mathcal{I}_3^\mathrm{T}, \mathcal{I}_7^\mathrm{T}, \mathcal{I}_4^\mathrm{T}, \mathcal{I}_8^\mathrm{T}]^\mathrm{T}$ 和它的转置左乘和右乘式 (13.21)。于是, 可以发现矩阵 $P = \mathrm{diag}(\bar{P}_1, \epsilon P_2)$、$Q = \mathrm{diag}(\bar{Q}_1, \epsilon Q_2)$、$R = \mathrm{diag}(\bar{R}_1, \epsilon R_2)$ 以及常数 $\alpha_1 = 1/\bar{\alpha}_1, \alpha_2 = \epsilon \bar{\alpha}_2, \beta_1 = 1/\bar{\beta}_1$、$\beta_2 = \epsilon \bar{\beta}_2$ 就是式 (13.9) 的一组可行解, 从而完成了定理的证明。

关于定理 13.2, 我们做两点说明:

注释 13.1　通过解耦技术[284], 定理 13.2 给出了一个用线性矩阵不等式表示的充分条件。在这个充分条件下, 我们就可以设计合适的增益矩阵 K_1 和 K_2 使得时滞局部场神经网络 (13.1) 是全局指数稳定的。即如果线性矩阵不等式 (13.16)

和 (13.17) 有可行解, 则相应的增益矩阵就可以分别设计为 $K_1 = G_1 P_1^{-1}$ 和 $K_2 = P_2^{-1} G_2$。目前, 已经有许多成熟的算法可以很方便地用于求解线性矩阵不等式, 所以本章提出的方法是非常实用的。

注释 13.2 在文献 [277] 和文献 [278] 中也讨论了时滞递归神经网络的镇定性问题。但是, 在这些方法中, 都是直接采用神经元的状态作为反馈信号来实现的。这样, 当神经元的状态不可知时, 这些文献的结果就不再适用了。然而, 定理 13.2 有效地克服了这个不足。另一方面, 在文献 [277] 和文献 [278] 中, 所设计的控制器分别为 $u(t) = -(1/2)B^{\mathrm{T}}P^{-1}x(t)$ 和 $u_i(t) = D_i^{\mathrm{T}} X_i x(t)$。需要注意的是, 这里只有矩阵 P 和 X_i 分别是对应的线性矩阵不等式的可行解, 而矩阵 B 和 D_i 都是事先给定的。然而, 在我们的方法中, 增益矩阵 K_1 和 K_2 都是完全由线性矩阵不等式的可行解决定的。因此, 从这方面来讲, 我们的结果在控制器的设计上要比文献 [277] 和文献 [278] 中的结果更加灵活。

13.3 仿真示例

设 $x(t) = [x_1(t), x_2(t), x_3(t)]^{\mathrm{T}} \in \mathbb{R}^3$。考虑具有如下系数的时滞局部场神经网络 (13.1):

$$A = \begin{bmatrix} 1 & 0 & 0 \\ 0 & 1 & 0 \\ 0 & 0 & 16 \end{bmatrix}, \quad W_0 = \begin{bmatrix} 2 & -0.1 & -0.2 \\ -5 & 2 & 0 \\ 0.3 & 0.3 & -0.7 \end{bmatrix}$$

$$W_1 = \begin{bmatrix} -1.5 & -0.1 & 0 \\ -0.2 & -1.5 & -0.5 \\ 0.1 & -0.2 & 0.6 \end{bmatrix}, \quad B = \begin{bmatrix} 2 & 0 \\ -5 & 1 \\ 1 & -2 \end{bmatrix}$$

$$C = \begin{bmatrix} 0.5 & 0 & 1 \\ 1 & -2 & 1 \end{bmatrix}, \quad D = \begin{bmatrix} 0 & 0 & 1 \\ 0 & 1 & -1 \end{bmatrix}$$

$$E = \begin{bmatrix} 0.5 & 0.3 \\ -0.5 & 0.8 \end{bmatrix}, \quad \tau = 1$$

神经元的激励函数取为 $f(x) = \tanh(x)$, 则 $L = I$。当 $u(t) = 0$ 时, 从图 13.1 知, 该时滞局部场神经网络具有复杂的混沌动力学行为, 从而是不稳定的。通过求解线性矩阵不等式 (13.16) 和 (13.17), 我们可以找到一组具体的可行解。这时, 增益矩阵 K_1 和 K_2 可分别设计为

$$K_1 = \begin{bmatrix} 39.3991 & 129.6727 & -123.5856 \\ -176.9442 & 486.5342 & -98.3139 \end{bmatrix}$$

$$K_2 = \begin{bmatrix} 9.1712 & 4.1944 \\ 5.1634 & -17.9531 \\ 2.9885 & -0.8277 \end{bmatrix}$$

图 13.2~ 图 13.5 给出了相关的仿真结果。其中图 13.2 是该时滞局部场神经网络在 $u(t) = K_1\hat{x}(t)$ 作用下的响应曲线；图 13.3 是该神经网络的各神经元的真实状态 $x(t)$ 和估计状态 $\hat{x}(t)$ 之间的响应曲线；图 13.4 是误差信号 $e(t)$ 的响应曲线；图 13.5 是控制器的输入信号 $u(t)$ 的响应曲线。显然，这些仿真结果都清楚地表明了定理 13.2 的有效性。

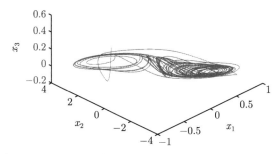

图 13.1 当 $u(t) = 0$ 时，时滞局部场神经网络展示的复杂混沌动力学行为

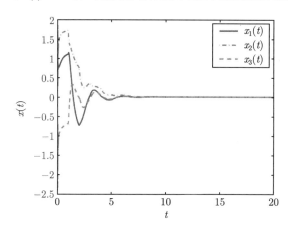

图 13.2 当 $u(t) = K_1\hat{x}(t)$ 时，时滞局部场神经网络的响应曲线

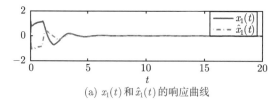

(a) $x_1(t)$ 和 $\hat{x}_1(t)$ 的响应曲线

图 13.3 真实状态 $x(t)$ 和估计状态 $\hat{x}(t)$ 的响应曲线

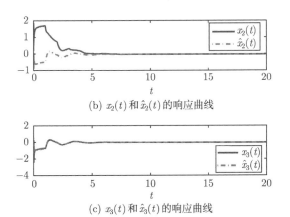

(b) $x_2(t)$ 和 $\hat{x}_2(t)$ 的响应曲线

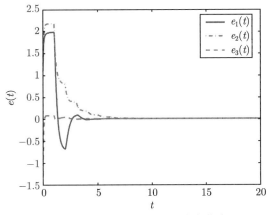

(c) $x_3(t)$ 和 $\hat{x}_3(t)$ 的响应曲线

图 13.3   真实状态 $x(t)$ 和估计状态 $\hat{x}(t)$ 的响应曲线 (续)

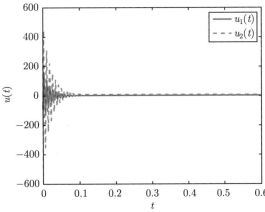

图 13.4   误差信号 $e(t)$ 的响应曲线

图 13.5   输入信号 $u(t) = K_1 \hat{x}(t)$ 的响应曲线

13.4　本 章 小 结

　　在本章中，我们借助状态估计理论讨论了时滞局部场神经网络的指数镇定性问题。为了很好地解决这一问题，我们提出了一个基于状态估计理论的方法。在此基础上，我们首先得到了一个充分条件使得由时滞局部场神经网络和估计误差系统所构成的增广系统的平凡解是全局指数稳定的。然后，结合一个解耦技术，我们将控制器和状态估计器的增益矩阵的设计转化为了寻找一组线性矩阵不等式的可行解。这样，就可以借助于 Matlab 线性矩阵不等式工具箱进行求解。因此，时滞局部场神经网络的指数镇定性问题就得到了有效解决。最后给出了一个具有复杂动力学行为的时滞神经网络作为例子来说明本章介绍的方法的有效性，并给出了相关的仿真结果。

参 考 文 献

[1] Haykin S. Neural Networks: A Comprehensive Foundation. 2nd ed. NJ: Prentice Hall, 1999.

[2] Grossberg S. Nonlinear neural networks: Principles, mechanisms and architectures. Neural Netw., 1988, 1: 17-61.

[3] Rao M A, Srinivas J. Neural Networks: Algorithm and Applications. Pangbourne: Alpha Science International, 2003.

[4] Powell M J D. Radial basis functions for multivariable interpolation: A review. In IMA Conference on Algorithms for the Approximation of Functions and Data, RMCS. Shrivenham, England, 1985: 143-167.

[5] Misra J, Saha I. Artificial neural networks in hardware: A survey of two decades of progress. Neurocomputing, 2010, 74: 239-255.

[6] Hopfield J J. Neural networks and physical systems with emergent collective computational abilities. Proc. Natl. Acad. Sci. USA, 1982, 79: 2554-2558.

[7] Bugeja K M, Fabri S G, Camilleri L. Dual adaptive dynamic control of mobile robots using neural networks. IEEE Trans. Syst. Man Cybern. B, 2009, 39(1): 129-141.

[8] Hunt K J, Sbarbaro D, Zbikowski R, et al. Neural networks for control system: A survey. Automatica, 1992, 28(6): 1083-1112.

[9] Liu Q, Cao J, Xia Y. A delayed neural network for solving linear projection equations and its analysis. IEEE Trans. Neural Netw., 2005, 16(4): 834-843.

[10] Joya G, Atencia M A, Sandoval F. Hopfield neural networks for optimization: Study of the different dynamics. Neurocomputing, 2002, 43: 219-237.

[11] Liu D, Xiong X, DasGupta B, et al. Motif discoveries in unaligned molecular sequences using self-organizing neural networks. IEEE Trans. Neural Netw., 2006, 17(4): 919-928.

[12] Pearson M J, Pipe A G, Mitchinson B, et al. Implementing spiking neural networks for real-time signal-processing and control applications: A model-validated FPGA approach. IEEE Trans. Neural Netw., 2007, 18(5): 1472-1487.

[13] Shen F, Hasegawa O. A fast nearest neighbor classifier based on self-organizing incremental neural network. Neural Netw., 2008, 21(10): 1537-1547.

[14] Tsuboshita Y, Okamoto H. Context-dependent retrieval of information by neural-network dynamics with continuous attractors. Neural Netw., 2007, 20(6): 705-713.

[15] Rutkowski L. Adaptive probabilistic neural networks for pattern classification in time-varying environment. IEEE Trans. Neural Netw., 2004, 15(4): 811-827.

[16] Shaban K, EI-Hag A, Matveev A. A cascade of artificial neural networks to predict transformers oil parameters. IEEE Trans. Dielectr. Electr. Insul., 2009, 16(2): 516-523.

[17] Trapanese M. Identificaiton of parameters of reduced vector preisach model by neural

networks. IEEE Trans. Magnetics, 2008, 44(11): 3197-3200.

[18] Valdés J J, Bonham-Carter G. Time dependent neural network models for detecting changes of state in complex processes: Applications in earth sciences and astronomy. Neural Netw., 2006, 19(2): 196-207.

[19] Xia Y, Wang J. A general projection neural network for solving monotone variational inequalities and related optimization problems. IEEE Trans. Neural Netw., 2004, 15(2): 318-328.

[20] Bianchini M, Maggini M, Sarti L, et al. Recursive neural networks for processing graphs with labelled edges: Theory and applications. Neural Netw., 2005, 18(8): 1040-1050.

[21] Young S S, Scott P D, Nasrabadi N M. Object recognition using multilayer Hopfield neural network. IEEE Trans. Image Process., 1997, 6(3): 357-372.

[22] Grossberg S. Some nonlinear networks capable of learning aspatial pattern of arbitrary complexity. Proc. Natl. Acad. Sci. USA, 1968, 59: 368-372.

[23] Grossberg S. On learning and energy-entropy dependence in recurrent and nonrecurrent signed networks. J. Stat. Phys., 1969, 1: 319-350.

[24] Grossberg S. Learning and energy-entropy dependence in some nonlinear functional-differential systems. Bull. Amer. Math.Soc., 1969, 75: 1238-1242.

[25] Cohen M A, Grossberg S. Absolute stability and global pattern formation and parallel memory storage by competitive neural networks. IEEE Trans. Syst. Man Cybern., 1983, 13: 815-826.

[26] Hopfield J J. Neurons with graded response have collective computatoional properties like those of two-state neurons. Proc. Natl. Acad. Sci. USA, 1984, 81: 3058-3092.

[27] Hopfield J J. Learning algorithms and probability distribution in feed-forward and feed-back networks, Proc. Natl. Acad. Sci. USA, 1987, 84: 8429-8433.

[28] Chua L O, Yang L. Cellular neural networks: Theory. IEEE Trans. Circuits Syst., 1988, 35(10): 1257-1272.

[29] Chua L O, Yang L. Cellular neural networks: Applications. IEEE Trans. Circuits Syst., 1988, 35(10): 1273-1290.

[30] Kosko B. Adaptive bidirectional associative memories. Appl. Opt., 1987, 26(23): 4947-4960.

[31] Kosko B. Bidirectional associative memories. IEEE Trans. Syst. Man Cybern., 1988, 18(1): 49-60.

[32] Seung H S. How the brain keeps the eye still. Proc. Natl. Acad. Sci. USA, 1996, 93: 13339-13344.

[33] Xia Y. An extended projection neural network for constrained optimization. Neural Comput., 2004, 16: 863-883.

[34] Xia Y, Wang J. On the stability of globally projected dynamical systems. J. Optim. Theory Appl., 2000, 106: 129-150.

[35] Qiao H, Peng J, Xu Z B, et al. A reference model approach to stability analysis of neural networks. IEEE Trans. Syst. Man Cybern. B, 2003, 33(6): 925-936.

[36] Xu Z B, Qiao H, Peng J, et al. A comparative study of two modeling approaches in neural networks. Neural Netw., 2004, 17: 73-85.

[37] Liu Q, Wang J. A one-layer recurrent neural network with a discontinuous activation function for linear programming. Neural Comput., 2008, 20(5): 1366-1383.

[38] Xia Y, Feng G, Wang J. A recurrent neural network with exponential convergence for solving convex quadratic program and linear piecewise equations. Neural Netw., 2004, 17(7): 1003-1015.

[39] Chen F C, Khalil H K. Adaptive control of a class of nonlinear discrete-time systems using neural networks. IEEE Trans. Autom. Control, 1995, 40: 791-801.

[40] Ge S S, Hang C C, Lee T H, et al. Stable Adaptive Neural Network Control. Boston, MA: Kluwer, 2002.

[41] Polycarpou M M. Stable adaptive neural control scheme for nonlinear systems. IEEE Trans. Autom. Control, 1996, 41: 447-451.

[42] Yesidirek A, Lewis F L. Feedback linearization using neural networks. Automatica, 1995, 31: 1659-1664.

[43] Gu K, Kharitonov V L, Chen J. Stability of Time-delay Systems. Massachusetts: Birkhauser, 2003.

[44] Hale J K, Lunel S M V. Introduction to Functional Differential Equations. New York: Springer-Verlag, 1993.

[45] 黄琳. 稳定性与鲁棒性理论基础. 北京: 科学出版社, 2003.

[46] Kolmanovskii V B, Nosov V R. Stability of Functional Differential Equations. New York: Academic Press, 1986.

[47] 廖晓昕. 动力系统的稳定性理论和应用. 北京: 国防工业出版社, 2000.

[48] Mao X. Exponential Stability of Stochastic Differential Equations. New York: Marcel Dekker, 1994.

[49] Michel A N, Liu D R. 递归人工神经网络的定性分析和综合. 张华光, 季策, 王占山 译. 北京: 科学出版社, 2004.

[50] Gu K, Niculescu S I. Survey on recent results in the stability and control of time-delay systems. ASME J. Dyn. Syst. Meas. Control, 2003, 125: 158-165.

[51] Richard J P. Time delay systems: An overview of some recent advances and open problems. Automatica, 2003, 39: 1667-1694.

[52] Xu S, Lam J. A survey of liner matrix inequality techniques in stability analysis of delay systems. Int. J. Syst. Sci., 2008, 39(12): 1095-1113.

[53] Chen J, Xu D, Shafai B. On sufficient conditions for stability independent of delay. IEEE Trans. Autom. Control, 1995, 40: 1675-1680.

[54] Kamen E W. Linear systems with commensurate time delay: Stability and stabiliza-

tion independent of delay. IEEE Trans. Autom. Control, 1982, AC-27(2): 367-375.

[55] Hale J K, Infante E F, Tsen F S P. Stability in linear delay equations. J. Math. Anal. Appl., 1985, 105: 533-555.

[56] Mori T, Fukuma N, Kuwahara M. Simple stability criteria for single and composite linear systems with time delays. Int. J. Control, 1981, 34(6): 1175-1184.

[57] Verriest E I, Fan M K H, Kullstam J. Frequency domain robust stability criteria for linear delay systems. Proceedings of the 32th IEEE Conference on Decision and Control, San Antonio, 1993: 3473-3478.

[58] de Oliveira M C, Bernussou J, Geromel C J. A new discrete-time robust stability condition. Syst. Control Lett., 1999, 37: 261-265.

[59] Xu S, Lam J. On equivalence and efficiency of certain stability criteria for time-delay systems. IEEE Trans. Autom. Control, 2007, 52(1): 95-101.

[60] Fridman E, Shaked U. Delay-dependent stability and control: Constant and time-varying delays. Int. J. Control, 2003, 76(1): 48-60.

[61] Fridman E, Shaked U, Xie L. Robust filtering of linear systems with time-varying delay. IEEE Trans. Autom. Control, 2003, 48: 159-165.

[62] Niculescu S I. On delay-dependent stability under model transformations of some neutral linear systems. Int. J. Control, 2001, 74: 609-617.

[63] Boyd S, El Ghaoui L, Feron E, et al. Linear Matrix Inequalities in System and Control Theory. Philadelphia: SIAM, 1994.

[64] 俞立. 鲁棒控制: 线性矩阵不等式处理方法. 北京: 清华大学出版社, 2002.

[65] Gahinet P, Nemirovsky A, Laub A J, et al. LMI Control Toolbox: For Use with Matlab. Massachusetts: The Math Works, Inc., 1995.

[66] Li X, de Souza C E. Criteria for robust stability and stabilisation of uncertain linear systems with state-delay. Automatica, 1997, 33: 1657-1662.

[67] Su T J, Huang C. Robust stability of delay dependence for linear uncertain systems. IEEE Trans. Autom. Control, 1992, 37: 1656-1659.

[68] Gu K, Niculescu S I. Additional dynamics introduced in model system transformation. IEEE Trans. Autom. Control, 2000, 45: 572-575.

[69] Kharitonov V L, Melchor-Aguilar D. On delay-dependent stability conditions. Syst. Control Lett., 2000, 40: 71-76.

[70] Park P. A delay-dependent stability criterion for systems with uncertain time-invariant delay. IEEE Trans. Autom. Control, 1999, 44(4): 876-877.

[71] Moon Y S, Park P, Kwon W H, et al. Delay-dependent robust stabilization of uncertain state-delayed systems. Int. J. Control, 2001, 74: 1447-1455.

[72] Han Q L. Absolute stability of time-delay systems with sector-bounded nonlinearity. Automatica, 2005, 41: 2171-2176.

[73] Lien C H. Delay-dependent stability criteria for uncertain neutral systems with mul-

tiple time-varying delays via LMI approach. Proc. Inst. Elect. Eng.-Control Theory Appl., 2005, 152: 707-714.

[74] Fridaman E, Shaked U. A descriptor system approach to control of linear time-delay systems. IEEE Trans. Autom. Control, 2002, 47(2): 253-270.

[75] Jing X J, Tan D L, Wang Y C. An LMI approach to stability of systems with severe time-delay. IEEE Trans. Autom. Control, 2004, 49(7): 1192-1195.

[76] Lee Y S, Moon Y S, Kwon W H, et al. Delay-dependent robust control for uncertain systems with a state-delay. Automatica, 2004, 40: 65-72.

[77] Ismail A, Mahmoud M S. A descriptor approach to simulataneous control of jumping time-delay systems. IMA J. Math. Control Info., 2004, 21: 95-114.

[78] Gu K. Discretized LMI set in the stability problem of linear uncertain time-delay systems. Int. J. Control, 1997, 68: 923-934.

[79] 吴敏, 何勇. 时滞系统鲁棒控制 —— 自由权矩阵方法. 北京: 科学出版社, 2008.

[80] He Y, Wu M, She J H, et al. Parameter-dependent Lyapunov functional for stability of time-delay systems with polytopic-type uncertainties. IEEE Trans. Autom. Control, 2004, 49: 828-832.

[81] He Y, Wang Q G, Xie L, et al. Further improvement of free-weighting matrices techniques for systems with time-varying delay. IEEE Trans. Autom. Control, 2007, 52(2): 293-299.

[82] He Y, Wu M, She J H, et al. Delay-dependent robust stability criteria for uncertain neutral systems with mixed delays. Syst. Control Lett., 2004, 51(1): 57-65.

[83] Wu M, He Y, She J H. New delay-dependent stability criteria and stabilizing method for neutral systems. IEEE Trans. Autom. Control, 2004, 49(12): 2266-2271.

[84] Wu M, He Y, She J H, et al. Delay-dependent criteria for robust stability of time-varying delay systems. Automatica, 2004, 40(8): 1435-1439.

[85] Xu S, Lam J. Improved delay-dependent stability criteria for time-delay systems. IEEE Trans. Autom. Control, 2005, 50(3): 384-387.

[86] Lin C, Wang Q G, Lee T H. A less conservative robust stability test for linear uncertain time-delay systems. IEEE Trans. Autom. Control, 2006, 51(1): 87-91.

[87] Parlkçi M N A. Robust stability of uncertain time-varying state-delayed systems. Proc. Inst. Elect. Eng.-Control Theory Appl., 2006, 153(4): 469-477.

[88] Gouaisbaut F, Peaucelle D. Delay-dependent stability analysis of linear time delay systems. Proceedings of the IFAC TDS'06, L'Aquila, 2006.

[89] Han Q L. A delay decomposition approach to stability of linear neutral systems. Proceeding of the 17th IFAC World Congress, Seoul, 2008, 2607-2612.

[90] Roska T, Chua L O. Cellular neural networks with nonlinear and delay-type template. Proc. IEEE Int. Workshop on Cellular Neural Networks and Their Applications, 1990, 12-25.

[91]   Chen Y, Zheng W X. Stochastic state estimation for neural networks with distributed delays and Markovian jump. Neural Netw., 2012, 25: 14-20.

[92]   Gopalsamy K, He X. Stability in asymmetric Hopfield nets with transmission delays. Phys. D, 1994, 76: 344-358.

[93]   Liu Y, Wang Z, Liu X. Design of exponential state estimators for neural networks with mixed time delays. Phys. Lett. A, 2007, 364: 401-412.

[94]   Shen Y, Wang J. Noise-induced stabilization of the recurrent neural networks with mixed time-varying delays and Markovian-switching parameters. IEEE Trans. Neural Netw., 2007, 18(6): 1857-1862.

[95]   Baldi P, Atiya A F. How delays affect neural dynamics and learning. IEEE Trans. Neural Netw., 1994, 5: 612-621.

[96]   Marcus M C, Westervelt M R. Stability of analog neural networks with delays. Phys. Rev. A, 1989, 39(1): 347-359.

[97]   Gilli M. Strange attractors in delayed cellular neural networks. IEEE Trans. Circuits Syst. I, 1993, 40(11): 849-853.

[98]   Lu H. Chaotic attractors in delayed neural networks. Phys. Lett. A, 2002, 298(2/3): 109-116.

[99]   黄立宏, 李雪梅. 细胞神经网络动力学. 北京: 科学出版社, 2007.

[100] 王林山. 时滞递归神经网络. 北京: 科学出版社, 2008.

[101] 张化光. 递归时滞神经网络的综合分析与动态特性研究. 北京: 科学出版社, 2008.

[102] Zhang H, Wang Z, Liu D. A comprehensive review of stability analysis of continuous-time recurrent neural networks. IEEE Trans. Neural Netw. Learning Syst., 2014, 25(7): 1229-1262.

[103] Berman A, Plemmons R J. Nonnegative Matrices in the Mathematical Science. New York: Academic Press, 1979.

[104] Clarke F H. Optimizaiton and Nonsmooth Analysis. New York: Wiley, 1983.

[105] Cao J. A set of stability criteria for delayed cellular neural networks. IEEE Trans. Circuits Syst. I, 2001, 48(4): 494-498.

[106] Cao J, Zhou D. Stability analysis of delayed cellular neural networks. Neural Netw., 1998, 11: 1601-1605.

[107] Arik S, Tavsanoglu V. Equilibrium analysis of delayed CNN's. IEEE Trans. Circuits Syst. I, 1998, 45(2): 168-171.

[108] Forti M, Tesi A. New conditions for global stability of neural networks with application to linear and quadratic programming problems. IEEE Trans. Circuits Syst. I, 1995, 42: 354-366.

[109] Huang H, Cao J, Wang J. Global exponential stability and periodic solutions of recurrent neural networks with delays. Phys. Lett. A, 2002, 298: 393-404.

[110] Huang H, Ho D W C, Cao J. Analysis of global exponential stability and periodic

solutions of neural networks with time-varying delays. Neural Netw., 2005, 18: 161-170.

[111]   Cao J, Wang J. Global asymptotic stability of a general class of recurrent neural networks with time-varying delays. IEEE Trans. Circuits Syst. I, 2003, 50(1): 34-44.

[112]   Cao J, Wang L. Exponential stability and periodic oscillatory solution in BAM networks with delays. IEEE Trans. Neural Netw., 2002, 13(2): 457-463.

[113]   Chen T. Global exponential stability of delayed Hopfield neural networks. Neural Netw., 2001, 14: 977-980.

[114]   Qiao H, Peng J, Xu Z. Nonlinear measures: A new approach to exponential stability analysis for Hopfield-type neural networks. IEEE Trans. Neural Netw., 2001, 12(2): 360-370.

[115]   Li P, Cao J. Stability in static delayed neural networks: A nonlinear measure approach. Neurocomputing, 2006, 69: 1776-1781.

[116]   Qi H, Qi L. Deriving sufficient conditions for global asymptotical stability of delayed neural networks via nonsmooth analysis. IEEE Trans. Neural Netw., 2004, 15(1): 99-109.

[117]   Forti M, Nistri P, Quincampoix M. Convergence of neural networks for programming problems via a nonsmooth Jasiewicz inequality. IEEE Trans. Neural Netw., 2006, 17(6): 1471-1486.

[118]   Yu W, Cao J, Wang J. An LMI approach to global asymptotic stability of the delayed Cohen-Grossberg neural network via nonsmooth analysis. Neural Netw., 2007, 20(7): 810-818.

[119]   Yu W, Cao J. An analysis of global asymptotic stability of delayed Cohen-Grossberg neural networks via nonsmooth analysis. IEEE Trans. Circuits Syst. I, 2005, 52: 1854-1861.

[120]   He Y, Wang Q G, Wu M, et al. Delay-dependent state estimation for delayed neural networks. IEEE Trans. Neural Netw., 2006, 17(4): 1077-1081.

[121]   Mou S, Gao H, Qiang W, et al. New delay-dependent exponential stability for neural networks with time delay. IEEE Trans. Syst. Man Cybern. B, 2008, 38(2): 571-576.

[122]   Xu S, Lam J, Ho D W C. A new LMI condition for delay-dependent asymptotic stability of delayed Hopfield neural networks. IEEE Trans. Circuits Syst. II, 2006, 53(3): 230-234.

[123]   Xu S, Lam J, Ho D W C, et al. Improved global robust asymptotic stability criteria for delayed cellular neural networks. IEEE Trans. Syst. Man Cybern. B, 2005, 35(6): 1317-1321.

[124]   Mou S, Gao H, Lam J, et al. A new criterion of delay-dependent asymptotic stability for Hopfield neural networks with time delay. IEEE Trans. Neural Netw., 2008, 19(3): 532-535.

[125] Arik S. An analysis of exponential stability of delayed neural networks with time varying delays. Neural Netw., 2004, 17(7): 1027-1031.

[126] Chen W H, Zheng W X. Global asymptotic stability of a class of neural networks with distributed delays. IEEE Trans. Circuits Syst. I. 2006, 53(3): 644-652.

[127] Civalleri P P, Gilli L M, Pabdolfi L. On stability of cellular neural networks with delay. IEEE Trans. Circuits Syst. I, 1993, 40(3): 157-165.

[128] Liu Y, Wang Z, Liu X. Global exponential stability of generalized recurrent neural networks with discrete and distributed delays. Neural Netw., 2006, 19: 667-675.

[129] Cao J, Wang J. Global asymptotic and robust stability of recurrent neural networks with time delays. IEEE Trans. Circuits Syst. I, 2005, 52(2): 417-426.

[130] Yang R, Gao H, Shi P. Novel robust stability criteria for stochastic Hopfield neural networks with time delays. IEEE Trans. Syst. Man Cybern. B, 2009, 39(2): 467-474.

[131] Song Q, Cao J. Implusive effects on stability of fuzzy Cohen-Grossberg neural networks with time-varying delays. IEEE Trans. Syst. Man Cybern. B, 2007, 37(3): 733-741.

[132] Lien C H, Yu K W, Lin Y F, et al. Global exponential stability for uncertain delayed neural networks of neutral type with mixed time delays. IEEE Trans. Syst. Man Cybern. B, 2008, 38(3): 709-720.

[133] Li C, Liao X. Global robust stability criteria for interval delayed neural networks via an LMI approach. IEEE Trans. Circuits Syst. II, 2006, 53(9): 901-905.

[134] de Sandre G, Forti M, Nistri P, et al. Dynamical analysis of full-range cellular neural networks by exploiting differential variational inequalities. IEEE Trans. Circuits Syst. I, 2007, 54(8): 1736-1749.

[135] Zeng Z, Wang J. Complete stability for cellular neural networks with time-varying delays. IEEE Trans. Circuits Syst. I, 2006, 53(4): 944-955.

[136] Liao X F, Chen G, Sanchez E N. LMI-based approach for asymptotically stability analysis of delayed neural networks. IEEE Trans. Circuits Syst. I, 2002, 49(7): 1033-1039.

[137] Forti M, Nistri P, Papini D. Global exponential stability and global convergence in finite time of delayed neural networks with infinite gain. IEEE Trans. Neural Netw., 2005, 16(6): 1449-1463.

[138] Wang Z, Liu Y, Li M, et al. Stability analysis for stochastic Cohen-Grossberg neural networks with mixed time delays. IEEE Trans. Neural Netw., 2006, 17(3): 814-820.

[139] Xu S, Lam J, Ho D W C, et al. Novel global asymptotic stability criteria for delayed cellular neural networks. IEEE Trans. Circuits Syst. II, 2005, 52(6): 349-353.

[140] Ensari T, Arik S. Global stability analysis of neural networks with multiple time varying delays. IEEE Trans. Autom. Control, 2005, 50(11): 1781-1785.

[141] van den Driessche P, Zou X. Global attractivity in delayed Hopfield neural network

models. SIAM J. Appl. Math., 1998, 58: 1878-1890.

[142] Singh V. Robust stability of cellular neural networks with delay: Linear matrix inequality approach. Proc. Inst. Elect. Eng., Control Theory Appl., 2004, 151(1): 125-129.

[143] Chen T, Rong L. Robust global exponential stability of Cohen-Grossberg neural networks with time delays. IEEE Trans. Neural Netw., 2004, 15(1): 203-206.

[144] Ozcan N, Arik S. Global robust stability analysis of neural networks with multiple time delays. IEEE Trans. Circuits Syst. I, 2006, 53(1): 166-176.

[145] Qi H. New sufficient conditions for global robust stability of delayed neural networks. IEEE Trans. Circuits Syst. I, 2007, 54(5): 1131-1141.

[146] Zhang H, Wang Z, Liu D. Robust exponential stability of recurrent neural networks with multiple time-varying delays. IEEE Trans. Circuits Syst. II, 2007, 54(8): 730-734.

[147] Cao J, Yuan K, Li H X. Global asymptotical stability of generalized recurrent neural networks with multiple discrete delays and distributed delays. IEEE Trans. Neural Netw., 2006, 17(6): 1646-1651.

[148] Cao J, Wang J. Global exponential stability and periodicity of recurrent neural networks with time delays. IEEE Trans. Circuits Syst. I, 2005, 52(5): 920-931.

[149] Levin A U, Narendra K S. Control of nonlinear dynamical systems using neural networks: Controllability and stabilization. IEEE Trans. Neural Netw., 1993, 4(2): 192-206.

[150] Gutierrez L B, Lewis F L, Lowe J A. Implementation of a neural network tracking controller for a single flexible link: Comparison with PD and PID controllers. IEEE Trans. Ind. Electron., 1998, 45(2): 307-318.

[151] Lee C H. Stabilization of nonlinear nonminimum phase systems: Adaptive parallel approach using recurrent fuzzy neural networks. IEEE Trans. Syst. Man Cybern. B, 2004, 34(2): 1075-1088.

[152] Gao W, Selmic R R. Neural network control of a class of nonlinear systems with actuator saturation. IEEE Trans. Neural Netw., 2006, 17(1): 147-156.

[153] Ge S S, Yang C, Lee T H. Adaptive predictive control using neural network for a class of pure-feedback systems in discrete-time. IEEE Trans. Neural Netw.,2008, 19(9): 1599-1614.

[154] Vance J, Jagannathan S. Discrete-time neural network output feedback control of nonlinear discrete-time systems in non-strict form. Automatica, 2008, 44: 1020-1027.

[155] Huang S, Tan K K, Lee T H, et al. Adaptive control of mechanical systems using neural networks. IEEE Trans. Syst. Man Cybern. C, 2007, 37(5): 897-903.

[156] Wang J S, Chen Y P. A fully automated recurrent neural network for unknown dynamic system identification and control. IEEE Trans. Circuits Syst. I, 2006, 53(6): 1363-1372.

[157]   Mohamadian M, Nowicki E, Ashrafzadeh F, et al. A novel neural network controller and its efficient DSP implementation for vector-controlled induction motor drives. IEEE Trans. Ind. Appl., 2003, 39(6): 1622-1629.

[158]   Park J H, Huh S H, Kim S H, et al. Direct adaptive controller for nonaffine nonlinear systems using self-structuring neural networks. IEEE Trans. Neural Netw., 2005, 16(2): 414-422.

[159]   Narendra K S, Parthasarathy K. Identification and control of dynamical systems using neural networks. IEEE Trans. Neural Netw., 1990, 1(1): 4-27.

[160]   Kraft L G, Campagna D P. A comparison between CMAC neural network control and two traditional adaptive control systems. IEEE Contr. Syst. Mag., 1990, 10(3): 36-43.

[161]   Yoo S J, Park J B, Choi Y H. Adaptive ourput feedback contol of flexible-joint robots using neural networks: Dynamic surface design approach. IEEE Trans. Neural Netw., 2008, 19(10): 1712-1726.

[162]   Yang Q, Vance J B, Jagannathan S. Control of nonaffine nonlinear discrete-time systems using reinforcement-learning-based linearly parameterized neural networks. IEEE Trans. Syst. Man Cybern. B, 2008, 38(4): 994-1001.

[163]   Fourati F, Chtourou M, Kamoun M. Stabilization of unknown nonlinear systems using neural networks. Appl. Soft Comput., 2008, 8(2): 1121-1130.

[164]   Wang D, Huang J. Adaptive neural network control of a class of uncertain nonlinear systems in pure-feedback form. Automatica, 2002, 38(8): 1365-1372.

[165]   Poznyak A S, Ljung L. On-line identification and adaptive trajectory tracking for nonlinear stochastic continuous time systems using differential neural networks. Automatica, 2001, 37(8): 1257-1268.

[166]   Calise A J, Hovakimyan N, Idan M. Adaptive output feedback control of nonlinear systems using neural networks. Automatica, 2001, 37(8): 1201-1211.

[167]   Tan Y, Van Cauwenberghe A. Nonlinear one-step-ahead control using neural networks: Control strategy and stability design. Automatica, 1996, 32(12): 1701-1706.

[168]   Gao H, Wang C. A delay-dependent approach to robust filtering for uncertain discrete-time state-delayed systems. IEEE Trans. Signal Process., 2004, 52(6): 1631-1640.

[169]   Gao H, Lam J, Wang C. Robust energy-to-peak filter design for stochastic time-delay systems. Syst. Control Lett.,2006, 55(2): 101-111.

[170]   Gao H, Lam J, Xie L, et al. New approach to mixed filtering for polytopic discrete-time systems. IEEE Trans. Signal Process., 2005, 53(8): 3183-3192.

[171]   Grigoriadis K M, Watson J T. Reduced order and filtering via linear matrix inequalities. IEEE Trans. Aerosp. Electron. Syst., 1997, 33: 1326-1338.

[172]   Li H, Fu M. A linear matrix inequality approach to robust H_∞ filtering. IEEE Trans. Signal Process., 1997, 45: 2338-2350.

[173]   Wang Z, Yang F. Robust filtering for uncertain linear systems with delayed states and

outputs. IEEE Trans. Circuits Syst. I, 2002, 49: 125-130.

[174] Xu S, Lam J, Chen T, et al. A delay-dependent approach to robust H_∞ filtering for uncertain distributed delay systems. IEEE Trans. Signal Process., 2005, 53(10): 3764-3772.

[175] Xu S, Chen T. An LMI approach to the H_∞ filter design for uncertain systems with distributed delays. IEEE Trans. Circuits Syst. II, 2004, 51(4): 195-201.

[176] Palhares R M, Peres P L D. Robust filtering with guaranteed energy-to-peak performance-An LMI approach. Automatica, 2000, 36: 851-858.

[177] Shi B E. Gabor-type filtering in space and time with cellular neural networks. IEEE Trans. Circuits Syst. I, 1998, 45(2): 121-132.

[178] Mehr I, Sculley T L. A multilayer neural network structure for analog filtering. IEEE Trans. Circuits Syst. II, 1996, 43(8): 613-618.

[179] Weber M, Crilly P B, Blass W E. Adaptive noise filtering using an error-backpropagation neural network. IEEE Trans. Instrum. Meas., 1991, 40(5): 820-825.

[180] Salam F M, Zhang J. Adaptive neural observer with forward co-state propagation. Proc. International Joint Conference on Neural Networks, Washington DC, 2001: 675-680.

[181] Habtom R, Litz L. Estimation of unmeasured inputs using recurrent neural networks and the extended Kalman filter. Proc. International Conference on Neural Networks. Houston, 1997: 2067-2071.

[182] Mladenov V M, Mastorakis N E. Design of two-dimensional recursive filters by using neural networks. IEEE Trans. Neural Netw., 2001, 12(3): 585-590.

[183] Wang X H, He Y G. A neural network approach to FIR filter design using frequency-response masking technique. Signal Process., 2008, 88: 2917-2926.

[184] Parlos A G, Menon S K, Atiya A F. An algorithmic approach to adaptive state filtering using recurrent neural networks. IEEE Trans. Neural Netw., 2001, 12(6): 1411-1432.

[185] Parlos A G, Menon S K, Atiya A F. An adaptive state filtering algorithm for systems with partially known dynamics. ASME J. Dyn. Syst. Meas. Control, 2002, 124: 364-374.

[186] Bendtsen J D, Rensen O S. Simulation, state estimation and control of nonlinear superheater attemporator using neural networks. Proc. American Control Conference. Chicago, 2000: 1430-1434.

[187] Elanayar V T S, Shin Y C. Radial basis function neural network for approximation and estimation of nonlinear stochastic dynamic systems. IEEE Trans. Neural Netw., 1994, 5(4): 594-603.

[188] Jin L, Nikiforuk P N, Gupta M M. Adaptive control of discrete-time nonlinear systems using recurrent neural networks. Proc. Inst. Elect. Eng.-Control Theory Appl., 1994, 141: 169-176.

[189] Wang Z, Liu Y, Li M, et al. State estimation for jumping recurrent neural networks with discrete and distributed delays. Neural Netw., 2009, 22(1): 41-48.

[190] Liu Y, Wang Z, Liu X. State estimation for discrete-time Markovian jumping neural networks with mixed mode-dependent delays. Phys. Lett. A, 2008, 372: 7147-7155.

[191] Wang Z, Ho D W C, Liu X. State estimation for delayed neural networks. IEEE Trans. Neural Netw., 2005, 16(1): 279-284.

[192] Mou S, Gao H, Qiang W, et al. State estimation for discrete-time neural networks with time-varying delays. Neurocomputing, 2008, 72: 643-647.

[193] Li T, Fei S, Zhu Q. Design of exponential state estimator for neural networks with distributed delays. Nonlinear Anal.: Real World Appl., 2009, 10: 1229-1242.

[194] Li T, Fei S. Exponential state estimation for recurrent neural networks with distributed delays. Neurocomputing, 2007, 71: 428-438.

[195] Lu C Y. A delay-range-dependent approach to design state estimation for discrete-time recurrent neural networks with interval time-varying delay. IEEE Trans. Circuits Syst. II, 2008, 55(11): 1163-1167.

[196] Park J H, Kwon O M. Further results on state estimation for neural networks of neutral-type with time-varying delay. Appl. Math. Comput., 2009, 208: 69-75.

[197] Park J H, Kwon O M. State estimation for neural networks of neutral-type with interval time-varying delays. Appl. Math. Comput., 2008, 203: 217-223.

[198] Park J H, Kwon O M. Design of state estimator for neural networks of neutral-type. Appl. Math. Comput., 2008, 202: 360-369.

[199] Xie L, Fu M, de Souza C E. H_∞ control and quadratic stabilization of systems with uncertainty via output feedback. IEEE Trans. Autom. Control, 1992, 37(8): 1253-1256.

[200] Wang Z, Goodall D P, Burnham K. On designing observers for time-delay systems with nonlinear disturbances. Int. J. Control, 2002, 75: 803-811.

[201] Wang Z, Burnham K J. Robust filtering for a class of stochastic uncertain nonlinear time-delay systems via exponential state estimation. IEEE Trans. Signal Process., 2001, 49(4): 794-804.

[202] Gao H, Wang C. Delay-dependent robust and filtering for a class of uncertain nonlinear time-delay systems. IEEE Trans. Autom. Control, 2003, 48(9): 1661-1666.

[203] Huang H, Feng G, Cao J. An LMI approach to delay-dependent state estimation for delayed neural networks. Neurocomputing, 2008, 71: 2857-2867.

[204] Huang H, Feng G. State estimation of recurrent neural networks with time-varying delay: A novel delay partition approach. Neurocomputing, 2011, 74(5): 792-796.

[205] Huang H, Feng G, Cao J. Robust state estimation for uncertain neural networks with time-varying delay. IEEE Trans. Neural Netw., 2008, 19(8): 1329-1339.

[206] Huang H, Feng G. A scaling parameter approach to delay-dependent state estimation

of delayed neural networks. IEEE Trans. Circuits Syst. II, 2010, 57(1): 36-40.

[207] Lehmann T. Hardware Learning in Analogue VLSI Neural Networks. Ph.D. dissertation, Copenhagen: Tech. Univ. Denmark, 1994.

[208] Wang Z, Shu H, Fang J, et al. Robust stability for stochastic Hopfield neural networks with time delays. Nonlinear Anal.: Real World Appl., 2006, 7: 1119-1128.

[209] Wang Z, Shu H, Liu Y, et al. Robust stability analysis of generalized neural networks with discrete and distributed time delays. Chaos Solitons Fractals, 2006, 30: 886-896.

[210] Zhang X M, Han Q L. Robust H_∞ filtering for a class of uncertain linear systems. Automatica, 2008, 44(1): 157-166.

[211] Zhang X M, Han Q L. Delay-dependent robust H_∞ filtering for uncertain discrete-time systems with time-varying delay based on a finite sum inequality. IEEE Trans. Circuits Syst. II, 2006, 53(12): 1466-1470.

[212] Zhang X M, Wu M, She J H, et al. Delay-dependent stabilization of linear systems with time-varying state and input delays. Automatica, 2005, 41: 1405-1412.

[213] Edwards P J, Murray A F. Fault tolerance via weight noise in analog VLSI implementations of MLP's-A case study with EPSILON. IEEE Trans. Circuits Syst. II, 1998, 45(9): 1255-1262.

[214] Stoorvogel A A. The H_∞ Control Problem: A State Space Approach. NJ: Prentice-Hall, 1992.

[215] Huang H, Feng G. Delay-dependent H_∞ and generalized H_2 filtering for delayed neural networks. IEEE Trans. Circuits Syst. I, 2009, 56(4): 846-857.

[216] Friesz T L, Bernstein D H, Mehta N J, et al. Day-to-day dynamic network disequilibria and idealized traveler information systems. Operat.Res., 1994, 42: 1120-1136.

[217] Liang X, Wang J. A recurrent neural network for nonlinear optimization with a continuously differentiable objective function and bound constrains. IEEE Trans. Neural Netw., 2000, 11(6): 1251-1262.

[218] Pineda F J. Generalization of back-propagation to recurrent neural networks. Phys. Rev. Lett., 1987, 59: 2229-2232.

[219] Varga I, Elek G, Zak H. On the brain-state-in-a-convexdomain neural models. Neural Netw., 1996, 9: 1173-1184.

[220] Hu S, Wang J. Global stability of a class of continuous-time recurrent neural networks. IEEE Trans. Cirsuits Syst. I, 2002, 49(9): 1334-1347.

[221] Li X, Gao H, Yu X. A unified approach to the stability of generalized static neural networks with linear fractional uncertainties and delays. IEEE Trans. Syst. Man, Cybern. B, 2011, 41: 1275-1286.

[222] Liang J, Cao J. A based-on LMI stability criterion for delayed recurrent neural networks. Chaos, Solitons Fractals, 2006, 28(1): 154-160.

[223] Mahmoud M S. New exponentially convergent state estimation method for delayed

neural networks. Neurocomputing, 2009, 72: 3935-3942.

[224] Wersing H, Beyn W J, Ritter H. Dynamical stability conditions for recurrent neural networks with unsaturating piecewise linear transfer functions. Neural Comput., 2001, 13: 1811-1825.

[225] Shao H. Delay-dependent approaches to globally exponential stability for recurrent neural networks. IEEE Trans. Cirsuits Syst. II, 2008, 55(6): 591-595.

[226] Shao H. Delay-dependent stability for recurrent neural networks with time-varying delays. IEEE Trans. Neural Netw., 2008, 19(9): 1647-1651.

[227] Wu Z G, Lam J, Su H, et al. Stability and dissipativity analysis of static neural networks with time delay. IEEE Trans. Neural Netw. Learning Syst., 2012, 23: 199-210.

[228] Xu S, Lam J, Ho D W C, et al. Global robust exponential stability analysis for interval recurrent neural networks. Phys. Lett. A, 2004, 325: 124-133.

[229] Huang H, Feng G, Cao J. State estimation for static neural networks with time-varying delay. Neural Netw., 2010, 23: 1202-1207.

[230] Peaucelle D, Gouaisbaut F. Discussion on: Parameter-dependent Lyapunov functions approach to stability analysis and design for uncertain systems with time-varying delay. Euro. J. Control, 2005, 11: 69-70.

[231] Huang H, Feng G, Cao J. Guaranteed performance state estimation of static neural networks with time-varying delay. Neurocomputing, 2011, 74: 606-616.

[232] Park P, Ko J W. Stability and robust stability for sytems with a time-varying delay. Automatica, 2007, 43: 1855-1858.

[233] Ariba Y, Gouaisbaut F. Delay-dependent stability analysis of linear systems with time-varying delay. 46th IEEE Conf. on Decision and Control, New Orleans, 2007, 2053-2058.

[234] Sun J, Liu G P, Chen J, et al. Improved delay-range-dependent stability criteria for linear systems with time-varying delays. Automatica, 2010, 46: 466-470.

[235] Park P, Ko J W, Jeong C. Reciprocally convex approach to stability of systems with time-varying delays. Automatica, 2011, 47: 235-238.

[236] Huang H, Huang T, Chen X. Guaranteed H_∞ performance state estimation of delayed static neural networks. IEEE Trans. Circuits Syst. II, 2013, 60(6): 371-375.

[237] Huang H, Huang T, Chen X. Exponential generalized H_2 filtering of delayed static neural networks. Neural Process. Lett., in press.

[238] Arcak M, Kokotovic P. Nonlinear observers: A circle criterion design and robustness analysis. Automatica, 2001, 37(12): 1923-1930.

[239] Zemouche A, Boutayeb M. Nonlinear-observer-based $\mathcal{H}_\infty$ synchronization and unknown input recovery. IEEE Trans. Circuits Syst. I, 2009, 56(8): 1720-1731.

[240] Liu M. Zhang S, Fan Z, et al. Exponential H_∞ synchronization and state estimation

for chaotic systems via a unified model. IEEE Trans. Neural Netw. Learning Syst., 2013, 24(7): 1114-1126.

[241] Zemouche A, Boutayeb M. Comments on "A note on observers for discrete-time Lipschitz nonlinear systems". IEEE Trans. Circuits Syst. II, 2013, 60(1): 56-60.

[242] Castelli I, Trentin E. Combination of supervised and unsupervised learning for training the activation functions of neural networks. Pattern Recogn. Lett., 2014, 37: 178-191.

[243] Goh S L, Mandic D P. Recurrent neural networks with trainable amplitude of activation functions. Neural Netw., 2003, 16: 1095-1100.

[244] Mandic D P, Chambers J A. Relating the slope of the activation function and the learning rate within a recurrent neural network. Neural Comput., 1999, 11: 1069-1077.

[245] Trentin E. Networks with trainable amplitude of activation functions. Neural Netw., 2001, 14: 471-493.

[246] Huang H, Huang T, Chen X. A mode-dependent approach to state estimation of recurrent neural networks with Markovian jumping parameters and mixed delays. Neural Netw., 2013, 46: 50-61.

[247] Hu D, Huang H, Huang T. Design of an Arcak-type generalized H_2 filer for delayed static neural networks. Circuits, Syst., Sign. Process., 2014, in press.

[248] Huang H, Huang T, Chen X. Further result on guaranteed H_∞ performance state estimation of delayed static neural networks. IEEE Trans. Neural Netw. Learning Syst., 2014, in press.

[249] Tino P, Cernansky M, Benuskova L. Markovian architectural bias of recurrent neural networks. IEEE Trans. Neural Netw., 2004, 15(1): 6-15.

[250] Kovacic M. Timetable construction with Markovian neural network. Eur. J. Oper. Res., 1993, 69(1): 92-96.

[251] Zhang H, Wang Y. Stability analysis of Markovian jumping stochastic Cohen-Grossberg neural networks with mixed time delays. IEEE Trans. Neural Netw., 2008, 19(2): 366-370.

[252] Zhu Q, Cao J. Exponential stability of stochastic neural networks with both Markovian jump parameters and mixed time delays. IEEE Trans. Syst., Man, Cybern. B, 2011, 41(2): 341-353.

[253] Yang X, Cao J, Lu J. Synchronization of Markovian coupled neural networks with nonidentical node-delays and random coupling strengths. IEEE Trans. Neural Netw. Learning Syst., 2012, 23(1): 60-71.

[254] Zhao Y, Zhang L, Shen S, et al. Robust stability criterion for discrete-time uncertain Markovian jumping neural networks with defective statistics of modes transitions. IEEE Trans. Neural Netw., 2011, 22(1): 164-170.

[255] Wang Z, Liu Y, Yu L, et al. Exponential stability of delayed recurrent neural networks

with Markovian jumping parameters. Phys. Lett. A, 2006, 356: 346-352.

[256] Zhu Q, Cao J. Stability analysis of Markovian jump stochastic BAM neural networks with impulse control and mixed time delays. IEEE Trans. Neural Netw. Learning Syst., 2010, 23(3): 467-479.

[257] Liu Y, Wang Z, Liang J, et al. Stability and synchronization of discrete-time Markovian jumping neural networks with mixed mode-dependent time delays. IEEE Trans. Neural Netw., 2009, 20(7): 1102-1116.

[258] Rakkiyappan R, Balasubramaniam P. Dynamic analysis of Markovian jumping impulsive stochastic Cohen-Grossberg neural networks with discrete interval and distributed time-varying delays. Nonlin. Anal. Hybrid Syst., 2009, 3: 408-417.

[259] Shen Y, Wang J. Almost sure exponential stability of recurrent neural networks with Markovian switching. IEEE Trans. Neural Netw., 2009, 20(5): 840-855.

[260] Wu Z G, Shi P, Su H, et al. Delay-dependent stability analysis for switched neural networks with time-varying delay. IEEE Trans. Syst., Man, Cybern. B, 2011, 41(6): 1522-1530.

[261] Ma Q, Xu S, Zou Y. Stability and synchronization for Markovian jump neural networks with partly unknown transition probabilities. Neurocomputing, 2011, 74: 3404-3411.

[262] Zhang D, Yu L. Exponential state estimation for Markovian jumping neural networks with time-varying discrete and distributed delays. Neural Netw., 2012, 35: 103-111.

[263] Wu Z G, Su H, Chu J. State estimation for discrete Markovian jumping neural networks with time dealy. Neurocomputing, 2010, 73: 2247-2254.

[264] Liu Y, Wang Z, Liang J, et al. Synchronization and state estimation for discrete-time complex networks with distributed delays. IEEE Trans. Syst., Man, Cybern. B, 2008, 38(5): 1314-1325.

[265] Khalil H K. Nonlinear Systems. 3rd ed. NJ: Prentice Hall, 2002.

[266] Wei G, Wang Z, He X, et al. Filtering for networked stochastic time-delay systems with sector nonlinearity. IEEE Trans. Circuits Syst. II, 2009, 56(1): 71-75.

[267] Skorokhod A V. Asymptotic Methods in the Theory of Stochastic Differential Equations. Providence, RI: Amer. Math. Soc., 1989.

[268] Huang H, Chen X, Hua Q. H_∞ filtering of Markovian jumping neural networks with time delays. Proc. 10th International Symposium on Neural Networks. Dalian, 2013: 214-221.

[269] Huang H, Chen X, Hua Q. Delay-dependent filtering of Markovian jumping neural networks with mode-dependent time delays. Proc. 32nd Chinese Control Conference. Xi'an, 2013: 3348-3353.

[270] Huang G, Cao J. Delay-dependent multistability in recurrent neural networks. Neural Netw., 2010, 23(2): 201-209.

[271] Zhang H, Liu Z, Huang G B, et al. Novel weighting-delay-based stability criteria for recurrent neural networks with time-varying delay. IEEE Trans. Neural Netw., 2010, 21(1): 91-106.

[272] Wang Z, Zhang H, Jiang B. LMI-based approach for global asymptotic stability analysis of recurrent neural networks with various delays and structures. IEEE Trans. Neural Netw., 2011, 22(7): 1032-1045.

[273] Faydasicok O, Arik S. Robust stability analysis of a class of neural networks with discrete time delays. Neural Netw., 2012, 29-30: 52-59.

[274] Xu S, Lam J. A new approach to exponential stability analysis of neural networks with time-varying delays. Neural Netw., 2006, 19: 76-83.

[275] Zeng Z, Zheng W X. Multistability of neural networks with time-varying delays and concave-convex characteristics. IEEE Trans. Neural Netw. Learning Syst., 2012, 23(2): 293-305.

[276] Liu B, Lu W, Chen T. Stability analysis of some delay differential inequalities with small time delays and its applications. Neural Netw., 2012, 33: 1-6.

[277] Phat V N, Trinh H. Exponential stabilization of neural networks with various activation functions and mixed time-varying delays. IEEE Trans. Neural Netw., 2010, 21(7): 1180-1184.

[278] Zheng C, Shan Q, Zhang H, et al. On stabilization of stochastic Cohen-Grossberg neural networks with mode-dependent mixed time-delays and Markovian switching. IEEE Trans. Neural Netw. Learning Syst., 2013, 24(5): 800-811.

[279] Patan K. Stability analysis and the stabilization of a class of discretetime dynamic neural networks. IEEE Trans. Neural Netw., 2007, 18(3): 660-673.

[280] Lu J, Ho D W C, Wang Z. Pinning stabilization of linearly coupled stochastic neural networks via minimum number of controllers. IEEE Trans. Neural Netw., 2009, 20(10): 1617-1629.

[281] Yu W, Cao J, Chen G. Robust adaptive control of unknown modified Cohen-Grossberg neural networks with time delay. IEEE Trans. Circuits Syst. II, 2007, 54(6): 502-506.

[282] Sivakumar S C, Robertson W, Phillips W J. Online stabilization of block-diagonal recurrent neural networks. IEEE Trans. Neural Netw., 1999, 10(1): 167-175.

[283] Sanchez E N, Perez J P. Input-to-state stabilization of dynamic neural networks. IEEE Trans. Syst. Man Cybern. A, 2003, 33(4): 532-535.

[284] Lin C, Wang Q G, Lee T H, et al. Observer-based H_∞ fuzzy control design for T-S fuzzy systems with state delays. Automatica, 2008, 44: 868-874.

[285] Huang H, Huang T, Chen X, et al. Exponential stabilization of delayed recurrent neural networks: A state estimation based approach. Neural Netw., 2013, 48: 153-157.

本书常用的数学符号

$\mathbb{R}$	实数集
$\mathbb{R}^+$	非负实数集
$\mathbb{R}^n$	n 维欧几里得空间
$\mathbb{R}^{n \times m}$	由 $n \times m$ 维实矩阵所组成的集合
$|\cdot|$	$\mathbb{R}^n$ 空间的欧几里得范数
$\det(X)$	方阵 X 的行列式
$X > 0$	X 是对称正定的实矩阵
$X \geqslant 0$	X 是对称半正定的实矩阵
$X < 0$	X 是对称负定的实矩阵
$X \leqslant 0$	X 是对称半负定的实矩阵
X^{T}	实矩阵 X 的转置
X^{-1}	实矩阵 X 的可逆矩阵
$\lambda_{\min}(X)$	实矩阵 X 的最小特征值
$\lambda_{\max}(X)$	实矩阵 X 的最大特征值
I	维数适当的单位矩阵
0	维数适当的零矩阵
$\dot{x}(t)$ 或 $\dfrac{\mathrm{d}x(t)}{\mathrm{d}t}$	函数 $x(t)$ 对 t 求导
$\mathrm{diag}(X_1, \cdots, X_k)$	主对角块矩阵 $\begin{bmatrix} X_1 & \ldots & 0 \\ \vdots & & \vdots \\ 0 & \ldots & X_k \end{bmatrix}$
$\begin{bmatrix} X & Y \\ * & Z \end{bmatrix}$	对称矩阵 $\begin{bmatrix} X & Y \\ Y^{\mathrm{T}} & Z \end{bmatrix}$
$\sup$	上确界
$\mathcal{C}([-\delta, 0]; \mathbb{R}^n)$	区间 $[-\delta, 0]$ 上的连续函数空间, 范数为 $\|\phi\| = \sup\limits_{-\delta \leqslant s \leqslant 0} |\phi(s)|$
$\mathcal{C}^1([-\delta, 0]; \mathbb{R}^n)$	区间 $[-\delta, 0]$ 上的连续可微函数空间, 范数为 $\|\phi\| = \sup\limits_{-\delta \leqslant s \leqslant 0} |\phi(s)|$
$L_2[0, \infty)$	定义在区间 $[0, \infty)$ 上的平方可积向量值函数
$\mathcal{P}(\cdot)$	概率测度

$\mathbb{E}(\cdot)$ 数学期望

$(\Omega, \mathcal{F}, \mathcal{P})$ 完备概率空间

$\mathcal{C}^{2,1}(\mathbb{R}^n \times \mathbb{R}^+ \times S; \mathbb{R}^+)$ 定义在 $\mathbb{R}^n \times \mathbb{R}^+ \times S$ 上的非负函数 $V(x, i, t)$ 所构成的函数空间。其中，$V(x, i, t)$ 关于 x 二次可微，关于 t 可微

此外，对于向量和矩阵，如非特别说明，都表示其维数符合相关的代数运算。